数字课程（基础版）

微生物学学习指导与习题解析（第2版）

主编 肖 敏 沈 萍

登录方法：

1. 电脑访问 http://abook.hep.com.cn/32531，或手机扫描下方二维码、下载并安装 Abook 应用。
2. 注册并登录，进入“我的课程”。
3. 输入封底数字课程账号（20 位密码，刮开涂层可见），或通过 Abook 应用扫描封底数字课程账号二维码，完成课程绑定。
4. 点击“进入学习”，开始本数字课程的学习。

课程绑定后一年为数字课程使用有效期。如有使用问题，请发邮件至：lifescience@pub.hep.cn

Abook

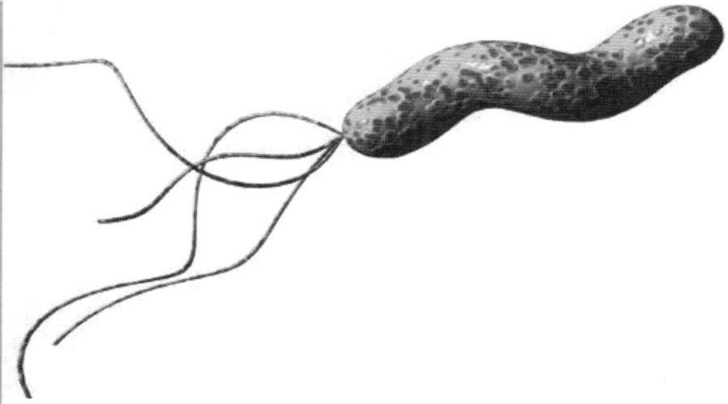

微生物学学习指导与习题解析
（第2版）

这是一个开放式的网络教学平台，与《微生物学学习指导与习题解析（第2版）》配套使用。网站收录教材中的名词解释，并具有检索功能，便于学习。

用户名： 密码： 验证码： 5360 忘记密码？ 登录 注册

http://abook.hep.com.cn/32531

扫描二维码，下载Abook应用

WEISHENGWUXUE XUEXI ZHIDAO YU XITI JIEXI

微生物学
学习指导与习题解析

（第 2 版）

主　编　肖　敏　沈　萍

编著者（按姓氏笔画排序）

王延轶　王静怡　方呈祥　孔　健　卢振祖
刘明秋　杨文博　杨复华　李明春　沈　萍
肖　敏　张甲耀　陈向东　周德庆　唐　兵
唐晓峰　彭　方　彭珍荣

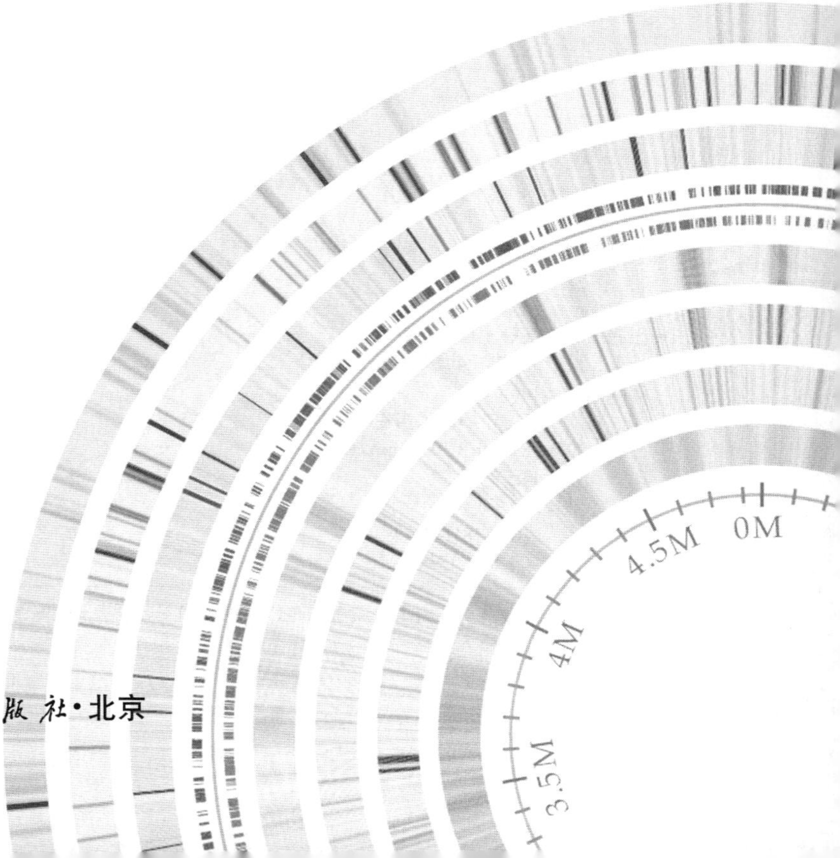

高等教育出版社·北京

内容简介

本书是与沈萍主编的普通高等教育"十一五"国家级规划教材《微生物学》(第2版)及《微生物学》(彩色版)的配套学生用书，也是"高等教育百门精品课程教材"项目——"微生物学立体化精品教材"的组成部分。

本书共分15章，与主教材的章节分布完全一致，每章包括：(1)要点提示；(2)重点、难点剖析；(3)术语或名词；(4)习题；(5)习题解答；(6)主要参考书目。本书的宗旨是提高学生对微生物学的理解能力和学习效率，为积极主动的"学"及获得优异成绩(包括考研)提供学习指导。通过理解讨论的方式，从微生物学的各个方面引导学生思考和理解。

本书配有数字课程网站，收录了教材中的名词解释，并有检索功能，便于学生学习。

图书在版编目(CIP)数据

微生物学学习指导与习题解析 / 肖敏，沈萍主编. -- 2版. -- 北京 : 高等教育出版社，2011.12(2024.7重印)

ISBN 978-7-04-032531-7

Ⅰ. ①微… Ⅱ. ①肖… ②沈… Ⅲ. ①微生物学 - 高等学校 - 教学参考资料 Ⅳ. ①Q93

中国版本图书馆CIP数据核字(2011)第221414号

策划编辑 吴雪梅 责任编辑 王超然 封面设计 张 楠 责任印制 朱 琦

出版发行	高等教育出版社	网　址	http://www.hep.edu.cn
社　址	北京市西城区德外大街4号		http://www.hep.com.cn
邮政编码	100120	网上订购	http://www.hepmall.com.cn
印　刷	唐山市润丰印务有限公司		http://www.hepmall.com
开　本	787 mm× 1092 mm 1/16		http://www.hepmall.cn
印　张	14.5	版　次	2005年6月第1版
字　数	330千字		2011年12月第2版
购书热线	010-58581118	印　次	2024年7月第14次印刷
咨询电话	400-810-0598	定　价	24.80元

物 料 号 32531-00

第2版　前言

本书是《微生物学学习指导与习题解析》的第2版。第1版经过了5年的使用，深受广大师生的欢迎。作为沈萍、陈向东主编的普通高等教育“十一五”国家级规划教材《微生物学》(第2版)及《微生物学》(彩色版)(本书中称为“主教材”)的配套用书，为适应主教材的更新和修订，适应微生物学科的发展并进一步与教学实际紧密结合，我们分别对书中每一章的内容进行了修订和更新。本次修订的重点是:(1)对第1版中的错漏之处进行了修正，使其更确切和清晰，特别是对主教材中各章的复习题、思考题及其解答要点作了补充;(2)重新对某些名词、概念和术语进行了审视和修正;(3)增加并更新了内容和习题，加深了“重点、难点剖析”的内容;(4)各章都增加了新的参考文献。

该次修订更好地体现了本书的编写宗旨，即提高学生对微生物学的理解能力和学习效率，为积极主动的“学”及获得优异成绩(包括考研)提供学习指导。编写内容通过归纳、理解、讨论、分析的方式，从微生物学的各个方面引导学生思考、理解和掌握知识。各章主要的修订和更新如下：

第1章　在问答题中进一步强调了微生物与人类关系的重要性，将问答题1改写成“为什么说微生物与人类关系的重要性你怎么强调都不过分？请用具体事例说明。”并在答案中也作了相应的修正。

第2章　本章的各个部分都得到订正更新，各部分习题都有增加，其中新增的问答题9要求学生根据实验课甚至其他相关课程的知识来全面思考问题，而问答题10则希望使学生开始尝试将所学知识和科研实际相结合，提高学生能力。

第3章　对个别语句和一些排版、编辑出现的问题进行了修正，使其更确切和清晰；对个别习题和答案进行了修正，如：填空题4、12、31和是非题27；对“术语或名词”中的第16、29和37条的名词解释进行了修正。

第4章　增加了两道问答题。问答题11的目的是使学生通过对不同类型生物的营养类型特征比较，深化对微生物营养类型多样性的认识；问答题12的目的是通过实际应用例子，使学生灵活运用微生物营养需求方面的知识。

第5章　对各个部分进行了修正和完善，包括一些图示(EMP途径、HMP途径、ED途径、磷酸解酮酶途径、CO_2固定的逆向三羧酸循环途径、分支代谢途径示意图)，使其更确切和清晰；在“重点、难点剖析”中，改写了“微生物的代谢调控”部分，增加了“CO_2固定的羟基丙酸途径”及其图示，并修改了相应的习题。

第6章　对“术语或名词”进行了大幅度地修正，对原有10个问答题中的2题进行了更换，更换的内容更有利于增强学生对微生物生长及其控制的理解及应用能力的培养。

第7章　在“要点提示中”，补充了病毒的定义；更加明确了病毒侵入细胞的方式；在“重点、难点剖析”中改写了“病毒分类”；增加了“病毒感染并非一定会导致病毒的复制”、“核糖核蛋白体(ribonucleoprotein，RNP)”相关内容。

第8章 增加了4个问答题。其中问答题5、13、14与应用有关，目的是使学生掌握Ames试验中回复突变的应用及其在检测致癌物中的重要价值，使学生深刻认识滥用抗生素的危害以及微生物育种的目的和方法。问答题6则是通过表面看似相同，但实质却完全相异的"基因中断"来加深对原核生物中的"转座因子插入失活"和真核生物中"内含子割裂基因"完全不同概念的联想和理解。

第9章 针对第1版"习题解析"中缺乏古生菌的相关内容的问题，本版进行了补充：在是非题中强调了古生菌虽然在转录的基本装置上类似于真核生物，但它并不属于真核生物的基本概念。增加了问答题7：古菌的转录调控系统有何独特之处？增加问答题8：什么是信号转导和二组分调节系统？该调控系统与诱导和阻遏转录调控系统有何不同？

第10章 在"重点、难点剖析"中，改写了"微生物与基因克隆载体"部分，增加了"基因的分离、合成与改造"，并修改了相应的习题。

第11章 增加了提高学生应用能力的问答题，如：如何设计实验来分离获得高效降解某污染物的菌株，以及有关如何从生物降解角度来考虑提高污水、固废处理、污染环境修复的效率等问题。

第12章 增加了以16S rRNA（18S rRNA）基因序列为进化计时器的理由，这是建立三域概念的核心方法与技术，已成为现在所有生物分类学必不可缺的内容。在"现代分类鉴定常用的遗传特性"中增加了"看家基因"和"DNA指纹图谱"内容；增加了"多相分类学"概念；增加了化学分类、分子分类和全基因组种的涵义；增加问答题6，目的是使学生认识到微生物的鉴定不只是用于分类学，对微生物学的其他分支学科也是有用的。

第13章 增加了甲基营养菌、蓝细菌、真菌、霉菌的概念；增加了两道填空题，分别为紫色硫细菌和类囊体的内容；增加了选择题和是非题二项，各10题。问答题根据主教材进行了修改和补充。

第14章 对表格中的内容，如T、B细胞的比较、非特异性和特异性免疫的特征等，进行了一定补充；对一些名词的英文或英文缩写进行了修正。

第15章 依据主教材，本章修改为"微生物生物技术"。微生物生物技术不仅包括了微生物工业和产品，而且所涉及的面更广，更能体现微生物学科的进展和先进性。修订和更新的内容在本章的各个部分都能体现，特别是体现在习题的问答题部分；本章修订和更新的另一特点，就是更加注重社会发展、经济建设等实际问题的解决能力和知识的学习。例如：强调了微生物生物技术的生物安全性。在"术语或名词"部分，增加了卡塔赫纳生物安全议定书"Cartagena Protocolon Biosafety（BSP）"。

本书是由《微生物学》（第2版）和《微生物学》（彩色版）的主要编写人员共同完成的。在本书出版之际，我们对所有支持、关心本书出版的读者和领导致以衷心的感谢！

由于编者的水平和能力有限，本书仍然会有不当或错漏之处，欢迎广大师生和读者批评指正。

衷心希望本书可以帮助你在微生物学课程学习上获得优异的成绩。

编 者

2011年2月20日

第1版　前言

《微生物学学习指导与习题解析》是武汉大学沈萍教授主编的《微生物学》的配套用书，也是六校（武汉大学、北京大学、复旦大学、山东大学、南开大学、北京师范大学）共同承担的百门精品“微生物学立体化精品教材建设”项目的组成部分。本书旨在提高学生对微生物学的理解能力和学习效率，为积极主动的“学”及获得优异成绩（包括考研）提供学习指导。编写内容通过理解讨论的方式，从微生物学的各个方面引导学生思考和理解。本书共分15章，与配套的《微生物学》的章节分布完全一样，每章包括以下内容：

一、要点提示

简明扼要地概述每章所涉及的主要内容，明确应该掌握的知识和达到的目标。

二、重点、难点剖析

以列举要点、提纲或采用表格、表解等方式，对本章内容给予总结或比较性总结，对每章学习目标中包括的重点、难点进行概要性论述。

三、术语或名词

给出了每章术语或名词的定义或解释，并将术语或名词用英语注出。

四、习题

通过以下4类习题练习，巩固和检查学生的学习情况，并通过习题解答帮助学生进一步提高理解能力和判断能力。

（一）填空题

（二）选择题（4个答案选1）

（三）是非题

（四）问答题

五、习题解答

填空题、选择题和是非题给出确定答案，问答题给出答题主要要点或思路。

六、主要参考书目

列出每章学习的主要参考阅读书目、文献。

本书是由沈萍教授主编的《微生物学》（第2版）的主要编写人员共同完成的。由于编者的水平和能力有限，难免会有不当或错漏之处，欢迎广大师生和读者批评指正。

衷心希望本书可以帮你在微生物学课程学习上获得优异的成绩。

肖　敏

minxiao@sdu.edu.cn

2005年2月20日

目 录

第1章

绪　论

一、要点提示

1. 微生物与人类关系的重要性你怎么强调都不过分。微生物是一把十分锋利的双刃剑，它们在给人类带来巨大利益的同时也带来“残忍”的破坏。微生物包括：无细胞结构不能独立生活的病毒、亚病毒（类病毒、拟病毒、朊病毒）；具原核细胞结构的真细菌、古生菌以及具真核细胞结构的真菌（酵母、霉菌、蕈菌等）、单细胞藻类、原生动物等。大多数微生物肉眼难以看清，但也有少数是肉眼可见的。微生物的主要特征是：个体小、结构简单、繁殖快、易培养、易变异、分布广。它一方面具有其他生物不具备的生物学特性，另一方面也具有其他生物共有的基本生命特征。

2. 在人们真正看到微生物之前，实际上已经猜想或感觉到它们的存在，甚至已经在不知不觉中应用它们。微生物是由荷兰人安东尼·范·列文虎克首先发现的，至今有300多年的历史。微生物学作为一门学科，诞生于19世纪中期，其奠基人是法国的巴斯德和德国的柯赫。微生物学在20世纪获得全面发展，形成了许多分支学科。特别是20世纪40年代以后，微生物学促进了整个生命科学的发展，跃居中心地位。微生物学是研究微生物在一定条件下的形态结构、生理生化、遗传变异、基因和基因组以及微生物的进化、分类、生态等生命活动规律及其应用的一门学科。

3. 我国劳动人民已很早就认识到微生物的存在和作用，我国也是最早应用微生物的少数国家之一。但作为一门学科，我国微生物学的发展起始于20世纪初，并曾在某些病原菌的研究和防治以及微生物在工、农业上的应用和研究等方面，做出具国际先进水平的工作。近年来，我国在微生物基因组的研究工作方面与国际发展前沿接轨，在微生物应用方面已取得可喜成绩。

4. 21世纪的微生物学将更加绚丽多彩。微生物基因组学仍将作为“人类基因组计划”的主要模式，在后基因组研究（认识基因与基因组功能）中发挥不可取代的作用。以微生物之间、微生物与其他生物、微生物与环境的相互作用为研究内容的微生物生态学、环境微生物、细胞微生物学等，将在基因组信息的基础上获得长足发展。微生物生命现象的特性和共性将更加受到重视。微生物学与其他学科实现更广泛的交叉，获得新的发展。微生物的广泛应用和产业将呈现全新的局面，为全世界的经济和社会发展做出更大贡献。

二、重点、难点剖析

1. 微生物给人类带来的利益不仅是享受，而且实际上涉及人类的生存，例如：面包、奶酪、啤酒、抗生素、疫苗、维生素、酶等重要产品的生产，在冶金、石油、能源、材料、信息等方面的应用，微生物都起着不可替代的作用。微生物更是人类生存环境中必不可少的成员，有了它们才使得地球上的物质进行循环，否则地球上的所有生命将无法繁衍下去。此外，以基因工程为代表的现代生物技术的发展及其美妙的前景也是微生物为人类作出的又一重大贡献。然而，微生物的“残忍”性给人类带来的灾难有时甚至是毁灭性的。1347年的鼠疫几乎摧毁了整个欧洲，有1/3的人（约2 500万人）死于这场灾难，在此后的30年间，这种疾病一再肆虐，实际上消灭了大约75%的欧洲人口；今天，艾滋病正在全球蔓延；许多已被征服的传染病（如肺结核、疟疾、霍乱等）也有“卷土重来”之势；随着环境污染的日趋严重，一些以前从未见过的新的病源和疾病，如：军团病、埃博拉病毒病、霍乱O139新菌型、大肠杆菌O157、疯牛病以及SARS等，又给人类带来了新的威胁。因此，正确地使用微生物这把双刃剑，造福于人类，是我们学习和应用微生物学的目的，也是每一个微生物学工作者义不容辞的责任。

2. 微生物学（microbiology）一般定义为研究肉眼难以看清的（也有少数成员肉眼可见）称之为微生物的微小生物生命活动的科学。但也有微生物学家提出不同的看法，著名微生物学家Roger Stanier认为确定微生物学领域不应只是根据其大小，而且也应该根据其有别于动、植物的研究技术，例如微生物的分离、纯培养、消毒灭菌和无菌操作等来定义微生物学。微生物学不断发展，已形成了基础微生物学和应用微生物学，并可分为许多不同的分支学科（其主要的分科见主教材图1–1），并还在不断地形成新的学科和研究领域，如分子微生物学、细胞微生物学和微生物基因组学。无论是1969年Whittaker提出的五界系统，还是1977年Woese提出的三域系统，微生物都占据了绝大多数的“席位”，分别为整个生物界的3/5和2/3，充分体现出微生物的多样性以及独特的生物学特性，使微生物学在整个生命科学中占据着举足轻重的地位。

3. 我国在8 000年以前出现的曲蘖酿酒，几千年前就有了的酿酱、醋和用曲治病，古埃及人的烘制面包和酿制果酒等，说明自古以来人们就在应用微生物，对它们有一定认识，但是真正看见并描述微生物的第一人是17世纪的荷兰人安东尼·范·列文虎克，他利用自制的显微镜发现了微生物世界。以后的200年间，微生物学的研究基本上停留在形态描述和分门别类的阶段。直到19世纪中期，以法国的巴斯德和德国的柯赫为代表的科学家才将微生物的研究从形态描述推进到生理学研究阶段，揭露了微生物是造成腐败发酵和人畜疾病的原因，建立了分离、培养、接种和灭菌等一系列独特的微生物技术，从而奠定了微生物学的基础，同时开辟了医学和工业微生物等分支学科。19世纪中期到20世纪初，微生物研究作为一门独立的学科已经形成，并进行着自身的发展，其研究的主要内容是感染疾病的因子、免疫、寻找新的化学治疗药物以及微生物代谢等。20世纪40年代至今，随着生物学的发展，许多生物学难以解决的理论和技术问题十分突出，特别是遗传学上的争论问题，使得微生物这样一种简单而又具完整生命活动的微小生物成了生物学研究的“明星”，微生物学很快与生物学主流汇合、交叉，并进一步与迅速发展起来的分子生物学理论和技术以及其他学科汇合，成为生命科学领域内一门发展最快、影响最大、体现生命科学发展主流的前沿科学。微生物的应用也获得重大进展，抗生素、有机酸、氨基酸、维生素、酶制剂等的生产厂家已成为现代化的大企业，微生物已广泛用于农、工、医各方面，传统的微生物发酵工业已从多方面发生了质的变化，成为现代生物技术的重要组成部分。

4. 微生物学在整个生命科学带领下飞速发展的同时，也为生命科学的发展作出了巨大的贡献。例如：在生命科学许多重大理论问题的突破中，微生物学起了重要甚至关键的作用，特别是对分子遗传学和分子生物学的影响最大，如长期争论而未能得到解决的“遗传物质的基础是什么？”的重大理论问题，只有用以微生物为材料进行研究所获得的结果才无可辩驳地证实；所谓“跳跃基因”（可转座因子）的发现，虽然首先来源于对玉米的研究，但最终得到证实和公认是由于对大肠杆菌的研究；基因结构的精细分析，重叠基因的发现，最先完成的基因组测序等都与微生物学的发展密不可分；通过研究大肠杆菌诱导酶的形成机制而提出的操纵子学说，阐明了基因表达调控的机制，为分子生物学的形成奠定了基础。此外，DNA、RNA、蛋白质的合成机制以及遗传信息传递的“中心法则”的提出等都涉及到微生物学家所作出的卓越贡献。由于微生物学的分离、培养、消毒灭菌、无菌操作等技术的渗透和应用的拓宽及发展，动、植物细胞也可以像微生物一样在平板或三角瓶中培养，可以进行分离、培养，也可以像微生物工业那样，在发酵罐中生产所需产品。今天的转基因动物、转基因植物的转化技术也源于微生物转化的理论和技术。微生物学的许多重大发现，包括质粒载体、限制性内切酶、连接酶、反转录酶等，导致了DNA重组技术和遗传工程的出现，使整个生命科学翻开了新的一页，使人类定向改变生物、根治疾病、美化环境的梦想将成为现实。

5. 21世纪微生物基因组学将继续作为“人类基因组计划”的主要模式，在后基因组研究（认识基因与基因组功能）中发挥不可取代的作用。其研究重点还会进一步扩大到其他微生物，特别是与健康、人口、环境、资源和工农业有关的重要微生物，并且在从本质上认识微生物自身、利用和改造微生物等方面产生质的飞跃，也将带动分子微生物学等基础研究学科的发展。微生物具备生命现象的特性、共性和广泛的应用性，将是21世纪进一步解决生物学重大理论问题（如生命的起源与进化，物质运动的基本规律等）和实际应用问题（如新的微生物资源的开发利用，开发微生物作为能源、粮食等）的最理想的材料。微生物学将进一步向地质、海洋、大气、太空渗透，使更多的边缘学科得到发展，如：微生物地球化学、海洋微生物学、大气微生物学、太空（或宇宙）微生物学以及极端环境微生物学等。微生物与能源、信息、材料、计算机的结合也将开辟新的研究和应用领域。微生物学的研究技术和方法也将会在吸收其他学科的先进技术的基础上，向更加准确、敏感、快速、简便和自动化的方向高速发展。此外，微生物工业将生产各种各样的新产品，例如，降解性塑料、DNA芯片、生物能源等，在21世纪将出现一批崭新的微生物工业，为全世界的经济和社会发展作出更大贡献。

三、术语或名词

1. 微生物（microorganism） 因个体太小，一般用肉眼看不清楚的生物。这些微小生物包括：无细胞结构不能独立生活的病毒、亚病毒（类病毒、拟病毒、朊病毒）；具原核细胞结构的真细菌、古生菌以及具真核细胞结构的真菌（酵母、霉菌、蕈菌等）、单细胞藻类、原生动物等。但其中也有少数成员是肉眼可见的。

2. 微生物学（microbiology） 研究肉眼难以看清的称之为微生物的微小生物生命活动的科学，分离和培养这些微小生物需要特殊技术。

3. 分子微生物学（molecular microbiology） 在分子水平上研究微生物生命活动规律的科学。

4. 细胞微生物学（cellular microbiology） 重点研究微生物与寄主细胞相互关系的科学。

5. 微生物基因组学（microbic genomics） 研究微生物基因组的分子结构、信息含量及其编码的基因产物的科学。

6. 自生说（spontaneous generation） 一个古老的学说，认为一切生命有机体都能够从无生命的物质自然发生。

7. 安东尼·范·列文虎克（Antonie van Leeuwenhoek，1632—1723） 荷兰人，他是真正看见并描述微生物的第一人，他利用自制放大倍数为50～300倍的显微镜发现了微生物世界（当时称之为微小动物），首次揭示了一个崭新的生物世界——微生物界。

8. 路易斯·巴斯德（Louis Pasteur，1822—1895） 法国人，原为化学家，后来转向微生物学研究领域，为微生物学的建立和发展作出了卓越的贡献，成为微生物学的奠基人。主要贡献：用曲颈瓶实验彻底否定了“自生说”，从此建立了病原学说，推动了微生物学的发展；研究了鸡霍乱，发现将病原菌减毒可诱发免疫性，以预防鸡霍乱病，其后他又研究了牛、羊炭疽病和狂犬病，并首次制成狂犬疫苗，证实其免疫学说，为人类防病、治病作出了重大贡献；分离到了许多引起发酵的微生物，并证实乙醇发酵是由酵母菌引起的，也发现乳酸发酵、醋酸发酵和丁酸发酵是由不同细菌所引起的，为进一步研究微生物的生理生化和工业微生物学奠定了基础。

9. 罗伯特·柯赫（Robert Koch，1843—1910） 德国人，著名的细菌学家，曾经是一名医生，对病原细菌的研究作出了突出的贡献：（1）具体证实了炭疽病菌是炭疽病的病原菌；（2）分离、培养了肺结核病的病原菌，这是当时死亡率极高的传染性疾病，柯赫因此获得了诺贝尔生理学或医学奖；（3）提出了证明某种微生物是否为某种疾病病原体的基本原则——柯赫定律。他也是微生物学的奠基人。

10. 伍连德（1879—1960） 祖籍广东新宁（今台山县），著名公共卫生学家，我国海港检疫创始人。他用微生物学理论和技术对鼠疫和霍乱的病原进行研究和防治，在中国最早建立起卫生防疫机构，培养了第一支预防鼠疫的专业队伍。在他的领导和组织下，有效地战胜了1910—1911年和1920—1921年间我国东北各地鼠疫的大流行，被国际上誉为著名的防疫专家。1911年4月，世界鼠疫会议在我国沈阳举行时，他任大会主席和中国首席代表。著有《论肺型鼠疫》、《鼠疫概论》和《中国医史》等。

11. 汤飞凡（1879—1958） 我国湖南醴陵人，著名的医学微生物学家，在医学细菌学、病毒学和免疫学等方面的某些领域，作出了显著的贡献，特别是首次应用鸡胚卵黄囊接种法从病人的眼结膜刮屑物中成功分离、培养沙眼衣原体，确证了沙眼衣原体的存在，为世界上首创，成为医学微生物学方面的重大成果。

12. SARS severe acute respiratory syndrome的简称，中文意思是严重急性呼吸道综合征，即非典型肺炎，也简称为非典。

四、习题

填空题

1. 微生物与人类关系的重要性，你怎么强调都不过分，微生物是一把十分锋利的双刃剑，它们在给人类带来________的同时也带来________。

2. 1347年，一场由________引起的瘟疫几乎摧毁了整个欧洲，有1/3的人（约2 500万人）死于这场灾难。
3. 2003年，SARS在我国一些地区迅速蔓延，正常的生活和工作节奏严重地被打乱，这是因为SARS有很强的传染性，它是由一种新型的________所引起。
4. 微生物包括：________细胞结构不能独立生活的病毒、亚病毒（类病毒、拟病毒、朊病毒）；具________细胞结构的真细菌、古生菌；具________细胞结构的真菌（酵母、霉菌、蕈菌等）、单细胞藻类、原生动物等。
5. 著名的微生物学家Roger Stanier提出，确定微生物学领域不应只是根据微生物的大小，而且也应该根据有别于动、植物的________。
6. 重点研究微生物与寄主细胞相互关系的新型学科领域，称为________。
7. 公元6世纪（北魏时期），我国贾思勰的巨著《________》详细地记载了制曲、酿酒、制酱和酿醋等工艺。
8. 19世纪中期，以法国的________和德国的________为代表的科学家，揭露了微生物是造成腐败发酵和人畜疾病的原因，并建立了分离、培养、接种和灭菌等一系列独特的微生物技术，从而奠定了微生物学的基础，同时开辟了医学和工业微生物等分支学科。________和________是微生物学的奠基人。
9. 20世纪中后期，由于微生物学的________、________等技术的渗透和应用的拓宽及发展，动、植物细胞也可以像微生物一样在平板或三角瓶中分离、培养和在发酵罐中进行生产。
10. 首先完成基因组测序的微生物类型主要是________、________及________。而随着基因组作图测序方法的不断进步与完善，基因组研究将成为一种常规的研究方法，使从本质上认识微生物自身以及利用和改造微生物等方面产生质的飞跃。
11. 微生物从发现至今的短短的300年间，特别是20世纪中期以后，已在人类的生活和生产实践中得到广泛的应用，并形成了继动、植物两大生物产业后的________。

❖ 选择题（4个答案选1）

1. 当今，一种新的瘟疫正在全球蔓延，它是由病毒引起的（　　）。
   （1）鼠疫　（2）天花　（3）艾滋病（AIDS）　（4）霍乱
2. 微生物在整个生物界的分类地位，无论是五界系统，还是三域（domain）系统，微生物都占据了（　　）的"席位"。
   （1）少数　（2）非常少数　（3）不太多　（4）绝大多数
3. 微生物学的不断发展，已形成了基础微生物学和应用微生物学，又可分为（　　）的分支学科。
   （1）几个不同　（2）少数有差别　（3）许多不同　（4）4个不同
4. 公元9世纪到10世纪我国发明了（　　）。
   （1）曲蘖酿酒　（2）用鼻苗法种痘　（3）烘制面包　（4）酿制果酒
5. 安东·范·列文虎克制造的显微镜放大倍数为（　）倍，利用这种显微镜，他清楚地看见了细菌和原生动物。
   （1）50～300　（2）10左右　（3）2～20　（4）500～1 000
6. 据有关统计表明，20世纪诺贝尔奖的生理学或医学奖获得者中，从事微生物问题研究的就占了（　　）。

（1）1/10　（2）2/3　（3）1/20　（4）1/3

7. 巴斯德为了否定“自生说”，在前人工作的基础上，进行了许多实验，其中著名的（　　）无可辩驳地证实：空气内确实含有微生物，它们引起有机质的腐败。

（1）厌氧实验　（2）灭菌实验　（3）曲颈瓶实验　（4）菌种分离实验

8. 柯赫提出了证明某种微生物是否为某种疾病病原体的基本原则——（　　）。

（1）巴斯德原则　（2）柯赫定律　（3）菌种原则　（4）免疫原理

9. 微生物基因组序列分析表明，在某些微生物中存在一些与人类某些遗传疾病相类似的基因，因此可以利用这些微生物作为（　　）来研究这些基因的功能，为认识庞大的人类基因组及其功能做出重要贡献。

（1）模式生物　（2）受体　（3）供体　（4）突变材料

10. 我国学者汤飞凡教授的（　　）分离和确证的研究成果，是一项具有国际领先水平的开创性成果。

（1）鼠疫杆菌　（2）沙眼衣原体　（3）结核杆菌　（4）天花病毒

是非题

1. 微生物是人类生存环境中必不可少的成员，有了它们才使得地球上的物质进行循环，否则地球上的所有生命将无法繁衍下去。
2. 由于现代生物技术的应用，尤其是基因治疗和基因工程药物的产生，许多已被征服的传染病，例如：肺结核、疟疾、霍乱、天花等，不可能有“卷土重来”之势。
3. 当今研究表明：所有的细菌都是肉眼看不见的。
4. 微生物学家要获得微生物的纯种，通常要首先从微生物群体中分离出所需的纯种，然后还要进行培养，因此研究微生物一般要使用特殊的技术，例如：消毒灭菌和培养基的应用等，这也是微生物学有别于动、植物学之处。
5. 巴斯德不仅用曲颈瓶实验证明微生物非自然发生，推翻了争论已久的“自生说”，而且做了许多其他重大贡献，例如：证明乳酸发酵是由微生物引起的；首次制成狂犬疫苗；建立了巴氏消毒法等。
6. 细菌学、真菌学、病毒学、原生动物学、微生物分类学、发酵工程、细胞工程、遗传工程、基因工程、工业微生物学、土壤微生物学、植物病理学、医学微生物学及免疫学等，都是微生物学的分支学科。
7. 微生物学的建立虽然比高等动、植物学晚，但发展却十分迅速，其重要原因之一是：动、植物结构的复杂性及技术方法的限制而相对发展缓慢，特别是人类遗传学所受的限制大。
8. 微生物学与迅速发展起来的分子生物学理论和技术以及其他学科汇合，使微生物学全面进入分子研究水平，并产生了其分支学科“分子微生物学”。
9. 在基因工程的带动下，传统的微生物发酵工业已从多方面发生了质的变化，成为现代生物技术的重要组成部分。
10. DNA重组技术和遗传工程的出现，才导致了微生物学的许多重大发现，包括质粒载体、限制性内切酶、连接酶、反转录酶等。
11. 微生物具有个体小、结构简单、生长周期短、易大量繁殖、易变异等特性，因而与动、植物相比，十分难于进行实验操作。

12. 现在，微生物学研究具有不可替代性，并将更加蓬勃发展，这是因为微生物具有其他生物不具备的生物学特性；又具有其他生物共有的基本生物学特性；及其广泛的应用性。

❖ 问答题

1. 为什么说“微生物与人类关系的重要性你怎么强调都不过分”？请用具体事例说明。
2. 为什么说巴斯德和柯赫是微生物学的奠基人？
3. 为什么微生物学比动、植物学起步晚，但却发展非常迅速？
4. 简述微生物学在生命科学发展中的地位。
5. 试述微生物学的发展前景。

五、习题解答

❖ 填空题

1. 巨大利益　“残忍”的破坏　2. 鼠疫杆菌　3. 病毒　4. 无　原核　真核　5. 研究技术　6. 细胞微生物学　7. 齐民要术　8. 巴斯德　柯赫　巴斯德　柯赫　9. 消毒灭菌　分离培养　10. 模式微生物　特殊微生物　医用微生物　11. 第三大生物产业

❖ 选择题

1.（3）	2.（4）	3.（3）	4.（2）	5.（1）	6.（4）	7.（3）
8.（2）	9.（1）	10.（2）				

❖ 是非题

1. √	2. ×	3. ×	4. √	5. √	6. ×	7. √
8. √	9. √	10. ×	11. ×	12. √		

❖ 问答题

1. 因为微生物的存在及其生命活动关系到人类和其他高等生物在地球上的生存，微生物使得地球上的物质进行循环，是人类生存环境中必不可少的成员。没有微生物也就没有高等生命的繁衍，相反，如果没有高等生物，大多数微生物则可照样繁衍子孙。此外，人类与微生物关系的重要性，还可以从它们在给人类带来巨大利益的同时也可能带来极大的危害两方面进行分析。能够列举：面包、奶酪、啤酒、抗生素、疫苗、维生素、酶等重要产品的生产；过去瘟疫的流行，现在一些病原体正在全球蔓延，许多已被征服的传染病也有“卷土重来”之势；食品的腐败等等。最后，还可以从人体本身携带的不可缺少的有益微生物进行分析，说明微生物与人类的亲密关系和重要性。
2. 这是由于巴斯德和柯赫为微生物学的建立和发展作出了卓越的贡献，使微生物学作为一门独立的学科开始形成。巴斯德彻底否定了“自生说”；发现将病原菌减毒可诱发免疫性，首次制成狂犬疫苗，进行预防接种；证实发酵是由微生物引起的；创立巴氏消毒法等。柯赫在对病原细菌的研究中取得了突出的成就：证实了炭疽病菌是炭疽病的病原菌；发现了肺结核病的病原菌；提出了证明某种微生物是否为某种疾病病原体的基本原则——柯赫原则；创建了分离、纯化微生物的技术等。

3. 其原因从下列几方面分析：微生物具有其他生物不具备的生物学特性；微生物具有其他生物共有的基本生物学特性；微生物具有个体小、结构简单、生长周期短、易大量培养、易变异、重复性强等优势，十分易于操作，动、植物由于结构的复杂性及技术方法的限制而相对发展缓慢；微生物的广泛的应用性，能迅速地符合现代学科、社会和经济发展的需求。

4. 20世纪40年代，随着生物学的发展，许多生物学难以解决的理论和技术问题十分突出，特别是遗传学上的争论问题，使得微生物这样一种简单而又具完整生命活动的小生物成了生物学研究的“明星”。微生物学很快与生物学主流汇合，并被推到了整个生命科学发展的前沿，获得了迅速的发展，为整个生命科学的发展做出了巨大的贡献（可举例说明），在生命科学的发展中占有重要的地位。

5. 可从以下几方面论述微生物学的发展前景：微生物基因组学研究将全面展开；以了解微生物之间、微生物与其他生物、微生物与环境的相互作用为研究内容的微生物生态学、环境微生物、细胞微生物学等，将在基因组信息的基础上获得长足发展，为人类的生存和健康发挥积极的作用；微生物生命现象的特性和共性将更加受到重视；与其他学科实现更广泛的交叉，获得新的发展；微生物产业将呈现全新的局面。

六、主要参考书目

1. Prescott L M，Harley J P，Klein D A. 微生物学. 5版. 中文版. 沈萍，彭珍荣，译. 北京：高等教育出版社，2003

2. Talaro K P. Foundations in Microbiology. 5th ed. New York: McGraw-Hill Higher Education, 2005

3. Madigan M T, Martinko J M, Dunlap P V, et al. Brock Biology of Microorganisms. 12th ed. San Franciso: Pearson education Inc, 2009

（沈萍）

第 2 章

微生物的纯培养和显微技术

一、要点提示

1. 由于微生物个体微小，在绝大多数情况下对微生物的研究、利用都是使用其群体。在一定条件下培养、繁殖得到的微生物个体集群，称为培养物。如果培养物仅由一种微生物组成，就被称为纯培养物。一般情况下只有纯培养物才能提供可以重复的结果，因此从混杂的天然微生物群中分离获得某种特定的微生物纯培养物，是研究和利用微生物的最重要的环节之一。而在分离、转接及培养微生物纯培养物时防止其被环境中其他微生物污染并避免培养物自身污染环境的无菌操作技术是进行微生物学研究的基础，并广泛地被其他学科和生产实际所利用。

2. 很多细菌、真菌和单细胞藻类在固体培养基表面或内部形成可以相互分离的单菌落，稀释倒平板法、稀释涂布平板法、平板划线法以及稀释摇管法是分离获得这些微生物纯培养物的常用方法。液体培养分离法或单细胞（孢子）分离法在某些条件下也可被用于分离微生物的纯种，而包括富集培养技术在内的选择培养法可通过设定有针对性的培养条件来提高特定微生物纯培养物的筛选效率。

3. 通过分离纯化得到的微生物纯培养物，必须通过各种保藏技术使其在一定时间内不死亡、不会因发生变异而丢失重要的生物学性状、不会被其他微生物污染或因自身泄漏而污染环境，否则就无法真正保证微生物研究和应用工作的顺利进行。传代培养、冷冻真空干燥保藏、低温冰箱保藏及液氮保藏是常用的微生物菌种保藏技术。

4. 微生物个体微小，通常必须通过显微镜才能观察到其个体形态，而进行显微观察时，分辨率和反差是决定显微观察效果的两个最重要的因素。它们与显微镜的特性有关，也取决于样品的制备与观察技术。无论是光学显微镜还是电子显微镜，其设备和技术发展迅速，应用面越来越广泛和深入。

5. 在显微镜下微生物的大小与形态千差万别，丰富多彩，是区分不同微生物和对其进行分类、鉴定的重要依据之一。

二、重点、难点剖析

1. 无菌技术是最基本的微生物学实验操作技术，最重要的是建立无菌概念，并正确而严格地按实验教材和实验课的要求，掌握在各种情况下的具体应用原则和操作规范。

2. 分离获得某特定的微生物纯培养物，是研究和利用微生物的基础。获得纯培养物的方法有固体培养基分离、液体培养基分离和单细胞挑取三大类（表2-1），其中用固体培养基获得单独的微生物菌落是最常用、最基本的方法。此外，由二种相互之间具有特定关系（例如寄生或捕食）的生物组成的二元培养物有时也是微生物纯培养的一种形式，如利用宿主培养病毒，或利用被作为食物的细菌来培养原生动物等。

表 2-1　获得纯培养物的方法比较

方法		特点	应用
固体培养基分离	稀释倒平板法	菌落分离较为均匀，进行微生物计数结果相对准确。但操作相对麻烦，热敏感菌有时易被烫死，而严格好氧菌也可能因被固定在培养基中而生长受到影响	这3种方法可用于所有能在固体培养基表面形成菌落的微生物的纯培养分离。并且，通过选用适当的选择平板及培养条件，可直接分离各种具有特定生理特征的微生物。而和厌氧罐或厌氧手套箱技术结合，这3种方法也可用于获得各种厌氧菌的纯培养物
	涂布平板法	操作相对简单，是较常用的常规方法。但有时会因涂布不均匀使某些部位的菌落不能分开，进行微生物计数时需对稀释和涂布过程的操作特别注意，否则不易得到准确的结果	
	平板划线法	操作简单，多用于对已有纯培养物的确认和再次分离	
	稀释摇管法	稀释倒平板法的一种变通形式，但由于菌落形成在琼脂柱的中间，观察和挑取都相对困难	在缺乏专业的厌氧操作设备的情况下对严格厌氧菌进行分离和观察
液体培养基分离	稀释法	工作量大，是否获得纯培养物需依靠统计学的推测	对不能或不易在固体培养基上生长的微生物进行纯培养分离或数量统计
	富集培养	一般不能直接获得微生物的纯培养物，在通过富集培养使原本在自然环境中占少数的微生物的数量大大提高后，需再通过平板法进行相应微生物纯培养物的分离和检测	(1) 根据某种微生物的特殊生长要求，按照意愿从自然界中对这种微生物进行有针对性的有效分离；(2) 分离培养出由科学家设计的特定环境中能生长的微生物，尽管我们并不知道什么微生物能在这种特定的环境中生长
显微操作	单细胞（孢子）挑取	分离过程直观、可靠，但对仪器和操作技术要求较高，多限于高度专业化的科学研究。而挑取的微生物单细胞或孢子需经固体或液体培养基培养后才能获得其纯培养物	从样品中直接分离所需的微生物细胞或孢子，获得其纯培养物

3. 保证所用菌种性状的稳定是微生物学工作最重要的基本要求，否则生产或科研都无法正常进行。而目前使用的各种微生物保藏技术归纳起来不外乎生活态或休眠态二种。下面所列的是目前较为常用的一些微生物菌种保藏方法。

常用的保藏技术
- 生活态
  - 培养基传代：斜面、半固体柱、平板等
  - 寄主传代
- 休眠态
  - 冷冻：低温冰箱、液氮罐
  - 干燥：砂土管、冷冻真空干燥

值得指出的是，由于微生物的多样性，不同的微生物往往对不同的保藏方法有不同的适应性，迄今为止尚没有一种方法能被证明对所有的微生物均适宜。因此，在具体选择保藏方法时必须对被保藏菌株的特性、保藏物的使用特点及现有条件等进行综合考虑。对于一些比较重要的微生物菌株，则要尽可能多的采用各种不同的手段进行保藏，以免因某种方法的失败而导致菌种的丧失。

4. 显微镜是微生物学研究的重要工具，对各类显微镜原理及应用特点的全面、综合了解是微生物学的重点内容之一。各类显微镜的特点见表2–2。

表2–2 各类显微镜特点的比较

显微镜类型		基本原理及特点	应用
光学显微镜	明视野显微镜	光线透射照明，物像处于亮背景中。为光学显微镜的最基本配置，价格便宜、容易使用	用于观察染色样品，观察未经染色的活细胞效果欠佳
	暗视野显微镜	通过特殊的聚光器实现斜射照明，亮物像形成于暗背景中	明视野显微镜下不易看清的活细胞的观察；不易被染色或易被染色过程破坏的细胞的观察（例如对梅毒密螺旋体的检测）；观察活细胞的运动性
	相差显微镜	通过特殊的聚光器和物镜将通过样品不同部位产生的光波相位差转变为振幅差（明暗差异），提高样品不同部位间的反差	活细胞及其内部结构的观察
	荧光显微镜	经荧光染料染色或荧光抗体处理的样品在紫外线等短波长光照射下激发出长波长的可见光（荧光），在黑暗的背景中形成明亮的彩色物像	环境微生物的直接观察；病灶或医学样品中特定病原微生物的直接检测（使用特定的荧光抗体）
	共聚焦显微镜	激光作为光源，每次照明样品的一个点，连续扫描后经计算机处理获得样品的二维或三维图像。显微镜价格昂贵	对完整细胞的细微立体结构进行观察和分析
电子显微镜	透射电镜	用电子束作为“光源”聚焦成像，分辨率较光学显微镜大大提高。仪器庞大、价格昂贵，对工作环境和操作技术有较高要求	对病毒等颗粒微小样品的形貌进行观察或通过超薄切片处理后观察细胞的内部结构
	扫描电镜	电子束在样品表面扫描，收集样品表面被激发形成的二次电子形成物像。分辨率远高于光学显微镜。仪器庞大、价格昂贵，对工作环境和操作技术有较高要求	一般用于观察样品的表面立体结构
探针扫描显微镜	隧道扫描显微镜	用细小的探针在样品表面进行扫描，通过记录针尖和样品间隧道效应电流的变化形成物像	与电子显微镜相比，这类显微镜能提供更高的分辨率，可在生理状态下对生物大分子或细胞结构进行观察。同时仪器体积较小，价格也相对便宜
	原子力显微镜	利用细小的探针对样品表面进行恒定高度的扫描，同时通过一个激光装置来监测探针随样品表面的升降变化来获取样品表面形貌的信息	

5. 样品制备和显微观察也是微生物学的基本操作之一，应按实验教材和实验课的要求，掌握在各种情况下微生物样品制备和显微观察的基本原理和操作规范，了解各微生物类群在显微镜下的基本形态特征。

6. 细胞型微生物按系统发育和细胞结构可分为细菌（Bacteria）、古生菌（Archaea）和真核生物（Eukarya）三域。细菌和古生菌虽然从分类角度看是二种完全不同的生物类群，但它们的细胞结构却基本一致，同属原核生物（prokaryote），在显微镜下的形态和大小也十分类似，主要有球状、杆状与螺旋状三种基本的个体形态。

三、术语或名词

1. 菌落（colony） 单个微生物细胞在适宜的固体培养基表面或内部生长、繁殖到一定程度形成的肉眼可见的、有一定形态结构的子细胞生长群体。

2. 菌苔（lawn） 固体培养基表面众多菌落连成一片时所形成的微生物生长群体。

3. 平皿（dish） 由玻璃或透明塑料制成的圆形皿底和皿盖组成，皿盖可覆盖于皿底之上形成互扣，防止空气中微生物的污染。有时也被称为培养皿（culture dish）或Petri平皿（Petri dish）。后者的英文名称是为纪念其发明者Julius Richard Petri。

4. 纯培养物（pure culture） 由同一种微生物组成的细胞群体，通常是由一个单细胞生长、繁殖所形成。

5. 培养基（culture medium） 供微生物生长、繁殖的营养基质，根据其中固化剂含量的不同可分为固体、半固体、液体3种。

6. 无菌技术（aseptic technique） 在分离、转接及培养纯种微生物时，防止其被环境中微生物污染且其自身也不污染环境的技术。

7. 培养平板（culture plate） 冷却凝固后的固体培养基在平皿中形成的培养基平面，常简称为平板（plate）。

8. 稀释倒平板法（pour plate method） 将待分离的材料稀释后与已熔化并冷却至50℃左右的琼脂培养基混合，摇匀后制成可能含菌的培养平板，保温培养后分离得到的微生物菌落生长在固体培养基表面和里面。

9. 涂布平板法（spread plate method） 在培养平板表面均匀涂布经过稀释的微生物悬液后，保温培养，在固体培养基表面得到生长分离的微生物菌落。

10. 平板划线法（streak plate method） 用接种环在培养平板表面划线接种微生物，使微生物细胞数量随着划线次数的增加而减少，并逐步分开。保温培养后，在固体培养基表面得到生长分离的微生物菌落。

11. 稀释摇管法（dilution shake culture method） 将待分离的材料稀释后与已熔化并冷却至50℃左右的琼脂培养基混合，摇匀后用石蜡封盖，保温培养后可得到在琼脂柱中间生长的微生物单菌落，常用于分离获得厌氧微生物的纯培养物。

12. 单细胞分离法（single cell pick up method） 采用显微操作技术直接挑取微生物的单细胞（孢子），培养后获得纯培养物。

13. 富集培养（enrichment culture） 利用不同微生物间生命活动特点的不同，制定特定的环境条件，使仅适应于该条件的微生物旺盛生长，从而使其在群落中的数量大大增加，从自然界中分离到所需的特定微生物。

14. 二元培养物（two-component culture） 由两种具有特定关系（例如寄生或捕食）的微生物组成的混合培养物，是微生物纯培养的一种形式。

15. 原子力显微镜（atomic force microscope） 扫描探针显微镜的一种，利用细小的探针对样品表面进行恒定高度的扫描，同时通过一个激光装置来监测探针随样品表面的升降变化来获取样品表面形貌的信息。

16. 明视野显微镜（bright-field microscope） 这种显微镜的照明方式为透射照明，即光线直接进入视野并穿过样品成像，在一个相对明亮的背景中形成一个暗的物像。

17. 聚焦扫描激光显微镜（confocal scanning laser microscope，CSLM） 这种显微镜采用激光作为光源，每次仅对一个点进行照射，从而大大减少样品其他部分发出的杂散光的干扰。观察时通过激光器或载物台扫描，计算机处理，最终获得反差鲜明、高分辨率的三维立体数字图像。

18. 荧光显微镜（fluorescence microscope） 这种显微镜用紫外线或蓝紫光等短波长光照射经过荧光染料染色或自身含有荧光物质的样品，然后观察激发出的荧光所形成的物像。

19. 数值孔径（numerical aperture） 决定显微镜物镜分辨率性能的物理指标，取决于物镜的镜口角和玻片与镜头间介质的折射率。

20. 相差显微镜（phase-contrast microscope） 这种光学显微镜通过特殊的装置把样品不同部位间折射率和细胞密度的微弱差异所形成的光波相位差转变为人眼可以察觉的明暗差（光波振幅差），提高样品不同部位间的反差，可在不染色的情况下对透明的活细胞及其内部结构进行直接观察。

21. 分辨率（resolution） 将彼此靠近的二个点（物像）清楚辨析的能力。能辨析的二点间的距离越小，分辨率越高。

22. 扫描电子显微镜（scanning electron microscope，SEM） 这种电子显微镜用电子束扫描样品表面，收集从表面发出的二次电子形成样品的表面图像。

23. 扫描探针显微镜（scanning probe microscope） 通过在物体表面移动一种敏锐的探针来研究表面特征的显微镜（如扫描隧道显微镜）。

24. 扫描隧道显微镜（scanning tunneling microscope） 扫描探针显微镜的一种，用细小的探针在样品表面进行扫描，通过检测针尖和样品间隧道效应电流的变化形成物像。

25. 透射电子显微镜（transmission electron microscope） 这种显微镜用电子束透射样品，用磁透镜使散射的电子聚焦成像。

26. 反差（contrast） 被观察物区别于背景的程度。

27. 暗视野显微镜（dark-field microscope） 这种显微镜利用特殊的聚光器进行斜射照明，经样品反射或折射的光线进入物镜成像。

28. 固定（fixation） 制样过程中使整个机体及其细胞的内、外结构被保存并固定在适当位置的过程。

29. 负染色（negative staining） 染料使背景颜色加深而样品没有着色的染色法。

30. 菌丝体（mycelium） 聚成一团的分支菌丝，见于真菌和某些细菌。

31. 菌丝（hypha） 大多数霉菌和某些细菌的结构单位，为管形丝状体。

32. 双球菌（diplococcus） 分裂后成对排列的球菌。

33. 球菌（coccus） 细胞大致呈球状的细菌。

34. 螺菌（spirillum） 刚性的螺旋状细菌。

35. 螺旋体（spirochete） 柔韧的螺旋状细菌，具有周质鞭毛。

36. 杆菌（rod） 细胞呈杆状的细菌。

37. 柄细菌（prosthecate bacteria） 细胞上有柄、菌丝、附器等细胞质伸出物，细胞呈杆状或梭状，并有特征性细柄的细菌。

38. 霉菌（mold） 以多细胞丝状群体形式生存的真菌。

39. 真菌（fungi） 有线粒体，无叶绿体，没有根、茎、叶分化，以无性和有性孢子进行繁殖的真核微生物。

40. 酵母菌（yeast） 单细胞真菌。

41. 藻类（algae） 能进行光合作用的真核微生物。

42. 原生动物（protozoa） 缺少真正细胞壁，具有运动能力，进行吞噬营养的单细胞真核微生物。

四、习题

填空题

1. 动、植物的研究能以________体为单位进行，而对微生物的研究一般用________体。
2. 在微生物学中，在人为规定的条件下培养、繁殖得到的微生物群体称为培养物，其中只有________培养物能较好地被研究、利用和重复结果。
3. 一般情况下，培养微生物的器具，在使用前必须先行__________，使容器中不含__________。
4. 用培养平板进行微生物纯培养分离的方法包括：________、________和________。
5. 微生物在特定培养基上生长形成的菌落或菌苔一般都具有稳定的特征，可以成为对该微生物进行________和________的重要依据。
6. 微生物保藏的目标就是要使所保藏菌株在一段时间不__________、不________和不________。
7. 一般说来，采用冷冻法时，保藏温度越__________，保藏效果越__________。
8. __________、__________和__________是影响显微镜观察效果的3个重要因素。
9. 光学显微镜能达到的最大有效放大倍数是________×，这时一般使用________×的目镜和__________×的物镜，并应在物镜镜头和玻片之间加__________。
10. 采用明视野显微镜观察未经染色的标本（如活的细胞）时，光的__________和________都没有明显的变化，因此，其形态和内部结构往往难以分辨。
11. 在__________的照射下，发荧光的物体会在黑暗的背景下表现为光亮的有色物体，这就是荧光显微技术的原理。
12. 透射电子显微镜用电子作为________，因此其分辨率较光学显微镜有很大提高，但镜筒必须是________环境，形成的影像也只能通过________或________进行观察、记录。
13. 在显微镜下不同细菌的形态可以说是千差万别，丰富多彩，但就单个有机体而言，其基本形态可分为__________、__________与__________3种。
14. 霉菌菌体均由分支或不分支的菌丝构成。许多菌丝交织在一起，称为__________。在固体培养基上，部分菌丝伸入培养基内吸收养料，称为__________；另一部分则向空中生长，称为__________。有些伸向空中的菌丝发育到一定阶段，可分化成__________。

15. __________是一类缺少真正细胞壁，细胞通常无色，具有运动能力，并进行吞噬营养的单细胞真核生物。它们个体微小，大多数需要借助显微镜才能看见。

16. 采用光学显微镜进行活体观察的样品制备方法主要有__________、__________和__________三种。

17. 采用普通冰箱冷冻保存菌种的效果往往远低于低温冰箱，这是因为有保护剂的细胞混合物的__________处在这个温度范围内，常会由于冰箱可能产生的微小温度变化引起培养物的反复融化和再结晶，而对菌体形成强烈的损伤。

18. 冷冻真空保藏用__________的方式除去水分，手段比较温和，细胞受损伤的程度相对较小，存活率及保藏效果均不错。

19. 光学显微镜的光学成像系统由__________、__________和__________组成，它们直接影响着显微镜的性能，是显微镜的核心。

20. 球菌大小以其__________表示，杆菌和螺旋菌以其__________和__________表示。

选择题（4个答案选1）

1. 培养微生物的常用器具中，（　　）是专为培养微生物设计的。
（1）平皿　（2）试管　（3）烧瓶　（4）烧杯

2. （　　）可用来分离培养出由科学家设计的特定环境中能生长的微生物，尽管我们并不知道什么微生物能在这种特定的环境中生长。
（1）选择平板　（2）富集培养　（3）稀释涂布　（4）单细胞显微分离

3. 下面哪一项不属于稀释倒平板法的缺点？（　　）
（1）菌落有时分布不够均匀
（2）热敏感菌易被烫死
（3）严格好氧菌因被固定在培养基中生长受到影响
（4）环境温度低时不易操作

4. 下面哪一种方法一般不被用作传代保藏？（　　）
（1）琼脂斜面　（2）半固体琼脂柱　（3）培养平板　（4）摇瓶发酵

5. 冷冻真空干燥法可以长期保藏微生物的原因是微生物处于（　　）的环境，代谢水平大大降低。
（1）干燥、缺氧、寡营养　（2）低温、干燥、缺氧
（3）低温、缺氧、寡营养　（4）低温、干燥、寡营养

6. 对光学显微镜观察效果影响最大的是（　　）。
（1）目镜　（2）物镜　（3）聚光器　（4）总放大倍数

7. 暗视野显微镜和明视野显微镜的区别在于（　　）。
（1）目镜　（2）物镜　（3）聚光器　（4）样品制备

8. 相差显微镜使人们能在不染色的情况下，比较清楚地观察到在普通光学显微镜和暗视野显微镜下都看不到或看不清的活细胞及细胞内的某些细微结构，是因为它改变了样品不同部位间光的（　　），使人眼可以察觉。
（1）波长　（2）颜色　（3）相位　（4）振幅

9.（　　）不是鉴别染色。
（1）抗酸性染色　（2）革兰氏染色　（3）活菌染色　（4）芽孢染色
10. 细菌的下列哪项特性一般不用作对细菌进行分类、鉴定？（　　）
（1）球菌的直径　（2）球菌的分裂及排列
（3）杆菌的直径　（4）杆菌的分裂及排列
11. 明视野改装成相差显微镜时，下列哪个装置一般不需要更换？（　　）
（1）目镜　（2）物镜　（3）聚光器　（4）滤光片
12. 下列哪种方法一般不能直接分离获得微生物的纯培养物？（　　）
（1）平板划线法　（2）稀释摇管法　（3）液体培养法　（4）富集培养法
13. 采用下列哪种保藏方法时不需要往微生物培养物悬液中添加保护剂？（　　）
（1）砂土管保藏　（2）液氮保藏　（3）低温冰箱保藏　（4）冻干保藏
14.（　　）技术一般不用于透射电子显微镜的样品制备。
（1）投影　（2）负染色　（3）超薄切片　（4）喷镀金属层
15. 放线菌属于（　　）。
（1）细菌　（2）古生菌　（3）藻类　（4）真菌
16. 真菌和藻类的差别在于下列哪个细胞结构？（　　）
（1）细胞膜　（2）细胞质　（3）叶绿体　（4）线粒体

是非题

1. 为了防止杂菌，特别是空气中的杂菌污染，试管及玻璃烧瓶都需采用适宜的塞子塞口，通常采用棉花塞，也可采用各种金属、塑料及硅胶帽，并在使用前进行高温干热灭菌。
2. 所有的微生物都能在固体培养基上生长，因此，用固体培养基分离微生物的纯培养物是最重要的微生物学实验技术。
3. 所有的培养基都是选择性培养基。
4. 直接挑取在平板上形成的单菌落就可以获得微生物的纯培养物。
5. 用稀释摇管法分离获得的微生物均为厌氧微生物。
6. 冷冻真空干燥保藏、液氮保藏法是目前使用最普遍、最重要的微生物保藏方法，大多数专业的菌种保藏机构均采用这两种方法作为主要的微生物保存手段。
7. 光学显微镜的分辨率与介质折射率有关，由于香柏油的介质折射率（约1.5）高于空气（1.0），因此，使用油镜的观察效果好于高倍镜，目前科学家正在寻找折射率比香柏油更高的介质以进一步改善光学显微镜的观察效果。
8. 与电子显微镜相比，扫描隧道显微镜在技术上的最大突破是能对处于生理状态下的样品进行观察。
9. 与光学显微镜相比，电子显微镜的分辨率虽然有很大的提高，但却无法拍摄彩色照片。
10. 和动、植物一样，细菌细胞也会经历由小长大的过程，因此，在相同情况下应选择成熟的细菌而非幼龄细菌进行显微镜观察，这样可以看得更清楚。
11. 霉菌、酵母菌均是没有分类学意义的普通名称。
12. 富集培养技术的特点是要根据微生物的生理特性来设计培养条件，因此无法用于未知微生物资源筛选。
13. 同一种微生物在不同类型的培养平板上可形成不同的特征菌落。

14. 假设某土壤环境中所有种类的细菌都能在肉汤琼脂平板上生长，我们依然很难用涂布平板法筛选得到所有菌的纯培养物。
15. 微生物个体微小的特点决定了显微技术是进行微生物研究的一项重要技术，所有细菌的个体形态只有通过显微镜才能观察到。
16. 即使没有专业的显微操作仪，我们仍有可能采用单细胞（孢子）分离法来获得微生物的纯培养物。

❖ 问答题

1. 一般说来，严格的无菌操作是一切微生物工作的基本要求，但在分离与培养极端嗜盐菌时常在没有点酒精灯的普通实验台上倾倒培养平板、在日常环境中直接打开皿盖观察和挑取菌落，而其研究结果并没有因此受到影响，你知道这是为什么吗？
2. 如果希望从环境中分离得到厌氧固氮菌，你该如何设计实验？
3. 为什么光学显微镜的目镜通常都是15×？是否可以采用更大放大倍率的目镜（如30×）来进一步提高显微镜的总放大倍数？
4. 为什么透射电镜和扫描电镜对样品厚度与大小的要求有如此大的差异？能否用扫描电镜来观察样品的内部结构，而用透射电镜来观察样品的表面结构？
5. 试论电子显微镜在进行生物样品制备与观察时应注意的问题。
6. 对细菌的细胞形态进行观察和描述时应注意哪些方面？你是否能很快地在显微镜下区分同为单细胞的细菌、酵母菌和原生动物？
7. 为什么说无菌技术和纯培养技术是微生物学建立与发展的基石？
8. 试分析比较用固体培养基获得微生物纯培养物的各方法的特点。
9. 你认为样品制备和显微观察中（光镜和电镜）应通过哪些方法改变样品的反差以改善观察效果？
10. 试找到一篇使用微生物照片的科学文献（科研论文），分析该文为什么要使用微生物照片，采用的是何种显微观察技术？依你之见，该文作者的这张照片还可以用哪些技术获得？

五、习题解答

❖ 填空题

1. 个　群　2. 纯　3. 灭菌　任何生物　4. 稀释倒平板法　涂布平板法　平板划线法　5. 分类　鉴定　6. 死亡　污染　变异　7. 低（高）　好（差）　8. 放大　反差　分辨率　9. 1 000～1 500　10或15　90或100　香柏油　10. 波长（颜色）　振幅（明暗）　11. 紫外线等短波长光　12. 光源　真空　荧光屏　照片　13. 球状　杆状　螺旋状　14. 菌丝体　营养菌丝　气生菌丝　繁殖菌丝（或孢子丝）　15. 原生动物　16. 压滴法　悬滴法　菌丝埋片法　17. 共熔点（或共晶点）　18. 升华　19. 目镜　物镜　聚光器　20. 直径　宽度（直径）　长度

❖ 选择题

1.（1） 2.（2） 3.（1） 4.（4） 5.（2） 6.（2） 7.（3）
8.（4） 9.（3） 10.（4） 11.（1） 12.（4） 13.（1） 14.（4）
15.（1） 16.（3）

❖ 是非题

1. × 2. × 3. √ 4. × 5. × 6. √ 7. ×
8. √ 9. √ 10. × 11. √ 12. × 13. √ 14. √
15. × 16. √

❖ 问答题

1. 培养极端嗜盐菌的培养平板需要添加很高浓度的氯化钠（例如25%），实验室环境中的一般微生物都不能在这种选择培养基上生长，因此在实验过程中即使不采取无菌操作技术，实验结果也不会受到影响。
2.（1）根据选择分离的原理设计不含氮的培养基，在这种培养基上生长的细菌，其氮素应来自固氮作用。
（2）将环境样品（例如土样）稀释涂布到选择平板上，放置于厌氧罐中。对厌氧罐采用物理、化学方法除去氧气，保留氮气。培养后在平板上生长出来的细菌应是厌氧固氮菌或兼性厌氧固氮菌。
（3）挑取一定数量的菌落，对应点种到两块缺氮的选择平板上，分别放置于厌氧罐内、外保温培养。在厌氧罐内外均能生长的为兼性厌氧固氮菌，而在厌氧罐外的平板上不生长，在厌氧罐内的平板上生长的即为可能的厌氧固氮菌。
（4）对分离得到的厌氧固氮菌菌落样品进行系列稀释，涂布于相应的选择平板，重复上述步骤直到获得厌氧固氮菌的纯培养物。
3. 光学显微镜的分辨率受到光源波长及物镜性能的限制，在使用最短波长的可见光（450 nm）作为光源时在油镜下可以达到的最大分辨率为0.18 μm。由于肉眼的正常分辨能力一般为0.25 mm左右，因此光学显微镜有效的最高总放大倍数只能达到1 000～1 500倍。油镜的放大倍数是100×，因此显微镜配置的目镜通常都是15×，选用更大放大倍数的目镜（如30×）进一步提高显微镜的放大能力对观察效果的改善并无帮助。
4.（1）透射电子显微镜的成像原理类似于普通光学显微镜，作为光源的电子束在成像时要穿透样品。由于电子束的穿透力有限，因此在进行透射电镜观察时要求样品一定要薄。而扫描电镜的成像原理类似于电视或电传真照片，图像是通过收集样品表面被激发的二次电子形成的，因此对样品的厚度并无特别的要求。
（2）扫描电镜一般被用于观察样品的表面结构，但通过样品制备过程中的冰冻蚀刻技术，用扫描电镜也可观察到样品的内部结构，获得立体的图像。
（3）透射电镜一般通过超薄切片技术观察样品的内部结构，但通过样品制备过程中的复型技术，用透射电镜也可对样品的表面结构进行观察。
5.（1）电子束的穿透能力 电子束的穿透能力是十分有限的，超薄切片是基本的透射电镜实验技术。相比之下，扫描电镜对样品的大小和厚度没有严格的要求。

（2）生物组织的特点 生物组织的主要成分之一是水，若生物样品不经处理直接放进电镜，镜筒中的高真空必然会使样品发生严重的脱水现象，失去样品原有的空间构型，所以一般不能用电镜进行生物样品的活体观察。而且，由于生物样品很容易遭到破坏，在对样品进行固定、干燥、染色及其他一些处理过程中，也必须随时注意使样品尽量保持生活状态下的精细结构，而不严重失真。另外，在扫描电镜的使用中，除要求样品干燥外，还需要样品具一定的导电能力，以减少样品表面电荷的堆积并得到良好的二次电子信号。而生物样品一般都是不导电的，所以在制备扫描电镜生物样品时，一般需在其表面镀上一层金属薄膜。

（3）增加样品的反差 显微观察时，只有样品具有一定的反差，才能得到清晰的图像。光学显微镜可以通过各种染色技术来增加样品的反差，并得到彩色的样品图像。而在电镜的使用中，彩色染料是不采用的，因为两种不同的颜色在电镜中是不能区别的。电镜中生物样品不同结构之间反差的取得一般是用重金属盐染色或喷镀，凡是嗜金属的结构，对电子的散射与吸收的能力增强，易于形成明暗清晰的电子图像。而且，由于电子图像是靠不同电子密度形成的亮度差异而构成，所以，电镜得到的电视或照相图像都是黑白的。

6.（1）首先应使用稀释涂布等方法对待检菌株的纯度、群落形态、生理特性等进行检查、确认。

（2）选用正常的新鲜培养基和新鲜培养物进行培养和观察，避免培养过程中一些物理、化学条件的改变或培养时间过长等因素对细胞形态的影响。

（3）报告细胞大小时应选用多个细胞检测的平均数，并记录所用的实验方法，包括培养条件、培养时间、样品制备方法和染色方法等。

（4）可从大小和形态上对细菌、酵母菌和原生动物进行区分。酵母菌、原生动物个体较大，一般可用低倍镜观察，酵母菌细胞一般呈卵圆形、圆形、圆柱形或柠檬形，不具运动性，原生动物细胞形态多变，能够运动。相比较而言，细菌细胞一般较小，需用高倍镜或油镜才能看清。

7.（1）微生物个体微小，对微生物的研究和利用多以群体为对象，因此纯培养技术是微生物学研究的基础。

（2）通常情况下微生物纯培养物才能保证结果的可重复性。

（3）自然界中微生物混杂存在，无菌技术才能保证培养物始终是由相同的微生物组成。

8.（1）稀释倒平板法 细菌分离效果好，但操作相对麻烦，不利于热敏感菌和好氧菌的生长。

（2）涂布平板法 操作方便，但有时涂布不均匀。

（3）平板划线法 操作方便，但无法进行计数。

（4）稀释摇管法 对厌氧菌进行纯培养分离，操作和观察均相对麻烦。

（5）选择平板 利用选择性培养条件（例如加抗生素或用牛奶平板）较快地分离获得目的菌。

9.（1）光学显微镜 对样品染色后改善反差；更换聚光器和物镜，使用暗视野显微镜、相差显微镜；使用荧光显微镜时针对不同的目标选用不同的荧光染料；在相同条件下适当降低照明亮度。

（2）电子显微镜 扫描电镜在进行样品制备时喷金；透射电镜对样品进行负染、正染；透射电镜用投影法制样。

10. 建议到学校图书馆或学院（系）资料室翻阅微生物学相关科研杂志（例如《微生物学报》、《微生物学通报》），寻找使用了微生物显微镜照片的科研论文。通过阅读论文的“材料与方法”部分了解该照片的技术背景，再结合“结果和分析”部分了解为什么该论文要使用这张照片，探讨采用其他方法达到相同实验目的的可能途径。

六、主要参考书目

1. Prescoot L M, Harley J P, Klein D A. 微生物学. 5版. 中文版. 沈萍，彭珍荣，译. 北京：高等教育出版社，2003
2. Madigan M T, Martinko J M, Dunlap P V, et al. Brock Biology of Microorganisms. l2th ed. San Francisco: Pearson education Inc, 2009
3. Talaro K P. Foundations in Microbiology. Basic Principles. 6th ed. 影印版. 北京：高等教育出版社，2009
4. Nester E W, Anderson D G, Roberts Jr C E, et al. Microbiology. A Human Perspective. 6th ed. New York: The McGraw-Hill Companies Inc, 2009
5. Willey J, Sherwood L M, Woolverton C. Prescott’s Microbiology. 8th ed.New York: McGraw-Hill Companies Inc, 2011

（陈向东）

第 3 章

微生物细胞的结构与功能

一、要点提示

在微生物世界中，除病毒外，其他成员都是具有细胞结构的种类。细菌、放线菌、蓝细菌和古生菌等属于原核微生物类，它们的特点是细胞直径很小，细胞核的结构十分原始（无核膜包裹），细胞壁含独特的肽聚糖（支原体和古生菌例外），细胞内无细胞器的分化。真菌、显微藻类和原生动物等属于真核微生物类，它们的特点是细胞直径较大，细胞核有核膜包裹，染色质由DNA和组蛋白构成，细胞以有丝分裂或减数分裂方式繁殖，以及细胞内有多种功能专一的细胞器等。

了解微生物细胞的结构和功能，是认识、利用和改造微生物的第一步。本章先把有细胞构造的微生物分成原核微生物和真核微生物两大部分，再从细胞与外界环境分隔的界面——细胞壁开始，由表及里地逐一剖析各主要构造和特殊构造的结构和其相应的生理功能。

1. 原核微生物

各种原核微生物细胞所具有的共同构造包括细胞壁（支原体例外）、细胞质膜、细胞质、核区和若干种内含物等；只有部分种类才具有的一些构造称作特殊构造，包括糖被（荚膜、黏液层）、鞭毛、菌毛和性菌毛等构造；少数种类还可形成芽孢、孢囊等具有抵御外界不良环境功能的特殊构造。

原核微生物细胞壁的成分、结构和功能是本章最先讨论的重点内容，其中多数原核生物细胞壁所含有的独特成分——肽聚糖，则是本章的重点内容之一。按肽聚糖的有无和含量多少，可把原核微生物分成4类：含量最高者为革兰氏阳性菌，含量较低者为革兰氏阴性菌，因无细胞壁而不含肽聚糖者为支原体，而有细胞壁而不含肽聚糖（只含假肽聚糖等成分）者则为古生菌。革兰氏阳性菌的细胞壁很厚，主要含肽聚糖和磷壁酸两种成分；革兰氏阴性菌的细胞壁虽然薄，但层次较多、成分复杂，除由肽聚糖组成的一薄层内壁外，还有一层称为外膜的外壁层。外膜的成分为脂多糖、磷脂、脂蛋白和其他蛋白质。细胞壁的主要功能是固定细胞外形和保护细胞不受损伤。

肽聚糖是由许多相同结构单体交联而成的多层网状构造。其每一单体由肽（四肽尾和肽桥）和聚糖（*N*–乙酰葡糖胺和*N*–乙酰胞壁酸交替排列）两种成分构成。不同种类的微生物，因其肽聚糖的成分、结构、性质和含量的不同，而引起革兰氏染色反应的不同。在此基础上划分的革兰氏阳性菌与革兰氏阴性菌两大类细菌不仅反映出染色反应上的差别，也反映出它们间在系统进化史上以及在细胞结构和功能、生理代谢、遗传、生态和致病性等多方面的差异。这就是革兰氏染色在微生物学工作中受到如此关注的原因。

2. 真核微生物

真核微生物细胞的共有构造是细胞膜、细胞质、细胞核和各种细胞器，细胞壁仅为真菌和显微藻类所有，此外，在许多种类的细胞（包括性细胞）外还长有与原核生物鞭毛截然不同的细胞器——“9+2”型结构的鞭毛或纤毛。

真菌细胞壁的主要成分是纤维素、葡聚糖或几丁质类多糖，藻类则主要是纤维素类多糖。一切真核微生物都具有外形完整、有核膜包裹、结构复杂的细胞核，它由核被膜、染色质、核仁和核基质构成。由细胞骨架等物质组成的细胞间质支撑着真核微生物的细胞质，其内包含着各种有一定结构、执行重要生理功能的细胞器，包括内质网、高尔基体、溶酶体、微体、线粒体和叶绿体（仅存在于光合生物中）等。其中的线粒体和叶绿体在结构和功能上有许多相似之处，加上在它们的基质内都含有自身特有的环状DNA和部分蛋白质合成机构，故属于半自主性细胞器，这些特点，均为关于真核生物起源于原核生物的“内共生”假说提供了有力的佐证。

二、重点、难点剖析

1. G^+菌、G^-菌肽聚糖单体的比较（表3–1）

肽聚糖单体是构成细菌细胞壁中特有成分——肽聚糖网套的基础，G^+菌与G^-菌肽聚糖单体的构造基本相同，仅在四肽尾的第3个氨基酸残基和肽桥的有无上有明显差别。

表3–1　G^+菌和G^-菌肽聚糖单体的比较表

项目		G^+菌	G^-菌
聚糖链		–（G+M）$_n$–	–（G+M）$_n$–
肽链	四肽尾	L–Ala | D–Glu | L–Lys | D–Ala	L–Ala | D–Glu | m–DAP | D–Ala
	肽桥	–（Gly）$_5$–等	无

注：G=*N*–乙酰葡糖胺，M=*N*–乙酰胞壁酸，m–DAP=内消旋二氨基庚二酸

2. G^-菌细胞壁的脂多糖构造

脂多糖（LPS）是位于革兰氏阴性菌细胞壁最外层的一种较厚的类脂多糖类物质，由类脂A、核心多糖和*O*–特异侧链3部分组成。

其中的类脂A是革兰氏阴性菌致病物质内毒素的物质基础。脂多糖的分子构造可见图3–1和表解。

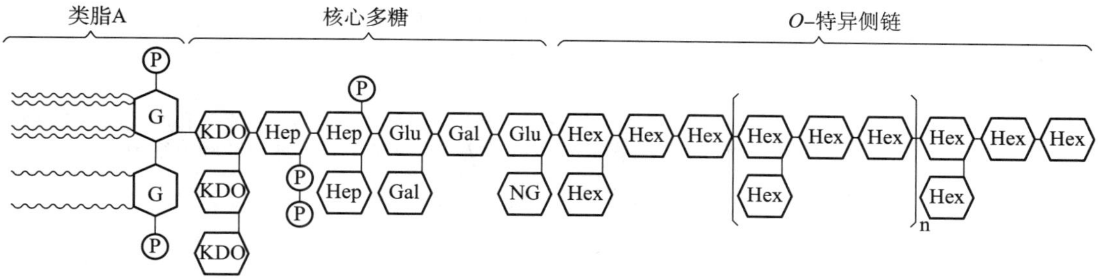

注:G=葡糖胺,P=磷酸,KDO=2-酮-3-脱氧辛糖酸,Hep=L-甘油-D-甘露庚糖,Glu=葡萄糖,Gal=半乳糖,NG=N-乙酰葡糖胺,Hex=己糖

图3-1　脂多糖的分子构造

LPS
- 类脂 A：2 个 *N* - 乙酰葡糖胺和 5 个不同的长链饱和脂肪酸
- 核心多糖
  - 内核心区
    - 3 个 2 - 酮 - 3 - 脱氧辛糖酸（KDO）
    - 3 个 L - 甘油 - D - 甘露庚糖（Hep）
  - 外核心区：5 个己糖（Hex），包括葡糖胺、半乳糖、葡萄糖
- *O* - 特异侧链：多个 4Hex 单位，内含葡萄糖、半乳糖、鼠李糖、甘露糖，以及阿比可糖（Abq）、大肠杆菌糖（colitose）、副伤寒菌糖（paratose）或泰威糖（tyvelose）等

3. 缺壁细菌

细胞壁是保持细菌正常形态和保护它们免遭不利环境条件损伤的基本构造。但在自然和人工培养条件下，也可因自然进化、自发突变或人为去除等方法而形成缺壁细菌。现将4类缺壁细菌的主要特点列在表3-2中。

表3-2　4类缺壁细菌的比较表

项目	支原体	L型细菌	原生质体	球状体
形成原因	自然进化	实验室中自发突变	人工除壁	人工除壁
制备方法	-	-	溶菌酶去壁或青霉素抑制肽聚糖合成	溶菌酶去壁或青霉素抑制肽聚糖合成
缺壁程度	完全无壁	无壁	基本无壁	部分缺壁
繁殖能力	有	有	无*	无*
实例	各种支原体	念珠状链杆菌等	多数G^+菌	多数G^-菌

*待细胞壁再生后即可恢复其繁殖能力

4. 细菌的内含物

位于细菌细胞质内，呈颗粒状或泡囊状的构造称内含物。4种主要内含物见表3-3。

表3–3 细菌内含物的种类和分布

名称		实例
储藏物	碳源或能源类	聚β–羟丁酸（PHB）或聚羟链烷酸（PHA）（固氮菌和产碱菌等）；糖原（大肠杆菌和芽孢杆菌等）；硫粒（紫硫细菌和丝硫细菌等）
	氮源类	藻青素或藻青蛋白（蓝细菌等）
	磷源类	异染粒（迂回螺菌、棒杆菌和分枝杆菌等）
磁小体		在水生螺菌和嗜胆螺菌中存在
羧酶体		在硫杆菌和蓝细菌等自养细菌中存在
气泡		在蓝细菌、红单胞菌和盐杆菌等水生细菌中存在

5. 细菌芽孢的构造和功能

芽孢是某些细菌在其生活史后期的细胞内形成的一个抗逆性极强的休眠体。芽孢为圆形或椭圆形，厚壁，含水量低，对热、辐射和化学药物有很强的抗性。因每一营养细胞仅形成一个芽孢，故芽孢无繁殖功能。芽孢的构造和各部分功能见表3–4。

表3–4 芽孢的构造和各部分功能

名称		主要成分	生理功能
孢外壁		脂蛋白	阻止内外物质渗透
芽孢衣		疏水性角蛋白	抗酶解，抗药物，阻止多价阳离子渗透
皮层		芽孢肽聚糖，DPA–Ca	渗透压高，可使芽孢核心保持干燥
核心	芽孢壁	肽聚糖	可发展成新细胞的细胞壁
	芽孢质膜	磷脂，蛋白质	可发展成新细胞的细胞质膜
	芽孢质	DPA–Ca，核糖体，RNA，酶类	可发展成新细胞的细胞质
	核区	DNA	遗传信息的载体

6. 原核生物鞭毛的构造

生长在各种原核生物细胞表面的长丝状、波曲形的蛋白质附属物称为鞭毛，其数目为一至数十条，能通过快速旋转而推动细胞运动。鞭毛由固定于细胞表面的基体以及游离的钩形鞘和鞭毛丝3部分组成，G^-菌的鞭毛构造可表解如下：

- 鞭毛
  - 鞭毛丝：着生于钩形鞘上，一端游离。由大量鞭毛蛋白亚基经螺旋状围成，中空
  - 钩形鞘：位于基体与鞭毛丝之间，使三者连成一体
  - 基体
    - 鞭毛杆：是基体的轴心，可把以下4个环穿在同一轴上
    - L环：与细胞壁外膜的LPS层相连
    - P环：与细胞壁内壁的肽聚糖层相连
    - S–M环：两环合在一起，似马达的转子
    - Mot蛋白：一对马达定子状的蛋白，围在S–M环外
    - Fli蛋白：位于S–M环基部，可操纵鞭毛正旋或逆旋

7. 真核生物的“9+2”型鞭毛

长在某些真核生物细胞表面的毛发状、有运动功能的细胞器称为鞭毛。真核生物的鞭毛属于“9+2”型，构造较复杂，整个鞭毛由鞭杆、过渡区和基体 3 部分构成。它与原核生物的鞭毛不仅结构不同，而且在运动方式和机制上都有显著的差别（表3–5）。

表3–5 原核生物与真核生物鞭毛的比较表

项目		原核生物	真核生物
大小		细长［（0.01～0.02）μm×（15～20）μm］	粗长［（0.12～0.17）μm×（150～200）μm）］
主要构造	游离端的名称与构造	鞭毛丝：由大量鞭毛蛋白亚基以螺旋状排列而围成；中空；伸长部位在顶端	鞭杆：“9+2”型结构，即中央有中央鞘包裹的2条平行的微管蛋白，外围有9条微管二联体围绕。每条微管二联体上各长出多个动力蛋白臂、微管连丝蛋白和放射辐条
	中部	钩形鞘	过渡区
	基部	基体：由L、P、S、M 4个圆环（G^-菌）或S、M 2个圆环（G^+菌）构成，环的中央有鞭毛杆串着	基体：为“9+0”型结构，即外围有一圈共9条微管三联体围绕，而中央无微管蛋白
运动方式		借基体中的圆环旋转带动鞭毛做旋转运动	借鞭杆中微管二联体等的收缩带动鞭毛作挥鞭运动

8. 真核生物细胞核的构造

在真核生物细胞中都有一个形态完整、有核膜包裹的细胞核，它是该细胞遗传信息（DNA）的储存、复制和转录场所，对细胞的生长、繁殖、遗传和变异等生命活动起着关键的作用。真核细胞的细胞核由核被膜、染色质、核仁和核基质 4 部分组成，可表解如下：

细胞核
- 核被膜
  - 核　膜：位于核被膜外侧，由内外两层膜构成，其间还夹有一核周间隙层
  - 核纤层：位于核被膜内侧，由核纤层蛋白构成
- 染色质：自低至高常以 5 种不同的聚合水平存在：①DNA＋组蛋白；②核小体；③中空螺线管；④超螺旋环；⑤染色体
- 核　仁：存在于核内，由蛋白质和 RNA 组成的小体，无膜状物包裹，具合成 rRNA 和装配核糖体功能
- 核基质：充满在细胞核空间的蛋白纤维网，具支撑细胞核外形和提供染色质附着位点等功能

9. 真核生物各种细胞器的比较

细胞质内具有一定形态构造和专一功能的小器官，称细胞器，种类较多。现把真核微生物中常见的主要细胞器列表比较（表3–6）。

表3-6 各种细胞器的特点及其比较

项目	形态	构造	数量	功能
内质网	囊腔，细管形	有膜。分两种：糙面内质网的膜上有核糖体粒，光面内质网的膜上无核糖体粒	数量少	糙面内质网合成、运送蛋白质，光面内质网合成磷脂
核糖体	小颗粒状	无膜。表层为蛋白质，内芯为RNA	数量极多，变化大	合成蛋白质
高尔基体	扁平膜囊和小囊泡	有膜。由数个扁平膜囊和大小不等的囊泡组成	数量少	浓缩蛋白质，合成糖蛋白和脂蛋白，协调细胞内环境
溶酶体	球形小囊泡	有膜。小囊泡内含数十种酸性水解酶	数量较多，但变化大	执行细胞内的消化功能
微体	球形小囊泡	有膜。小囊泡内含氧化酶和过氧化氢酶等	数量较多，但变化大	对脂肪酸进行氧化
线粒体	杆菌状或囊状	有内外两层膜。内膜可形成嵴，其上有大量的基粒（ATP酶复合体）。基质内含TCA酶系、70S核糖体和双链环状DNA	数量多，但变化大	对底物进行氧化磷酸化以产生ATP
叶绿体	扁球状或扁椭圆状	由内、外两层膜以及类囊体和基质构成。基质内含70S核糖体和双链环状DNA等。类囊体数量多，常叠成基粒	仅存在于光合生物中。不同细胞中数量变化很大	利用CO_2和H_2O进行光合作用，以合成葡萄糖和释放氧

三、术语或名词

1. 原核生物（prokaryote） 一大类细胞微小、只有“核区”（无核膜包裹的裸露DNA）的原核单细胞生物。所有原核生物都是微生物，包括真细菌和古生菌两大类群。原核生物与真核生物的主要区别是：①基因组由无核膜包裹的双链DNA环组成；②缺少单位膜分隔而成的细胞器；③核糖体为70S型。

2. 细菌细胞壁（cell wall of bacteria） 位于细菌细胞最外面的一层厚实、坚韧的外被，主要由肽聚糖组成，有固定细胞外形和保护细胞免受损伤等多种功能。革兰氏阳性菌细胞壁的特点是厚度大（20～80 nm）和化学组分简单，一般只含90%肽聚糖和10%磷壁酸。革兰氏阴性菌的细胞壁由外膜（含脂多糖、磷脂和外膜蛋白）和一薄层肽聚糖（2～3 nm）组成。

3. 肽聚糖（peptidoglycan） 真细菌细胞壁的特有成分，由无数肽聚糖单体以网状形式交联而成。肽聚糖单体由肽与聚糖两部分构成，其中的肽有四肽尾和肽桥两种，聚糖则由*N*-乙酰葡糖胺和*N*-乙酰胞壁酸以*β*-1，4糖苷键相互间隔交联而成，呈长链骨架状。G^+菌的四肽尾一般由L-Ala、D-Glu、L-Lys和D-Ala 4个氨基酸构成，肽桥则由5个Gly残基构成；G^-菌的四肽尾一般由L-Ala、D-Glu、m-DAP和D-Ala构成，且无肽桥。

4. 磷壁酸（teichoic acid） G^+菌细胞壁上的一种酸性多糖，主要成分为甘油磷酸或核糖醇磷酸。可分壁磷壁酸和膜磷壁酸两种，前者是与肽聚糖分子间进行共价结合的磷壁酸，后者则是跨越肽聚糖层并与细胞膜相交联的磷壁酸。

5. 外膜（outer membrane） 位于G^-菌细胞壁最外层的一层由脂多糖（LPS）、磷脂、脂蛋白和其他蛋白组成的厚膜。

6. 脂多糖（lipopolysaccharide，LPS） 位于G^-菌细胞壁最外层的一层较厚（8～10 nm）的类脂多糖类物质，由类脂A、核心多糖和*O*–特异侧链3部分构成，是G^-菌致病物质内毒素的成分。

7. 外膜蛋白（outer membrane protein） 嵌合在G^-菌细胞壁外膜上的多种蛋白质成分，例如脂蛋白和孔蛋白等。

8. 周质空间（periplasmic space） 一般指位于G^-菌细胞壁外膜与细胞膜之间的狭窄空间，呈胶状，内含各种周质蛋白，包括各种酶类和受体蛋白等。

9. 假肽聚糖（pseudopeptidoglycan） 甲烷杆菌属（*Methanobacterium*）等部分古生菌细胞壁的主要成分。其多糖骨架由*N*–乙酰葡糖胺和*N*–乙酰塔罗糖胺糖醛酸以β–1，3糖苷键交替连接而成，连在后一氨基糖上的肽尾由L–Glu、L–Ala和L–Lys 3个L型氨基酸组成，肽桥则由L–Glu一个氨基酸组成。

10. 缺壁细菌（cell wall deficient bacteria） 细胞壁缺乏或缺损的各种细菌的统称，包括支原体、L型细菌、原生质体和球状体等。

11. L型细菌（L form of bacteria） 指在实验室或宿主体内通过自发突变而形成的遗传性稳定的细胞壁缺陷菌株。因最初发现的念珠状链杆菌（*Streptobacillus moniliformis*）是在英国Lister研究所发现，故称L型细菌。

12. 原生质体（protoplast） 在人为条件下，用溶菌酶除尽细菌等微生物原有细胞壁或用青霉素抑制新生细胞壁合成后，所得到的仅有一层细胞膜包裹着的圆球状细胞，一般由G^+菌形成。原生质体对渗透压敏感，无繁殖能力，在合适条件下，细胞壁可再生，并恢复其繁殖能力。

13. 球状体（sphaeroplast） 又称原生质球，指还残留有部分细胞壁的原生质体。G^-菌一般只形成球状体。

14. 细菌细胞质膜（cytoplasmic membrane of bacteria） 又称细菌细胞膜。是紧贴在细菌细胞壁内侧、包围着细胞质的一层柔软、脆弱、富有弹性的半透性薄膜，厚的7～8 nm，由磷脂（占20%～30%）和蛋白质（占50%～70%）组成。细胞质膜的主要功能是选择性的控制细胞内外的物质交流。

15. 间体（mesosome） 细菌细胞中的一种由细胞质膜内褶而形成的囊状构造，其中充满着层状或管状的泡囊。多见于G^+菌。每个细胞含一至几个。其功能与DNA的复制、分配，细胞分裂和酶的分泌有关。

16. 细菌的细胞质（cytoplasm of bacteria） 细菌细胞质膜包围的除核区以外的一切半透明、胶状、颗粒状物质的总称，包含基质和内含物等。

17. 细菌的内含物（inclusion body of bacteria） 细胞质内形状较大的颗粒和泡囊状构造，包括各种储藏物、羧酶体、气泡或磁小体等。

18. 聚β–羟丁酸（poly–β–hydroxybutyrate，PHB） 存在于某些细菌细胞质内的颗粒状内含物，由许多羟基丁酸分子聚合而成，具储藏能量、碳源和降低细胞内渗透压的作用。

19. 异染粒（metachromatic granules） 又称迂回体或捩转菌素，是无机偏磷酸盐的聚合物，具有储藏磷元素和能量的功能。在白喉棒杆菌和结核分枝杆菌中易见到异染粒。

20. 羧酶体（carboxysome） 存在于一些自养细菌细胞内的多角形或六角形内含物，内含1，5–二磷酸核酮糖羧化酶，在自养细菌的CO_2固定中起着关键作用。

21. 核区（nuclear region） 又称核质体，指原核生物所特有的无核膜结构、无固定形态的原始细胞核。其成分是一个大型环状双链DNA分子，它是细菌负载遗传信息的主要物质基础。

22. 芽孢（endospore） 某些细菌在其生长发育后期，在细胞内形成的一个圆形或椭圆形、厚壁、含水量极低、抗逆性（抗热、化学药物、辐射等）极强的休眠体。产芽孢的细菌主要有芽孢杆菌属（*Bacillus*）和梭菌属（*Clostridium*）两属。

23. 渗透调节皮层膨胀学说（osmoregulatory expanded cortex theory） 解释芽孢耐热机制的一个较新的学说。它认为芽孢的耐热性在于芽孢衣对多价阳离子和水分的透性很差，以及皮层的离子强度很高，从而使皮层产生极高的渗透压去夺取芽孢核心中的水分，其结果导致皮层充分膨胀，而作为芽孢的生命部分——芽孢核心的细胞质却发生高度失水，并由此变得高度耐热。

24. 伴孢晶体（parasporal crystal） 苏云金芽孢杆菌等少数芽孢杆菌在其形成芽孢的同时，会在芽孢旁形成一颗菱形或双锥形的碱溶性蛋白晶体（δ内毒素），称为伴孢晶体。它对约200种昆虫尤其是鳞翅目的幼虫有毒杀作用，故可制成细菌杀虫剂。

25. 糖被（glycocalyx） 指包被于某些细菌细胞壁外的一层厚度不定的胶状物质。糖被有数种：①形态固定、层次厚的为荚膜，②形态固定、层次薄的为微荚膜，③形态不固定、结构松散的为黏液层，④包裹在细胞群体上有一定形态的糖被称菌胶团。糖被的主要功能是保护菌体免受干旱损伤或被宿主免疫活性细胞吞噬。

26. 细菌鞭毛（flagellum of bacteria） 生长在某些细菌体表的长丝状、波曲、可旋转的蛋白质附属物，其数目一至数十条，具有运动功能。鞭毛由基体、钩形鞘和鞭毛丝3部分组成。鞭毛在细菌表面的着生方式有一端生、两端生、周生和侧生等数种，它是细菌鉴定中的重要指标。

27. 菌毛（fimbriae） 一种长在细菌体表的纤细、中空、短直、数量较多的蛋白质附属物，具有使菌体附着于物体表面的功能。有菌毛者多属G^-致病细菌。菌毛的功能是使细菌可牢固地黏附于寄主的呼吸道、消化道或泌尿生殖道等的黏膜细胞上，以利定植和致病。

28. 性毛（pili，sex pili） 又称性菌毛。构造和成分与菌毛相同，但比菌毛长、粗。每个细菌一般仅着生一至少数几条性毛。多见于G^-菌的雄性菌株上，其主要功能是向雌性菌株传递遗传物质。

29. 真核微生物（eukaryotic microoganisms） 凡是细胞核具有核膜、细胞能进行有丝分裂、细胞质中存在线粒体或同时存在叶绿体等细胞器的生物，称真核生物。微生物中的真菌、显微藻类、原生动物均属于真核生物，故可称为真核微生物。

30. “9+2”型鞭毛（“9+2” type flagella） 在某些真核细胞表面长有毛发状、具有运动功能的细胞器，称为鞭毛。它由基体、过渡区和鞭杆3部分组成，因其鞭杆横切面的中央可见到两个中央微管，其周围则有9个微管二联体围绕一圈，故真核生物的鞭毛又称“9+2”型鞭毛。

31. 细胞核（nucleus） 存在于一切真核细胞中的形态完整、有核膜包裹的细胞核，它是细胞内遗传信息（DNA）的储存、复制和转录的主要部位，对细胞的生长、发育、繁殖以及遗传和变异等生命活动起着决定性的作用。细胞核由核被膜、染色质、核仁和核基质等构成。

32. 染色质（chromatin） 真核细胞处于分裂的间期时，其细胞核内的DNA和组蛋白等组成一种线性、可被苏木精等碱性染料染色的复合物，称为染色质。染色质的基本单位是核小体。

33. 染色体（chromosome） 真核细胞进行有丝分裂或减数分裂时，其染色质丝通过盘绕、折叠，由核小体经中空螺线管至超螺旋体，最后浓缩成在光学显微镜下可见的棒状结构，即称染色体。

34. 核小体（nucleosome） 构成真核细胞染色质的基本单位。其核心结构为组蛋白八聚体，由H_2A、H_2B、H_3和H_4分子各一对组成，在八聚体外有以左手方向盘绕两周的DNA链，另有一个组蛋白分子H_1与连接DNA相结合，锁住了核小体的进出口，从而保持其结构稳定。

35. 核仁（nucleolus） 细胞核中一个没有膜包裹的圆形或椭圆形小体。每个核中有一至数个，富含蛋白质和RNA，是真核细胞中合成rRNA和装配核糖体的部位。

36. 核基质（nuclear matrix） 旧称核液。一种充满于细胞核空间、由蛋白质纤维组成的网状结构，具有支撑细胞核和为染色质提供附着点的功能。

37. 细胞器（organelle） 在真核细胞细胞质内具有一定形态、构造和功能的微型器官，如内质网、高尔基体、溶酶体、线粒体、叶绿体和核糖体等，一般有膜包裹。

38. 细胞骨架（cytoskeleton） 一种由微管、肌动蛋白和中间丝3种蛋白质纤维所构成的细胞支架，具有支持、运输和运动功能。

39. 内质网（endoplasmic reticulum） 细胞质中一个与细胞基质相隔离但彼此相通的囊腔和细管系统，由脂质双分子层围成。有两类，其一因膜上附有核糖体颗粒，称糙面内质网，具有合成和运送胞外分泌蛋白至高尔基体中去的功能；其二为膜上无核糖体的光面内质网，是脂代谢、钙代谢和合成磷脂的部位。

40. 核糖体（ribosome） 是一种无膜包裹的颗粒状细胞器，具有合成蛋白质的功能。外层为蛋白质，内层为RNA。每个细胞中有大量的核糖体。原核生物具有70S核糖体，而真核生物则有80S核糖体。

41. 高尔基体（Golgi apparatus） 是一种由数个平行堆叠的扁平膜囊和大小不等的囊泡所组成的膜聚合体，具有合成、分泌糖蛋白和脂蛋白，对某些蛋白质原进行酶切加工，以及为新细胞壁和细胞膜提供合成原料等多种功能。

42. 溶酶体（lysosome） 一种由单层膜包裹、内含多种酸性水解酶的囊泡状细胞器，具有进行细胞内消化的功能。

43. 微体（microbody） 一种由单层膜包裹、与溶酶体相似的球状细胞器。真核微生物的微体主要含一至几种氧化酶，这类微体又称过氧化物酶体。

44. 线粒体（mitochondria） 一种由双层膜包裹的、执行氧化磷酸化产能反应的重要细胞器，一般呈杆菌状，数量很多。由内外两层膜包裹，内膜向内伸展，形成许多嵴，其上着生许多基粒（即为ATP合成酶复合体）以及4种脂蛋白复合物（呼吸链成分）。在线粒体的基质内含有TCA酶系、一套半自主复制的双链环状DNA以及70S核糖体。

45. 叶绿体（chloroplast） 一种由双层膜包裹的、能捕获光能并把它转化为化学能的绿色颗粒状细胞器，只存在于藻类和绿色植物中。一般由叶绿体膜、类囊体和基质3部分构成。基质内含有能进行半自主复制的双链环状DNA以及70S核糖体。

四、习题

填空题

1. 证明细菌存在细胞壁的主要方法有________，________，________和________4种。
2. 细菌细胞壁的主要功能为________，________，________和________等。
3. 革兰氏阳性菌细胞壁的主要成分为________和________，而革兰氏阴性菌细胞壁的主要成分则是________、________、________和________。
4. G^+菌的肽聚糖单体是由________和________以________糖苷键结合的________，以及________和________3个部分组成的，其中的糖苷键可被________水解。
5. G^+菌细胞壁上磷壁酸的主要生理功能为________、________、________和________等几种。
6. G^-菌细胞外膜的构成成分为________、________、________和________。
7. 脂多糖（LPS）是由3种成分组成的，即________、________和________。
8. 在LPS的分子中，存在有3种独特糖，它们是________、________和________。
9. 用人工方法除尽细胞壁的细菌称为________，未除尽细胞壁的细菌称为________，在实验室中发生缺壁突变的细菌称为________，而在自然界长期进化中形成的稳定性缺壁细菌则称为________。
10. 细胞质膜的主要功能有________、________、________、________和________。
11. 在细胞质内储藏有大量聚β-羟基丁酸（PHB）的细菌有________、________、________和________等。
12. 在芽孢的芽孢膜外面有4层结构紧紧包裹着，它们是________、________、________和________。
13. 在芽孢皮层中，存在着________和________2种特有的与芽孢耐热性有关的物质，在芽孢核心中则存在另一种可防护DNA免受损伤的物质，称为________。
14. 芽孢的形成须经过7个阶段，它们是________、________、________、________、________、________和________。
15. 芽孢萌发要经过________、________和________3个阶段。
16. 在不同的细菌中存在着许多休眠体构造，如________、________、________和________等。
17. 在细菌中，存在着4种不同的糖被形式，即________、________、________和________。
18. 细菌糖被的主要生理功能为________、________、________、________、________和________等。
19. 细菌的糖被可被用于________、________、________和________等实际工作中。
20. 判断某细菌是否存在鞭毛，通常可采用________、________、________和________等方法。
21. G^-菌的鞭毛是由基体以及________和________3部分构成，在基体上着生________、________、________和________4个与鞭毛旋转有关的环。
22. 在G^-菌鞭毛的基体附近，存在着与鞭毛运动有关的两种蛋白，一种称________，位于________，功能为________，另一种称________，位于________，功能为________。

23. 借周生鞭毛进行运动的细菌有________和________等，借端生鞭毛运动的细菌有________和________等，而借侧生鞭毛运动的细菌则有________等。

24. 以下各类真核微生物的细胞壁主要成分分别是：酵母菌为________，低等真菌为________，高等真菌为________，藻类为________。

25. 真核微生物所特有的鞭毛称________，其构造由________、________和________3部分组成。

26. 真核生物鞭毛杆的横切面为________型，其基体横切面则为________型，这类鞭毛的运动方式是________。

27. 真核生物的细胞核由________、________、________和________4部分组成。

28. 染色质的基本单位是________，由它进一步盘绕、折叠成________和________后，再进一步浓缩成显微镜可见的________。

29. 细胞骨架是一种由________、________和________3种蛋白质纤维构成的细胞支架。

30. 在真核微生物细胞质内存在着沉降系数为________S的核糖体，它是由________S和________S两个小亚基组成，而其线粒体和叶绿体内则存在着________S核糖体，它是由________S和________S两个小亚基组成。

31. 真核微生物包括________、________和________等三个大类。

32. 长有鞭毛的真核微生物类如________、________和________，长有纤毛的真核微生物如________；长有鞭毛的原核生物如________、________和________等。

❖ 选择题（4个答案选1）

1. G^-菌细胞壁的最内层成分是（　　）。
   （1）磷脂　（2）肽聚糖　（3）脂蛋白　（4）LPS
2. G^+菌细胞壁中不含有的成分是（　　）。
   （1）类脂　（2）磷壁酸　（3）肽聚糖　（4）蛋白质
3. 肽聚糖种类的多样性主要反映在（　　）结构的多样性上。
   （1）肽桥　（2）黏肽　（3）双糖单位　（4）四肽尾
4. 磷壁酸是（　　）细胞壁上的主要成分。
   （1）分枝杆菌　（2）古生菌　（3）G^+菌　（4）G^-菌
5. 在G^-菌肽聚糖的四肽尾上，有一个与G^+菌不同的称作（　　）的氨基酸。
   （1）赖氨酸　（2）苏氨酸　（3）二氨基庚二酸　（4）丝氨酸
6. 脂多糖（LPS）是G^-菌的内毒素，其毒性来自分子中的（　　）。
   （1）阿比可糖　（2）核心多糖　（3）*O*–特异侧链　（4）类脂A
7. 用人工方法处理G^-菌的细胞壁后，可获得仍残留有部分细胞壁的称作（　　）的缺壁细菌。
   （1）原生质体　（2）支原体　（3）球状体　（4）L型细菌
8. 异染粒是属于细菌的（　　）类储藏物。
   （1）磷源类　（2）碳源类　（3）能源类　（4）氮源类
9. 最常见的产芽孢的厌氧菌是（　　）。

(1)芽孢杆菌属 (2)梭菌属 (3)孢螺菌属 (4)芽孢八叠球菌属

10. 在芽孢的各层结构中，含DPA–Ca量最高的层次是(　　)。
(1)孢外壁 (2)芽孢衣 (3)皮层 (4)芽孢核心

11. 在芽孢核心中，存在着一种可防止DNA降解的成分(　　)。
(1)DPA–Ca (2)小酸溶性芽孢蛋白
(3)二氨基庚二酸 (4)芽孢肽聚糖

12. 苏云金芽孢杆菌主要产生4种杀虫毒素，其中的伴孢晶体属于(　)。
(1)α毒素 (2)β毒素 (3)γ毒素 (4)δ毒素

13. 在真核微生物，例如(　　)中常常找不到细胞核。
(1)真菌菌丝的顶端细胞 (2)酵母菌的芽体
(3)曲霉菌的足细胞 (4)青霉菌的孢子梗细胞

14. 按鞭毛的着生方式，大肠杆菌属于(　　)。
(1)单端鞭毛菌 (2)周生鞭毛菌 (3)两端鞭毛菌 (4)侧生鞭毛菌

15. 固氮菌所特有的休眠体构造称为(　　)。
(1)孢囊 (2)外生孢子 (3)黏液孢子 (4)芽孢

16. 在酵母菌细胞壁的4种成分中，赋予其机械强度的主要成分是(　　)。
(1)几丁质 (2)蛋白质 (3)葡聚糖 (4)甘露聚糖

17. 在真核微生物的"9+2"型鞭毛中，具有ATP酶功能的构造是(　　)。
(1)微管二联体 (2)中央微管 (3)放射辐条 (4)动力蛋白臂

18. 构成真核微生物染色质的最基本单位是(　　)。
(1)螺线管 (2)核小体 (3)超螺线管 (4)染色体

19. 在真核微生物的线粒体中，参与TCA循环的酶系存在于(　　)中。
(1)内膜 (2)膜间隙 (3)嵴内隙 (4)基质

20. 在叶绿体的各结构中，进行光合作用的实际部位是(　　)。
(1)基粒 (2)基质 (3)类囊体 (4)基质类囊体

是非题

1. 古生菌也是一类原核生物。
2. G^+菌的细胞壁，不仅厚度比G^-菌的大，而且层次多、成分复杂。
3. 在G^+菌和G^-菌细胞壁的肽聚糖结构中，甘氨酸五肽是其肽桥的常见种类。
4. 磷壁酸只在G^+菌的细胞壁上存在，而LPS则仅在G^-菌的细胞壁上存在。
5. 古生菌细胞壁假肽聚糖上的糖链与真细菌肽聚糖的糖链一样，都可以被溶菌酶水解。
6. 着生于G^-菌细胞膜上的孔蛋白，是一种可控制营养物被细胞选择吸收的蛋白质。
7. 假肽聚糖只是一部分古生菌所具有的细胞壁成分。
8. 在嗜高温古生菌的细胞膜上，存在着其他任何生物所没有的单分子层膜。
9. 产芽孢的细菌都是一些杆状的细菌，如芽孢杆菌属和梭菌属等。
10. 在芽孢萌发前，可用加热等物理或化学处理使其活化，这种活化过程是可逆的。
11. 处于萌发阶段的芽孢，具有很强的感受态。
12. 苏云金芽孢杆菌的伴孢晶体又称γ内毒素。
13. 芽孢是细菌的内生孢子，具有休眠、抵御不良环境和繁殖等功能。

14. 包围在各种细菌细胞外的糖被（包括荚膜和黏液层等），其成分都是多糖。
15. 有菌毛的细菌多数是G^+菌。
16. 细菌和真菌的鞭毛都是以旋转方式来推动细胞运动的。
17. 细菌的鞭毛是通过其顶端生长而非基部生长而伸长的。
18. 在枯草芽孢杆菌等G^+菌的鞭毛基体上都着生有4个环。
19. 菌毛一般着生于G^+致病细菌的细胞表面。
20. 藻青素和藻青蛋白都是蓝细菌细胞中的氮源类储藏物。
21. 羧酶体是异养微生物细胞质内常见的内含物。
22. 气泡只存在于一些光合营养型、无鞭毛运动的水生细菌中。
23. 真核生物的细胞膜上都含有甾醇，而原核生物细胞膜上都不含甾醇。
24. 同一种真菌，在其不同的生长阶段中，其细胞壁的成分会发生明显的变化。
25. 真核微生物的“9+2”型鞭毛，指的是其鞭杆和基体的横切面都显示出外围有9个微管二联体，而中央为2条中央微管。
26. 在真菌中，有的细胞中找不到细胞核，菌丝尖端细胞就是一例。
27. 真核微生物染色质中的组蛋白，都是以八聚体形式存在于核小体中。
28. 为了保证DNA的稳定性，存在于染色质中呈碱性的组蛋白就自然的与呈酸性的DNA保持大体相同的数量。
29. 核仁的生理功能是合成rRNA和装配核糖体。
30. 在真菌中，高尔基体并不是普遍存在的细胞器。
31. 存在于真核微生物细胞中的微体，通常都是过氧化氢酶体。
32. 酵母菌生活在无氧条件下进行发酵产能时，是没有线粒体的，一旦把它转移到有氧条件下，因呼吸产能的需要，就会形成大量的线粒体。
33. 在真核微生物的叶绿体和线粒体中，存在着只有原核生物才有的70S核糖体。
34. 厌氧微生物不仅有细菌，而且还有少数真菌和原生动物。

❖ 问答题

1. 试对真细菌、古生菌和真核微生物的10项主要形态、构造、生理功能和成分作一比较表。
2. 试用表解法对细菌的一般构造和特殊构造作一介绍。
3. 试对G^-菌细胞壁的结构作一表解。
4. 试用简图表示G^+菌和G^-菌肽聚糖单体构造的差别，并作简要说明。
5. 什么是细菌的周质蛋白？它有哪些类型？如何提取它们？
6. 试列表比较G^+菌与G^-菌间的10种主要差别。
7. 试述细菌革兰氏染色的机制。
8. 何谓流动镶嵌模型？试述该假说的要点。
9. 试列表比较真细菌与古生菌细胞膜的差别。
10. 试设计一表解来说明细菌芽孢的构造和各部分成分的特点。
11. 试对细菌营养细胞和芽孢的10项形态、构造和特性作一比较表。
12. 研究细菌芽孢有何理论和实际意义？
13. 何谓“拴菌”实验？它如何证明原核生物的鞭毛是做旋转运动的？试分析这项研究在思维方式和实验方法上的创新点。

14. 请列表比较细菌的鞭毛、菌毛和性毛间的异同。
15. 试列表比较线粒体和叶绿体在形态、构造、成分和功能等方面的异同，并说明两者为真核生物起源的“内共生”假说提供了哪些重要证据。
16. 什么是缺壁细菌？试简述4类缺壁细菌的形成、特点和实践意义。
17. 渗透调节皮层膨胀学说是如何解释芽孢耐热机制的？
18. 试图示真核生物“9+2”型鞭毛的横切面构造，并简述其运动机制及进行“拴菌”实验的可能性。
19. 试理顺染色质、DNA、组蛋白、核小体、螺线管、超螺旋体和染色体之间的关系。

五、习题解答

填空题

1. 细胞壁染色法　质壁分离法　制成原生质体　用电镜观察超薄切片　2. 固定外形　提高机械强度　支持细胞生长和运动　阻拦有害物质进入细胞　3. 肽聚糖　磷壁酸　脂多糖　磷脂　脂蛋白　肽聚糖　4. *N*–乙酰葡糖胺　*N*–乙酰胞壁酸　*β*–1，4　双糖单位　四肽尾　肽桥　溶菌酶　5. 提高Mg^{2+}浓度　储藏磷元素　有利于致病菌的寄生　抑制自溶素活力（防止自溶）6. 脂多糖　磷脂　脂蛋白　蛋白质　7. 类脂A　核心多糖　*O*–特异侧链　8. KDO（2–酮–3–脱氧辛糖酸）Abq（阿比可糖）Hep（L–甘油–D–甘露庚糖）9. 原生质体　球状体　L型细菌　支原体　10. 选择性吸收营养物　维持正常渗透压　合成细胞壁等成分　氧化磷酸化基地　鞭毛着生部位　11. 巨大芽孢杆菌　棕色固氮菌　一些产碱菌　一些假单胞菌　12. 孢外壁　芽孢衣　皮层　芽孢壁　13. 芽孢肽聚糖　DPA–Ca　小酸溶性芽孢蛋白（SASPs）14. DNA浓缩成束状染色体　开始形成前芽孢　前芽孢出现双层隔膜　形成皮层　合成芽孢衣　芽孢成熟　芽孢释放　15. 活化　出芽　生长　16. 芽孢　孢囊　蛭孢囊　外生孢子　17. 荚膜　微荚膜　黏液层　菌胶团　18. 保护作用　储藏养料　渗透屏障　附着作用　堆积代谢废物　信息识别　19. 生产代血浆（葡聚糖）用作钻井液（黄原胶）污水处理（菌胶团）用作菌种鉴定指标　20. 电镜观察　鞭毛染色　半固体穿刺培养　菌落形态观察　21. 钩形鞘　鞭毛丝　L　P　S　M　22. Mot　S–M环周围　驱动S–M环旋转　Fli　S–M环的基部　控制鞭毛的转向　23. 大肠杆菌　枯草芽孢杆菌　霍乱弧菌　假单胞菌　反刍月形单胞菌　24. 葡聚糖　纤维素　几丁质　纤维素　25.“9+2”型鞭毛　基体　过渡区　鞭杆　26.“9+2”　“9+0”　挥鞭式　27. 核被膜　染色质　核仁　核基质　28. 核小体　螺线管　超螺旋体　染色体　29. 微管　肌动蛋白丝　中间丝　30. 80　60　40　70　50　30　31. 真菌　原生动物　显微藻类　32. 藻类　原生动物　真菌　草履虫　大肠杆菌　枯草芽孢杆菌　假单胞菌

选择题

1.（2）	2.（4）	3.（1）	4.（3）	5.（3）	6.（4）	7.（3）
8.（1）	9.（2）	10.（3）	11.（2）	12.（4）	13.（1）	14.（2）
15.（1）	16.（3）	17.（4）	18.（2）	19.（4）	20.（3）	

❖ 是非题

1. √　2. ×　3. ×　4. √　5. ×　6. ×　7. √
8. √　9. ×　10. √　11. √　12. ×　13. ×　14. ×
15. ×　16. ×　17. √　18. ×　19. ×　20. √　21. ×
22. √　23. ×　24. √　25. ×　26. √　27. ×　28. √
29. √　30. √　31. √　32. ×　33. √　34. √

❖ 问答题

1. 见表3-7。

表3-7　三大类微生物10项主要特征比较表*

项目	真细菌	古生菌	真核微生物
细胞大小	小	小	大
细胞壁独特成分	肽聚糖等	假肽聚糖等	纤维素，几丁质等
细胞膜中甾醇	无（支原体例外）	无	有
细胞膜中单分子层	无	有	无
鞭毛类型	细而简	细而简	复杂的“9+2”型
细胞质流动	无	无	有
细胞器	无	无	有
细胞质核糖体	70S	70S	80S
细胞核	原核（无核膜）	原核（无核膜）	真核（有核膜）
核仁	无	无	有
有丝分裂	无	无	有
减数分裂	无	无	有
厌氧生活	常见	常见	极罕见
生物固氮	有	有	无
化能自养	有	有	无

*为便于参考，本表中共列入15项特征

2. 细菌的一般构造与特殊构造的表解：

- 细菌构造
  - 一般构造
    - 细胞壁
    - 细胞膜
    - 间体
    - 细胞质
      - 核糖体
      - 内含物
      - 储藏物
    - 核区
  - 特殊构造
    - 糖被
      - 荚膜
      - 微荚膜
      - 黏液层
      - 菌胶团
    - 鞭毛、菌毛、性毛
    - 芽孢

3. G^-菌细胞壁结构的表解：

- G^-菌细胞壁
  - 外膜
    - 脂多糖（LPS）层
    - 磷脂层
    - 外膜蛋白、孔蛋白
    - 脂蛋白
  - 内膜（肽聚糖层）
  - 周质空间

4. G^+菌、G^-菌肽聚糖单体的比较如图3-2：

① G^+菌四肽尾分子上的第3个氨基酸是L-Lys，而G^-菌则是m-DAP，② G^+菌四肽尾的第4氨基酸上有一肽桥（常为甘氨酸五肽），而G^-菌则无。

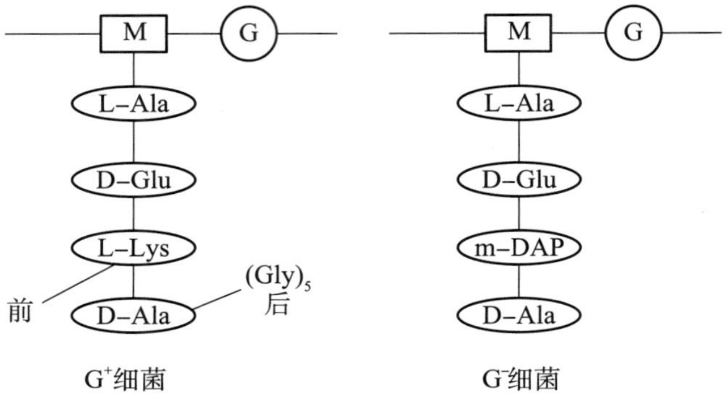

图3-2　G^+菌、G^-菌肽聚糖单体的比较图

5. 存在于G^-菌周质空间中的蛋白质，称周质蛋白。包括水解酶类、合成酶类、结合蛋白和受体蛋白等。一般可用渗透休克法提取。
6. 见表3-8。

表3-8　G^+菌与G^-菌主要特征的比较表*

项目	G^+菌	G^-菌
革兰氏染色	紫色	红色
细胞壁肽聚糖层	厚	薄
磷壁酸含量	高	无
细胞壁外膜	无	有
脂多糖层	无	有
鞭毛结构	基体上只有2环	基体上有4环
产毒素	外毒素为主	内毒素为主
细胞抗机械强度	强	弱
细胞壁抗溶菌酶	弱	强

续表

项目	G^+菌	G^-菌
抗青霉素、磺胺	弱	强
抗链霉素、氯霉素、四环素	强	弱
抗碱性染料	弱	强
抗阴离子去污剂	弱	强
抗叠氮化钠	弱	强
抗干旱	强	弱
产芽孢	有的种产	不产
去除细胞壁	较易（可制成原生质体）	较难（制成球状体）

*为便于参考，表中列了17项差别

7. 革兰氏染色的机制是：由于不同细菌细胞壁化学成分的不同而引起的物理性状的差别是导致革兰氏染色反应不同的原因。通过结晶紫初染和碘液媒染，在任何细菌的细胞膜内都可形成不溶于水的结晶紫–碘复合物。G^+菌因壁厚，肽聚糖网的层次多和结构致密，以及不含类脂等原因，故用脱色剂（乙醇）处理后，可把结晶紫–碘复合物仍阻拦在细胞内，故呈现紫色；反之，G^-菌因细胞壁薄，外膜层类脂含量高（脂多糖、脂蛋白），以及肽聚糖层薄且交联松散，故用脱色剂乙醇处理后，就可把类脂和结晶紫–碘复合物溶出细胞，这种无色的细胞再经沙黄（番红）复染，就呈现红色。
8. 流动镶嵌模型是至今用于解释细胞质膜的结构与功能的一种较合理的假说。其要点为：①膜的主体是脂质双分子层；②膜有流动性；③膜内层呈疏水性，可“溶”入表面呈疏水性的整合蛋白；④膜的表面呈亲水性，故有利具亲水表面的周边蛋白存在；⑤脂质分子间和脂质与蛋白质分子间无共价结合；⑥膜的脂质双分子层呈流体状（“海洋”），周边蛋白可“漂浮”于膜上，而整合蛋白（“冰山”）则可在膜内作横向移动。
9. 见表3–9。

表3–9 真细菌与古生菌细胞膜的比较表

项目	真细菌	古生菌
亲水头与疏水尾连接	酯键	醚键
疏水尾成分	脂肪酸	异戊二烯重复单位
单分子层膜	不存在	存在
甘油C3上连接物	磷酸酯，磷脂酰乙醇，磷脂酰胆碱，磷脂酰甘油，磷脂酰肌醇	磷脂酸，硫脂酸，各种糖基
膜上含独特脂类	无	种类多样

10. 芽孢的构造与各部分成分的表解：

- 产芽孢细菌
  - 芽孢囊：是产芽孢菌的营养细胞外壳
  - 芽孢
    - 孢外壁：主要含脂蛋白，透性差（有的芽孢无此层）
    - 芽孢衣：主要含疏水性角蛋白，抗酶解、抗药物，多价阳离子难通过
    - 皮层：主要含芽孢肽聚糖及 DPA－Ca，体积大，渗透压高
    - 核心
      - 芽孢壁：含肽聚糖，可发展成新细胞的壁
      - 芽孢质膜：含磷脂、蛋白质，可发展成新细胞的膜
      - 芽孢质：含 DPA－Ca、核糖体、RNA 和酶类
      - 核质：含 DNA

11. 见表3-10。

表3-10 细菌的营养细胞和芽孢的比较表*

特点	营养细胞	芽孢
外形	一般为杆状	球状或椭圆状
外包被层次	少	多
折光率	差	强
含水量	高（80%～90%）	低（核心10%～25%）
染色性能	良好	极差
含Ca量	低	高
含DPA	无	有
含SASPs	无	有
含mRNA量	高	低或无
细胞质pH	～7	5.5～6.0（核心）
酶活性	高	低
代谢活力	强	接近0
大分子合成	强	无
抗热性	弱	强
抗辐射性	弱	极强
抗酸或化学药剂	弱	强
对溶菌酶	敏感	抗性
保藏期	短	长或极长

*本表列出18项，以供参考

12. ①是研究生物抗逆性和休眠的生物学机制的良好材料；②是细菌分类、鉴定中的重要指标；③有利于提高菌种筛选效率；④有利于菌种的长期保藏；⑤为比较各种消毒、灭菌方法的可靠性提供优良的模式生物。

13. “拴菌”实验是为证明细菌鞭毛运动机制而设计的一个著名实验。方法是：取一端长有单根鞭毛的细菌（如一些弧菌），使鞭毛的游离端被相应抗体牢牢“拴”在载玻片上，然后在显微镜下观察细胞在作打转还是伸缩运动。结果发现是在不断打转，从而确认细菌鞭毛的运动机制是旋转式而非挥鞭式。

思维方式的创新点：通过逆向思维，使原来无法观察到的纤细的活鞭毛旋转，转变成

在显微镜下可清楚观察到的细胞旋转。

实验方法的创新点：采用特异抗体把单毛菌的鞭毛牢牢地“拴”在载玻片上，以达到固着鞭毛的目的。

14. 见表3–11。

表3–11　细菌鞭毛、菌毛和性毛的比较表

项目	鞭毛	菌毛	性毛
形态	长，波曲，中空；分鞭毛丝、钩形鞘和基体3部分	短，直，细，中空；构造简单	较长，较直，中空；构造简单
数目	一至数十条	250～1 000余条	一至少数几条
着生部位	端生，周生，侧生	周生	不定
成分	鞭毛蛋白	菌毛蛋白	性毛蛋白
功能	运动	黏附	传递遗传物质
代表菌	大肠杆菌，芽孢杆菌，梭菌，弧菌，假单胞菌等	G^-致病菌等	G^-菌的雄性菌株

15. 见表3–12。

表3–12　线粒体和叶绿体的比较表

项目	线粒体	叶绿体
形态	囊状、杆菌状等	扁球形或扁椭圆状等
每一细胞中含	数百至数千个	一个、数个至数百个
构造	由内外两膜包围着基质；内膜伸向基质形成许多嵴，嵴上有ATP酶和电子传递链组分；基质有TCA酶系	分叶绿体膜、类囊体和基质3部分；类囊体数量多，层层相叠且相通，形成基粒；类囊体膜上含光合色素和电子传递链组分
功能	进行氧化磷酸化以产能	进行光合作用以合成糖类和产生O_2
含半自主复制DNA	含有	含有
核糖体类型	70S（原核生物型）	70S（原核生物型）
代表性生物	一切真核生物	藻类和一切绿色植物

“内共生”假说是关于真核生物细胞，特别是其中的细胞器——线粒体和叶绿体起源的学说。根据这个学说，两者都起源自内共生于真核生物细胞中的原核生物，其中的线粒体起源于原始的好氧性细菌，而叶绿体则起源于原始的光合自养生物蓝细菌。主要证据为：①线粒体和叶绿体都含有一套半自主复制的双链环状DNA以及70S核糖体；②线粒体和叶绿体都有自己特有的更类似于原核生物的DNA，包括DNA形态大小、分子构成和变性后复性难易程度等方面。且线粒体具有和真核宿主细胞不同的遗传密码，而它们与细菌和古生菌却很类似；③叶绿体和线粒体可独立合成自己的DNA

和RNA，且其中的RNA聚合酶可被原核生物RNA聚合酶的抑制剂所抑制；④在形态大小和化学组成方面，线粒体和细菌相似，叶绿体则与蓝细菌相似。

16. 缺壁细菌是细胞壁缺乏或缺损的各种细菌的统称，包括支原体、L型细菌、原生质体和球状体等。一般因自然进化、自发突变或人为去除等方法而形成缺壁细菌。现将4类缺壁细菌的形成、特点和实践意义列于表3-13中。

表3-13 4类缺壁细菌的比较表

项目	支原体	L型细菌	原生质体	球状体
形成原因	自然进化	实验室中自发突变	人工除壁	人工除壁
制备方法	–	–	溶菌酶去壁或青霉素抑制肽聚糖合成	溶菌酶去壁或青霉素抑制肽聚糖合成
缺壁程度	完全无壁	完全无壁	基本无壁	部分缺壁
繁殖能力	有	有	无*	无*
实例	各种支原体	念珠状链杆菌等	多数G^+菌	多数G^-菌
实践意义	研究进化	遗传和病理研究	原生质体育种	遗传转化和育种

*待细胞壁再生后即可恢复其繁殖能力

17. 渗透调节皮层膨胀学说是解释芽孢耐热机制的一个较新的学说。它认为芽孢的耐热性在于芽孢衣对多价阳离子和水分的透性很差，以及皮层的离子强度很高，从而使皮层产生极高的渗透压去夺取芽孢核心中的水分，其结果导致皮层的充分膨胀，而作为芽孢的生命部分——芽孢核心的细胞质却发生高度失水，并由此变得高度耐热了。

18. 真核生物“9+2”型鞭毛的横切面构造见图3-3。

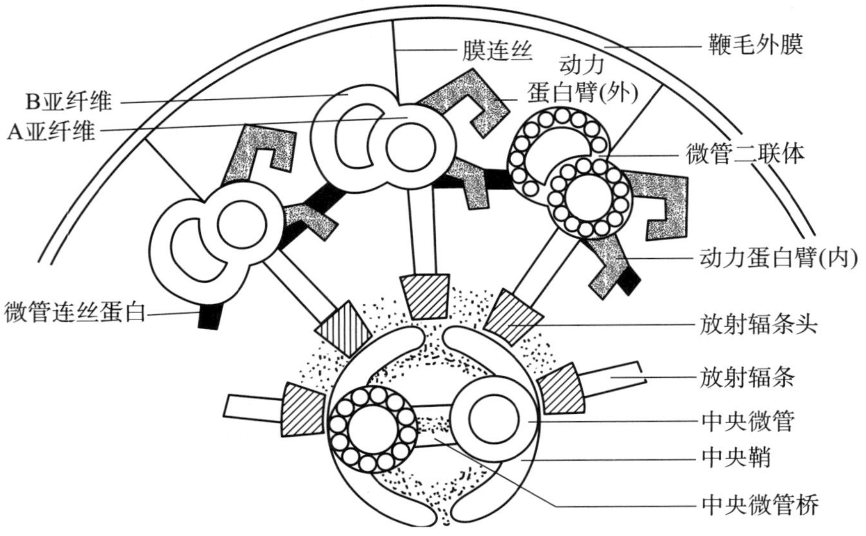

图3-3 真核生物“9+2”型鞭毛的横切面

真核生物的鞭毛属于“9+2”型，构造较复杂，整个鞭毛由鞭杆、过渡区和基体3部分构成。它与原核生物的鞭毛不仅结构不同，而且在运动方式和机制上都有显著的差别。它的运动方式是借鞭杆中微管二联体等的收缩带动鞭毛作挥鞭式运动。

可以利用“拴菌”实验验证其运动方式：选用单鞭毛的真核生物［如绿眼虫（*Euglena viridis*）］和相应的抗体，使鞭毛的游离端被抗体牢牢“拴”在载玻片上，然后在显微镜下观察细胞的运动特点，如是在做伸缩运动，则可以证明真核生物鞭毛的挥鞭式运动方式。

19. 染色质是细胞间期细胞核内能被碱性染料染色的物质，是遗传物质的存在形式。它的主要成分是DNA和组蛋白，两者的质量比例固定（为1∶1）。组蛋白是存在于真核生物染色质中的一组进化上非常保守的碱性蛋白质，分为H_1、H_2A、H_2B、H_3、H_4 5种类型，是构成核小体的核心。核小体是染色质包装的基本单位。核小体是由近乎球状的组蛋白形成的八聚体（histone）（H_2A、H_2B、H_3和H_4）和在其外围绕两圈的DNA所构成。螺线管是真核细胞染色质包装的二级结构。有组蛋白H1存在时，直径10 nm的核小体念珠结构螺旋盘绕，形成外径30 nm、内径10 nm、螺距11 nm的一种染色质结构，每一螺旋圈有6个核小体，组蛋白H1对这一结构的稳定起重要作用。超螺旋体是300 Å左右的螺线管（体）（二级结构）再进一步螺旋化，形成直径为0.4 μm的筒状体，这就是染色体的“三级结构”。到这里，DNA又再被压缩了40倍。超螺旋体进一步折叠盘绕后，形成染色单体——染色体的“四级结构”。两条染色单体组成一条染色体。染色体只是染色质的另外一种形态。在细胞的有丝分裂间期，染色质丝经过螺旋化、折叠、包装成为染色体，为显微镜下可见的具不同形状的小体。

六、主要参考书目

1. 沈萍，陈向东.微生物学.2版.北京：高等教育出版社，2006
2. 翟中和，王喜忠，丁明孝.细胞生物学.3版.北京：高等教育出版社，2007
3. 周德庆.微生物学教程.3版.北京：高等教育出版社，2011
4. Ketchum P A. Microbiology：Concepts and Applications.New York：John Wiley，1998
5. Madigan M T，Martinko J M，Dunlap P V，et al. Brock Biology of Microorganisms. 12th ed. San Francisco：Pearson education Inc，2009
6. Pelczar M J，Chan E C S，Krieg NR，et al. Microbiology ：Concepts and Applications.New York：Mc Graw-Hill，1993
7. Tortor G J，Funke B R，Case C L.Microbiology：An Introduction.4th ed.Redwood City：Benjamin Cummings，1992
8. Singleton P，Sainsbury D.Dictionary of Microbiology and Molecular biology.2nd ed.New York：John Willy & Son，1987

（周德庆　刘明秋）

第4章

微生物的营养

一、要点提示

1. 组成微生物细胞的化学元素可分为主要元素和微量元素。

2. 微生物细胞生长所需营养物质包括碳源、氮源、无机盐、生长因子和水5大类。

3. 碳源为微生物生长提供碳素，通常也是能源物质；氮源为微生物生长提供氮素，一般不作为能源；无机盐（离子）主要作为酶活性中心组分，维持细胞结构及生物大分子稳定，调节渗透压，控制氧化还原电位及作为某些微生物的能源物质；生长因子主要作为酶的辅基或辅酶，以及用来合成肽、蛋白质、核苷、核苷酸、核酸及细胞壁等；水可以作为溶剂、热导体，维持生物大分子结构及细胞形态，参与生化反应，控制多亚基结构的装配与解离。

4. 微生物营养类型复杂，划分方式多样。根据碳源、氮源及电子供体的不同，可将微生物分为光能无机自养型、光能有机异养型、化能无机自养型和化能有机异养型4类。

5. 培养基是满足微生物营养需求的营养基质。配制培养基时要选择适宜营养物质并调整其浓度及配比，调节氧化还原电位和pH，利用廉价且容易获得的原料及进行灭菌处理。

6. 培养基主要类型有：根据化学组分是否了解清楚或恒定分为复合（天然）和合成培养基；根据物理状态分为固体、半固体和液体培养基；根据用途可分为基础、加富、鉴别、选择、分析、还原和组织培养物培养基等。

7. 营养物质可通过扩散、促进扩散、主动运输和膜泡运输等几种方式进入细胞。

二、重点、难点剖析

1. 根据微生物需要量的多少，可将组成微生物细胞的化学元素分为主要元素和微量元素。而随着菌种、菌龄及培养条件的变化，细胞所含化学元素的组成及含量会发生变化。

2. 微生物、动物、植物之间存在的“营养上的统一性”体现在它们都需要碳源、氮源、无机盐、生长因子、水及能源才能生长（表4–1）。

表4-1　动物、植物和微生物的营养需求

	动物（异养）	植物（自养）	微生物	
			异养	自养
碳源	糖类、脂肪	CO_2	糖类、醇、有机酸等	CO_2、碳酸盐等
氮源	蛋白质及其降解物	无机氮化物	蛋白质及其降解物、有机氮化物、无机氮化物、氮	无机氮化物、氮
无机盐	无机盐	无机盐	无机盐	无机盐
生长因子	维生素	不需要外源加入（自身合成）	维生素、氨基酸、嘌呤、嘧啶	不需要外源加入（自身合成）
水	水	水	水	水
能源	同碳源	日光	同碳源	无机物或日光

3. 5大类营养物质的生理作用（表4-2）

表4-2　5大类营养物质的生理作用

种类	碳源	氮源	无机盐	生长因子	水
生理作用	① 提供碳素构成有机分子骨架，碳源物质通常也提供氢元素和氧元素 ② 能源（CO_2不能提供能源）	① 提供氮素合成含氮物质 ② 一般不作为能源（少数自养菌能用作能源）	① 酶活性中心组分 ② 稳定生物大分子及细胞结构 ③ 调节渗透压 ④ 控制氧化还原电位 ⑤ 某些微生物能源物质	① 维生素、嘌呤和嘧啶作为酶的辅基或辅酶 ② 提供某些微生物不能合成的氨基酸 ③ 嘌呤和嘧啶用于合成核苷、核苷酸及核酸	① 溶剂与运输介质 ② 参与生化反应 ③ 维持生物大分子结构 ④ 热导体 ⑤ 维持细胞形态 ⑥ 控制多亚基结构的装配与解离

4. 速效氮源和迟效氮源的区别（表4-3）

表4-3　速效氮源和迟效氮源的区别

	速效氮源	迟效氮源
举例	玉米浆、蛋白胨、铵盐等	黄豆饼粉、花生饼粉等
成分	蛋白质降解产物（肽、氨基酸）、NH_4^+等	大分子蛋白质
微生物利用速度	快	慢
微生物吸收能力	强	弱
生产应用*	菌体生长	代谢产物形成

*在工业发酵生产土霉素的过程中，可将速效氮源和迟效氮源混合使用，控制并协调菌体生长与代谢产物形成，达到提高土霉素产量的目的

5. 不同微生物对营养物质的要求不同，因而把它们归于不同的营养类型。由于微生物种类繁多，微生物的营养类型也比较复杂。人们根据微生物所利用的营养物质性质的差别，从不同角度来对微生物的营养类型进行划分。

（1）按碳源划分（表4–4）

表4–4 微生物的营养类型Ⅰ

营养类型	特　点
自养型	以CO_2为唯一或主要碳源。但CO_2不能作为能源，而还原CO_2需要大量耗能，因此，自养微生物通过光合作用或氧化无机物获得能源
异养型	以还原型有机物为碳源。这些还原型有机物通常来源于其他生物，在氧化这些还原型有机物的过程中，异养微生物可获得能源

（2）按能源划分（表4–5）

表4–5 微生物的营养类型Ⅱ

营养类型	特　点
光能营养型	通过叶绿素（藻、蓝细菌）、细菌叶绿素（光合细菌）或紫膜（嗜盐古菌）进行光合作用，利用光能获得能源
化能营养型	利用化合物（有机物或无机物）氧化释放的化学能获得能源

（3）按电子供体划分（表4–6）

表4–6 微生物的营养类型Ⅲ

营养类型	特　点
无机营养型	以还原型无机物分子为电子供体。无机物氧化产生的电子通过电子传递链传递给O_2、硝酸盐、硫酸盐等，并产生能量
有机营养型	以有机物分子为电子供体。在发酵作用中，有机物（底物）氧化产生的电子直接传递给底物（有机物）未完全氧化形成的中间产物（内源电子受体），释放少量能量；在呼吸作用中，电子通过电子传递链传递给氧（有氧呼吸）或硝酸盐、硫酸盐和CO_2等（无氧呼吸）外源电子受体，释放较多能量

（4）按碳源、能源及电子供体划分（表4–7）

表4–7 微生物的营养类型Ⅳ

营养类型	碳源	能源	电子供体	举例
光能无机自养型	CO_2	光	无机物	藻、蓝细菌、紫硫细菌、绿硫细菌
光能有机异养型	有机物（也可利用CO_2）	光	有机物	紫色非硫细菌、绿色非硫细菌，常生活在被污染湖泊或河流中
化能无机自养型	CO_2	化学能（无机物）	无机物	硝化细菌、氢细菌、铁细菌、硫氧化细菌，在生态系统物质循环过程中起重要作用
化能有机异养型*	有机物	化学能（有机物）	有机物	真菌、原生动物、大多数非光合细菌、致病菌在本质上都属于此类

*根据所利用有机物性质不同，可分为腐生型（无生命有机物为碳源）和寄生型（生活在活的寄主体内），还有一些兼性腐生型和兼性寄生型

尽管通常将某一特定微生物归于上述营养类型的某一类，但某些微生物在代谢方面具有极强的灵活性，因而营养类型也会随环境条件（营养条件）的改变而发生变化（表4–8）。

表4–8　微生物营养型可变性举例

微生物	培养条件	营养类型
紫色非硫细菌	厌氧、光照	光能营养型
	好氧、黑暗	化能营养型
盐沼盐杆菌	有氧、黑暗或弱光	化能营养型（呼吸作用产能）
	低（厌）氧和强光	光能营养型（利用紫膜光合作用产能）

6. 培养基配制原则（表4–9）

表4–9　培养基配制原则

配制原则	目　　的
选择适宜的营养物质	满足微生物生长对碳、氮、无机盐、生长因子、水及能源的需要；根据不同营养类型微生物的营养需求选择
营养物质浓度及配比合适	既要满足微生物正常生长所需，又要避免某些成分浓度过高对微生物生长产生抑制作用
控制pH条件	不同类型微生物具有自己的生长pH范围，在微生物生长过程中产生的某些代谢产物会使培养基pH发生变化，采用合适的缓冲系统可以将培养基pH控制在一定的范围
控制氧化还原电位	不同类型微生物生长对氧化还原电位要求不一样
原料来源选择	容易获得且成本低（特别是在实际生产中）
灭菌处理	避免杂菌污染

7. 培养基类型及应用（表4–10）

表4–10　培养基类型及应用

划分方式	类型	特点及应用
成分	天然（复合）	成本低，实验室及实际生产应用
	合成	实验室研究用
物理状态	固体	微生物菌种分离、鉴定、计数、保藏
	半固体	观察微生物运动特征、分类、噬菌体效价滴定
	液体	在科研或生产中通过发酵获得菌体或代谢产物
用途	基础	含一般微生物生长所需基本营养物质，菌种分离、保藏等
	加富	培养营养要求比较苛刻的微生物
	鉴别	鉴别、区分不同类型的微生物
	选择	选择性地分离某种微生物

8. 营养物质进入细胞的影响因素（表4–11）

表4–11　营养物质进入细胞的影响因素

影响因素	影响方式
营养物质本身性质	相对分子质量、溶解性、电负性、极性
微生物所处环境	温度、pH、离子强度、运输系统形成诱导物、代谢过程抑制剂、解偶联剂和被运输物质结构类似物
微生物细胞透过屏障	细胞膜、细胞壁、荚膜、黏液层

9. 营养物质运输方式及特点（表4–12）

表4–12　营养物质运输方式及特点

运输方式	特　点	运输物质
扩散	运输动力来自细胞膜内外被运输物质的浓度差	H_2O、CO_2、O_2等
促进扩散	运输动力来自细胞膜内外被运输物质的浓度差，需要载体	氨基酸、单糖、维生素、无机盐、甘油等
主动运输	需要细胞提供能源，可逆浓度运输	单糖、双糖、氨基酸、有机酸，以及H^+、Cl^-、Na^+、K^+等离子
膜泡运输	细胞膜内陷包裹营养物质，主要存在于变形虫等真核微生物中	各种营养物质

10. 初级主动运输与次级主动运输的区别（表4–13）

表4–13　初级主动运输与次级主动运输的区别

	特　点	运输物质
初级主动运输	能量来自电子传递系统（呼吸能）、ATP酶（化学能）、细菌嗜紫红质（光能）。在膜内外建立质子浓度差	质子（H^+）
次级主动运输	膜内外质子浓度差消失时偶联其他物质运输	单糖、双糖、氨基酸
同向运输	与质子通过同一载体同方向运输	某些阴离子
逆向运输	与质子通过同一载体反方向运输	Na^+
单向运输	单独通过某一载体运输	K^+

三、术语或名词

1. 营养物质（nutrient）　微生物从外界摄取并用于生物合成和产生能量的物质，用以满足微生物生长、繁殖和完成各种生理代谢活动。

2. 主要元素或大量元素（macroelement）　微生物细胞干重的95%以上由碳、氢、氧、氮、磷、硫、钾、钙、镁、铁等少数几种元素组成，将这些微生物生长需要量相对较大的元素称为主要元素。

3. 微量元素（trace element或microelement） 微生物细胞需要量很小的元素，包括锰、锌、铜、钴、镍、硒等。

4. 碳源（carbon source） 为微生物生长提供碳素来源的物质。

5. 氮源（nitrogen source） 为微生物生长提供氮素来源的物质。

6. 蛋白胨（peptone） 将肉、酪素或明胶用酸或蛋白酶水解后干燥而成的，富含有机氮化合物及一些维生素和糖类的粉末状物质，用于配制培养基。

7. 牛肉浸膏（beef extract） 瘦牛肉组织浸出汁浓缩而成的，富含水溶性糖类、有机氮化合物、维生素、盐等的膏状物质，用于配制培养基。

8. 酵母浸膏（yeast extract） 酵母细胞水溶性提取物浓缩而成的，富含B族维生素及一些有机氮化合物和糖类的膏状物质，用于配制培养基。

9. 生长因子（growth factor） 微生物生长所必需且需要量很小，而微生物自身不能合成或合成量不足以满足机体生长需要的有机化合物。

10. 水活度值（water activity，a_w） 在一定温度和压力条件下，溶液的蒸气压力与同样条件下纯水蒸气压力之比值。大多数微生物只能在水活度值接近0.98或更高的环境中生长。

11. 自养型生物（autotroph） 以CO_2为唯一或主要碳源的生物。

12. 异养型生物（heterotroph） 以还原性有机物为主要碳源的生物。

13. 光能营养型生物（phototroph） 以光能为能源的生物。

14. 化能营养型生物（chemotroph） 以有机物或无机物氧化释放的化学能为能源的生物。

15. 无机营养型生物（lithotroph） 以还原性无机物为电子供体的生物。

16. 有机营养型生物（organotroph） 以有机物为电子供体的生物。

17. 光能无机自养型（photolithoautotrophy） 利用光能、无机电子供体（H_2、H_2O、H_2S、S等）并以CO_2为碳源的生物。

18. 光能有机异养型（photoorganoheterotrophy） 利用光能并以有机物作为电子供体及碳源的生物。

19. 化能无机自养型（chemolithoautotrophy） 氧化还原性无机物获得能量和电子，以CO_2为碳源的生物。

20. 化能有机异养型（chemoorganoheterotrophy） 氧化有机物获得能源、电子及碳源的生物。

21. 腐生型（metatrophy） 利用无生命的有机物（如动植物尸体和残体）的化能有机异养型生物。

22. 寄生型（paratrophy） 寄生在活的寄主机体中的化能有机异养型生物，离开寄主不能生存。

23. 兼养型生物（mixotroph） 利用无机物为电子供体和有机物为碳源的微生物，又称化能无机异养型生物（chemolithoheterotroph）。

24. 原养型（prototroph） 与自然发生的同种其他个体一样，具有相同营养需求的微生物。

25. 培养基（culture medium） 由人工配制的、适合微生物生长、繁殖或产生代谢产物的营养基质。

26. 复合（天然）培养基（complex medium） 含有化学成分尚不完全清楚或化学成分不恒定的天然有机物的培养基，也称非化学限定培养基（chemically undefined medium）。

27. 合成培养基（synthetic medium） 由化学成分完全了解的物质配制而成的培养基，也称化学限定培养基（chemically defined medium）。

28. 固体培养基（solid medium） 在液态培养基中加入一定量凝固剂而制成的固体状态的培养基。

29. 半固体培养基（semisolid medium） 在液态培养基中加入凝固剂的量比固体培养基中的少而制成的半固体状态的培养基。

30. 液体培养基（liquid medium） 不含凝固剂的液态培养基。

31. 基础培养基（minimum medium） 含有一般微生物生长所需基本营养物质的培养基。

32. 加富培养基（enrichment medium） 在基础培养基中加入某些特殊营养物质，用于培养营养要求比较苛刻的异养型微生物的培养基。

33. 鉴别培养基（differential medium） 在培养基中加入能与特定微生物的代谢产物发生特征性化学反应的化学物质，用于鉴别不同类型微生物。

34. 选择培养基（selective medium） 根据不同微生物的营养需求或对某种化学物质敏感性不同，在培养基中加入相应营养物质或化学物质，抑制不需要微生物的生长，将所需微生物从复杂的微生物群体中选择分离出来。

35. 琼脂（agar） 由藻类（石花菜）中提取的一种高度分支的复杂多糖，用作凝固剂配制固体、半固体培养基。

36. 明胶（gelatin） 由胶原蛋白制备的培养基凝固剂。

37. 渗透屏障（permeability barrier） 微生物细胞表面由原生质膜、细胞壁、荚膜及黏液层组成的限制物质进出细胞的屏障。

38. 扩散（diffusion） 营养物质通过原生质膜上的含水小孔，由胞外（内）高浓度环境向胞内（外）低浓度环境进行运输的过程。

39. 促进扩散（facilitated diffusion） 营养物质在载体（透过酶）辅助下跨质膜扩散过程。

40. 透过酶（permease） 一种由膜结合载体蛋白质或由两种以上蛋白质组成的系统，能帮助营养物质跨膜运输。

41. 被动运输（passive transport） 包括扩散和促进扩散在内的，利用被运输物质的膜内外浓度差的能量而进行的物质运输方式。

42. 主动运输（active transport） 在载体的帮助下，依靠细胞提供的能量进行的物质跨膜运输，可以进行逆浓度运输。

43. 初级主动运输（primary active transport） 由电子传递系统、ATP酶及细菌视紫红质引起的质子跨膜运输，在原生质膜内外建立质子浓度差。

44. 能化膜（energized membrane） 细胞通过消耗呼吸能、化学能及光能，引起胞内质子（或其他离子）外排，在原生质膜内外建立质子浓度差（或电势差），使膜处于充能状态。

45. 次级主动运输（secondary active transport） 能化膜质子浓度差（或电势差）消失过程中偶联的其他物质的运输。

46. 同向运输（symport） 某种物质与质子通过同一载体以相同方向进行的次级主动运输。

47. 逆向运输（antiport） 某种物质与质子通过同一载体以相反方向进行的次级主动运输。

48. 单向运输（uniport） 在能化膜质子浓度差（或电势差）消失过程中，某种物质单独通过某一载体进行的次级主动运输。

49. 基团转位（group translocation） 物质通过载体帮助，在一个较复杂的运输系统的作用下进行的跨膜主动运输，被运输物质在该过程中化学性质发生改变。

50. Na^+，K^+-ATP酶（Na^+，K^+-ATPase） 存在于原生质膜上的一种离子通道蛋白，利用ATP的能量将胞内Na^+"泵"出胞外，并将胞外K^+"泵"入胞内，也称Na^+，K^+–泵。

51. ATP结合盒式转运蛋白（ATP-binding cassette transporters，ABC transporters） 利用ATP的能量跨膜转运物质而不改变其化学性质的膜蛋白复合体，需要一种位于质膜外的底物结合蛋白来行使功能，简称ABC转运蛋白。

52. 膜泡运输（membrane vesicle transport） 存在于真核微生物（如变形虫）中的一种通过胞吞作用运输营养物质的方式。

53. 胞吞作用（endocytosis） 细胞通过原生质膜吸附、包裹并吸收溶质或颗粒物质的过程。

54. 胞饮作用（pinocytosis） 通过原生质膜包裹液态物质的胞吞作用。

55. 吞噬作用（phagocytosis） 通过原生质膜包裹颗粒状物质的胞吞作用。

56. 铁载体（siderophore） 微生物细胞向胞外分泌的一种能络合Fe^{3+}的小分子化合物，铁–铁载体复合物通过ABC转运蛋白进入细胞。

四、习题

填空题

1. 组成微生物细胞的主要元素包括________、________、________、________、________和________等。
2. 微生物生长繁殖所需六大营养要素是________、________、________、________、________和________。
3. 碳源物质为微生物提供________和________，碳源物质主要有________、________、________、________、________等。
4. 氮源物质主要有________、________、________、________等，常用的速效氮源如________、________，有利于________；迟效氮源如________、________它有利于________。
5. 无机盐的生理作用包括________、________、________、________和________。
6. 生长因子主要包括________、________、________和________，其主要作用是________、________。
7. 水的生理作用主要包括________、________、________、________、________和________。

8. 根据________，微生物可分为自养型和异养型。
9. 根据________，微生物可分为光能营养型和化能营养型。
10. 根据________，微生物可分为无机营养型和有机营养型。
11. 根据碳源、能源和电子供体性质的不同，微生物的营养类型可分为________、________、________和________。
12. 设计、配制培养基所要遵循的原则包括________、________、________、________、________和________。
13. 按所含成分划分，培养基可分为________和________。
14. 按物理状态划分，培养基可分为________、________和________。
15. 按用途划分，培养基可分为________、________、________和________等4种类型。
16. 常用的培养基凝固剂有________、________和________。
17. 营养物质进入细胞的主要影响因素是________、________和________。
18. 营养物质进入细胞的方式有________、________、________和________。

选择题（4个答案选1）

1. 在同时含有下列物质的培养基中，大肠杆菌首先利用的碳物质是（　　）。
（1）蔗糖　（2）葡萄糖　（3）半乳糖　（4）淀粉
2. 在工业生产中为提高土霉素产量，培养基中可采用的混合氮源是（　　）。
（1）蛋白胨／酵母浸膏　（2）黄豆饼粉／花生饼粉
（3）玉米浆／黄豆饼粉　（4）玉米浆／$(NH_4)_2SO_4$
3. 下列物质可用作生长因子的是（　　）。
（1）葡萄糖　（2）纤维素　（3）NaCl　（4）叶酸
4. 一般酵母菌生长最适水活度值为（　　）。
（1）0.95　（2）0.76　（3）0.60　（4）0.88
5. 大肠杆菌属于（　　）型的微生物。
（1）光能无机自养　（2）光能有机异养
（3）化能无机自养　（4）化能有机异养
6. 蓝细菌和藻类属于（　　）型的微生物。
（1）光能无机自养　（2）光能有机异养
（3）化能无机自养　（4）化能有机异养
7. 硝化细菌属于（　　）型的微生物。
（1）光能无机自养　（2）光能有机异养
（3）化能无机自养　（4）化能有机异养
8. 某种细菌可利用无机物为电子供体而以有机物为碳源，属于（　　）型的微生物。
（1）兼养型　（2）异养型　（3）自养型　（4）原养型
9. 化能无机自养微生物可利用（　　）为电子供体。
（1）CO_2　（2）H_2　（3）O_2　（4）H_2O
10. 实验室培养细菌常用的培养基是（　　）。
（1）牛肉膏蛋白胨培养基　（2）马铃薯培养基
（3）高氏一号培养基　（4）查氏培养基

11. 用来分离产胞外蛋白酶菌株的酪素培养基是一种（　　）。
（1）基础培养基　（2）加富培养基　（3）选择培养基　（4）鉴别培养基
12. 固体培养基中琼脂含量一般为（　　）。
（1）0.5%　（2）1.5%　（3）2.5%　（4）5%
13. 下列培养基中（　　）是合成培养基。
（1）LB培养基　（2）牛肉膏蛋白胨培养基
（3）麦芽汁培养基　（4）查氏培养基
14. 培养百日咳博德氏菌的培养基中含有血液，这种培养基是（　　）。
（1）基础培养基　（2）加富培养基　（3）选择培养基　（4）鉴别培养基
15. 用来分离固氮菌的培养基中缺乏氮源，这种培养基是一种（　　）。
（1）基础培养基　（2）加富培养基　（3）选择培养基　（4）鉴别培养基
16. 一般酵母菌适宜的生长pH为（　　）。
（1）5.0～6.0　（2）3.0～4.0　（3）8.0～9.0　（4）7.0～7.5
17. 一般细菌适宜的生长pH为（　　）。
（1）5.0～6.0　（2）3.0～4.0　（3）8.0～9.0　（4）7.0～7.5
18. 水分子可通过（　　）进入细胞。
（1）主动运输　（2）扩散　（3）促进扩散　（4）基团转位
19. 需要载体但不能进行逆浓度运输的是（　　）。
（1）主动运输　（2）扩散　（3）促进扩散　（4）基团转位
20. 被运输物质进入细胞前后物质结构发生变化的是（　　）。
（1）主动运输　（2）扩散　（3）促进扩散　（4）基团转位

是非题

1. 所有碳源物质既可以为微生物生长提供碳素来源，也可以提供能源。
2. 某些假单胞菌可以利用多达90种以上的碳源物质。
3. 碳源对配制任何微生物的培养基都是必不可少的。
4. 氨基酸在碳源缺乏时可被微生物用作碳源物质，但不能提供能源。
5. 以（NH_4）$_2SO_4$为氮源培养微生物时，会导致培养基pH升高。
6. KNO_3作为氮源培养微生物被称为生理碱性盐。
7. 在配制复合培养基时，必须向培养基中定量补加微量元素。
8. 培养营养缺陷型微生物的培养基必须同时加入维生素、氨基酸、嘌呤及嘧啶。
9. 目前已知的致病微生物都是化能有机异养型生物。
10. 只有自养型微生物能够以CO_2为唯一或主要碳源进行生长。
11. 培养自养型微生物的培养基完全可以由简单的无机物组成。
12. 为使微生物生长旺盛，培养基中营养物质的浓度越高越好。
13. 在培养基中蛋白胨可以作为天然的缓冲系统。
14. 对含葡萄糖的培养基进行高压蒸汽灭菌时，在121.3℃加热20 min即可。
15. 半固体培养基常用来观察微生物的运动特征。
16. 基础培养基可用来培养所有类型的微生物。
17. 一些化能有机异养微生物可以在以葡萄糖为碳源、铵盐为氮源的合成培养基上生长。

18. 在伊红亚甲蓝（EMB）培养基中，伊红亚甲蓝的作用是促进大肠杆菌的生长。
19. 在用于分离G^+菌的选择培养基中可加入结晶紫抑制G^-菌的生长。
20. 当胞外葡萄糖浓度高于其胞内浓度时，葡萄糖可通过扩散进入细胞。
21. 在促进扩散过程中，载体蛋白对被运输物质具有较高的专一性，一种载体蛋白只能运输一种物质。
22. 被动运输是微生物细胞吸收营养物质的主要方式。
23. 在主动运输过程中，细胞可以消耗代谢能对营养物质进行逆浓度运输，当被运输物质胞外浓度高于胞内浓度时，主动运输就不需要消耗代谢能。
24. Na^+，K^+-ATP酶利用ATP的能量将胞内K^+“泵”出胞外，而将胞外Na^+“泵”入胞内。
25. 微生物细胞向胞外分泌铁载体，通过ABC转运蛋白将Fe^{2+}运输进入细胞。

问答题

1. 能否精确地确定微生物对微量元素的需求，为什么？
2. 为什么生长因子通常是维生素、氨基酸、嘌呤和嘧啶，而葡萄糖通常不是生长因子？
3. 以紫色非硫细菌为例，解释微生物的营养类型可变性及对环境条件变化适应能力的灵活性。
4. 如果要从环境中分离得到能利用苯作为碳源和能源的微生物纯培养物，你该如何设计实验？
5. 某些微生物对生长因子的需求具有较高的专一性，可利用它们通过“微生物分析”（microbiological assay）对样品中维生素或氨基酸进行定量。试设计实验利用某微生物对某一样品维生素B_{12}的含量进行分析。
6. 以伊红亚甲蓝（EMB）培养基为例，分析鉴别培养基的作用原理。
7. 某学生利用酪素培养基平板筛选产胞外蛋白酶细菌，在酪素培养基平板上发现有几株菌的菌落周围有蛋白水解圈，是否能仅凭蛋白水解圈与菌落直径比大，就断定该菌株产胞外蛋白酶的能力强，而将其选择为高产蛋白酶的菌种，为什么？
8. 与促进扩散相比，微生物通过主动运输吸收营养物质的优点是什么？
9. 以大肠杆菌磷酸烯醇式丙酮酸－糖磷酸转移酶系统（PTS）为例解释基团转位。
10. 试分析在主动运输中，ATP结合盒式转运蛋白（ABC转运蛋白）系统和膜结合载体蛋白（透过酶）系统的运行机制及相互区别。
11. 为什么微生物的营养类型多种多样，而动、植物营养类型相对单一？
12. 油轮及油井的泄漏事故对海岸造成严重污染，清除这类石油污染的方法之一是向污染区域喷洒含氮元素和磷元素的液体来促进石油的降解。请解释这种清除方法的原理。

五、习题解答

填空题

1. C　H　O　N　P　S　2. 碳源　氮源　无机盐　生长因子　水　能源　3. 碳素来源　能源　糖　有机酸　醇　脂　烃　4. 蛋白质（肽、氨基酸）　氨及铵盐　硝酸盐　分子氮（N_2）　玉米浆　$(NH_4)_2SO_4$　菌体生长　黄豆饼粉　玉米饼粉　代谢产物积累

5. 酶活性中心组分 维持细胞结构和生物大分子稳定 调节渗透压 控制氧化还原电位 作为能源物质 6. 维生素 氨基酸 嘌呤 嘧啶 作为酶的辅基或辅酶 合成细胞结构及组分的前体 7. 溶剂 参与化学反应 维持生物大分子构象 热导体 维持细胞形态 控制多亚基结构的装配与解离 8. 碳源性质 9. 能源性质 10. 电子供体 11. 光能无机自养 光能有机异养 化能无机自养 化能有机异养 12. 选择适宜营养物质 营养物质浓度及配比合适 控制pH 控制氧化还原电位 原料来源 灭菌处理 13. 复合（天然）培养基 合成培养基 14. 固体 半固体 液体 15. 基础 加富 鉴别 选择 16. 琼脂 明胶 硅胶 17. 营养物质性质 微生物所处环境 微生物细胞透过屏障 18. 扩散 促进扩散 主动运输 膜泡运输

选择题

1.（2）	2.（3）	3.（4）	4.（4）	5.（4）	6.（1）	7.（3）
8.（1）	9.（2）	10.（1）	11.（4）	12.（2）	13.（4）	14.（2）
15.（3）	16.（1）	17.（4）	18.（2）	19.（3）	20.（4）	

是非题

1. ×	2. √	3. ×	4. ×	5. ×	6. √	7. ×
8. ×	9. √	10. √	11. √	12. ×	13. √	14. ×
15. √	16. ×	17. √	18. ×	19. ×	20. ×	21. ×
22. ×	23. ×	24. ×	25. ×			

问答题

1. 不能。微生物对微量元素需要量极低；微量元素常混杂在天然有机化合物、无机化学试剂、自来水、蒸馏水、普通玻璃器皿中；细胞中微量元素含量因培养基组分含量不恒定、药品生产厂家及批次、水质、容器等条件不同而变化，难以定量分析检测。
2. 维生素、氨基酸或嘌呤（嘧啶）通常作为酶的辅基或辅酶，以及用于合成蛋白质、核酸，是微生物生长所必需且需要量很小，而微生物（如营养缺陷型菌株）自身不能合成或合成量不足以满足机体生长需要的有机化合物。而葡萄糖通常作为碳源和能源物质被微生物利用，需要量较大，而且其他一些糖类等碳源物质也可以代替葡萄糖满足微生物生长所需。
3. 紫色非硫细菌在没有有机物时可同化CO_2进行自养生活，有有机物时利用有机物进行异养生活，在光照及厌氧条件下利用光能进行光能营养生活，在黑暗及好氧条件下利用有机物氧化产生的化学能进行化能营养生活。
4. （1）从苯含量较高的环境中采集土样或水样；（2）配制培养基，制备平板，一种仅以苯作为唯一碳源（A），另一种不含任何碳源作为对照（B）；（3）将样品适当稀释（10倍稀释法），涂布A平板；（4）将平板置于适当温度条件下培养，观察是否有菌落产生；（5）将A平板上的菌落编号并分别转接至B平板，置于相同温度条件下培养（在B平板上生长的菌落是可利用空气中CO_2的自养型微生物）；（6）挑取在A平板上生长而不在B平板上生长的菌落，在一个新的A平板上划线、培养，获得单菌落，初步确定为可利用苯作为碳源和能源的微生物纯培养物；（7）将初步确定的目标菌株转接至以苯作为唯一碳源的液体培养基中进行摇瓶发酵实验，利用相应化学分析方法定量分析该菌株分解利用苯的情况。

5. (1) 将缺乏维生素B_{12}但含有过量其他营养物质的培养基分装于一系列试管，分别定量接入用于测定的微生物；(2) 在这些试管中分别补加不同量的维生素B_{12}标准样品及待测样品，在适宜条件下培养；(3) 以微生物生长量（如测定OD_{600}）值对标准样品的量作图，获得标准曲线；(4) 测定含待测样品试管中微生物生长量，对照标准曲线，计算待测样品中维生素B_{12}的含量。

6. EMB培养基含有伊红和亚甲蓝两种染料作为指示剂，大肠杆菌可发酵乳糖产酸造成酸性环境时，这两种染料结合形成复合物，使大肠杆菌菌落带金属光泽的深紫色，而与其他不能发酵乳糖产酸的微生物区分开。

7. 不能。因为：(1) 不同微生物的营养需求、最适生长温度等生长条件有差别，在同一平板上相同条件下的生长及生理状况不同；(2) 不同微生物所产蛋白酶的性质（如最适催化反应温度、pH、对底物酪素的降解能力等）不同；(3) 该学生所采用的是一种定性及初步定量的方法，应进一步针对获得的几株菌分别进行培养基及培养条件优化，并在分析这些菌株所产蛋白酶性质的基础上利用摇瓶发酵实验确定蛋白酶高产菌株。

8. 主动运输与促进扩散相比的优点在于可以逆浓度运输营养物质。通过促进扩散将营养物质运输进入细胞，需要环境中营养物质浓度高于胞内，而在自然界中生长的微生物所处环境中的营养物质含量往往很低，在这种情况下促进扩散难以发挥作用。主动运输则可以逆浓度运输，将环境中较低浓度营养物质运输进入胞内，保证微生物正常生长繁殖。

9. 大肠杆菌PTS由5种蛋白质（酶Ⅰ、酶Ⅱa、酶Ⅱb、酶Ⅱc及热稳定蛋白质HPr）组成，酶Ⅱa、酶Ⅱb、酶Ⅱc 3个亚基构成酶Ⅱ。酶Ⅰ和HPr为非特异性细胞质蛋白，酶Ⅱa也是细胞质蛋白，亲水性酶Ⅱb与位于细胞膜上的疏水性酶Ⅱc相结合。酶Ⅱ将一个葡萄糖运输进入胞内，磷酸烯醇式丙酮酸（PEP）上的磷酸基团逐步通过酶Ⅰ和HPr的磷酸化和去磷酸化作用，最终在酶Ⅱ的作用下转移到葡萄糖，这样葡萄糖在通过PTS进入细胞后加上了一个磷酸基团。

10. (1) ABC转运蛋白常由两个疏水性跨膜结构域与胞内的两个核苷酸结合结构域形成复合物，跨膜结构域在膜上形成一个孔，核苷酸结合结构则可结合ATP。ABC转运蛋白发挥功能还需要存在于周质空间（G^+菌）或附着在质膜外表面（G^-菌）的底物结合蛋白的帮助。底物结合蛋白与被运输物质结合后再与ABC转运蛋白结合，借助于ATP水解释放的能量，ABC转运蛋白将被运输物质转运进入胞内。(2) 膜结合载体蛋白（透过酶）也是跨膜蛋白，被运输物质在膜外表面与透过酶结合，而膜内外质子浓度差在消失过程中，被运输物质与质子一起通过透过酶进入细胞。(3) 被运输物质通过ABC转运蛋白系统和通过透过酶进入细胞的区别在于能量来源不同，前者依靠ATP水解直接偶联物质运输，后者依靠膜内外质子浓度差消失偶联物质运输。

11. 微生物个体微小，种类繁多，在自然界分布广泛，所处环境的营养条件复杂多变。为了适应环境和种群延续，不同的微生物形成了多种多样的营养类型。相对于微生物而言，动、植物处于较高的进化地位，在所利用的营养物质和能量的种类和利用方式等方面逐渐“趋同”。例如，(高等) 动物已在进化中形成了较为相似的消化系统，通过采食或/和捕食获得营养物质，为化能有机营养型；植物则可通过叶绿体进行光合作用获得能量，为光能无机营养型。

12. 自然界存在可降解石油的微生物。石油可以满足这类微生物的能源和碳源需求，但是在该环境中氮和磷含量相对不足，而这两种元素是细胞合成蛋白质、磷脂、核酸及ATP等重要生物分子的必需元素。通过补充氮源和磷，促进可降解石油的微生物的生长，可更加有效地清除油污。

六、主要参考书目

1. 沈萍，陈向东.微生物学实验.4版.北京：高等教育出版社，2007
2. Prescott L M，Harley J P，Klein D A.微生物学.5版.中文版.沈萍，彭珍荣，译.北京：高等教育出版社，2003
3. Madigan M T，Martinko J M，Dunlap P V，et al.Brock Biology of Microorganisms.12th ed.San Francisco：Pearson education Inc，2009
4. Tortora G J，Funke B R，Case C L.Microbiology：An Introduction，10th ed.San Francisco：Pearson Benjamin Cummings，2010

（唐兵）

第5章

微生物的代谢

一、要点提示

1. 代谢（metabolism）是生物体内所进行的全部化学反应的总称，包括分解代谢（catabolism）和合成代谢（anabolism）。分解代谢是指细胞将大分子物质降解成小分子物质并产生能量的过程，也称为生物氧化，或产能代谢；合成代谢是指细胞利用简单的小分子物质合成复杂大分子物质并消耗能量的过程，也称为生物合成，或耗能代谢。合成代谢所利用的小分子物质来源于细胞的分解代谢所产生的中间产物，或细胞外的小分子营养物质。代谢途径是由一系列酶促反应构成。细胞通过各种方式有效地调节相关的酶促反应，以保证整个代谢途径的协调性与完整性。

2. 异养微生物利用各类有机化合物进行生物氧化产生能量。糖类是微生物重要的能源和碳源。葡萄糖和果糖通常被异养微生物优先利用。生物降解葡萄糖生成丙酮酸的过程称为糖酵解（glycolysis）。微生物细胞内主要存在4种糖酵解途径：EMP途径、HM途径、ED途径和磷酸解酮酶途径。丙酮酸的进一步氧化，根据电子受体的不同可分为发酵和呼吸两种类型。发酵过程能量的产生方式是底物水平磷酸化，而呼吸作用除了底物水平磷酸化外，还有氧化磷酸化。相对于呼吸作用，发酵过程产生的能量较少。

3. 自养微生物的生物氧化分成两大类型：以氧化无机物获得能量固定CO_2而生长的化能自养型，主要有4类：H_2、NH_4^+、H_2S和Fe^{2+}的氧化；利用光能固定CO_2而生长的光能自养型，包括非放氧型光合作用和放氧型光合作用。

4. 微生物通过底物水平磷酸化（发酵和呼吸）、氧化磷酸化（呼吸）把化学能转换成ATP；通过光合磷酸化把光能转换成ATP；这些能量用于合成代谢及其他耗能过程，如运动、营养物质运输及发光等，另有部分能量以热或光的形式释放到环境中。

5. 合成代谢是利用分解代谢产生的能量、中间产物以及从外界吸收的小分子合成复杂大分子，最后产生新细胞个体的过程。微生物细胞的生物合成除了具有动、植物相同的生物合成途径外，还具有特殊的合成代谢类型，如某些CO_2固定途径、肽聚糖的生物合成以及生物固氮作用等。

6. 微生物细胞从外界吸收营养物质，通过分解代谢和合成代谢，生成维持生命活动所必需的物质和能量的过程，称为初级代谢。微生物在一定的生长时期（对数生长期后期到稳定期），以初级代谢产物为前体，合成一些对微生物自身生命活动无明确生理功能的物质的过程，称为次级代谢。这一过程形成的产物，即为次级代谢产物。次级代谢产物大多是分子结构比较复杂的化合物。根据其作用，可将其分为抗生素、激素、生物碱、毒素、色素及维生素等多种类型。

7. 微生物代谢调控主要是通过对酶的调节来实现，表现在酶活性调节和酶合成调节两个水平上。酶活性调节主要有反馈抑制、酶的共价修饰等方式。酶合成调节发生在基因的转录和翻译水平上，主要有酶合成阻遏、酶合成诱导、酶的降解物阻遏等方式。现代发酵工业以代谢控制理论为指导，通过基因突变或代谢途径的改造，实现代谢调控的人工控制。

二、重点、难点剖析

1. 代谢是生物体内所进行的全部化学反应，包括分解代谢和合成代谢。

$$\text{复杂分子（有机物）} \underset{\text{合成代谢}}{\overset{\text{分解代谢}}{\rightleftharpoons}} \text{简单小分子} + \text{ATP} + [\text{H}]$$

2. 分解代谢实际上是物质在生物体内经过一系列连续的氧化还原反应逐步分解并释放能量的过程，这个过程也称为生物氧化，是一个产能代谢过程。能量代谢的中心任务，是生物体把外界环境中的多种形式的最初能源转换成对一切生命活动都能使用的通用能源ATP。

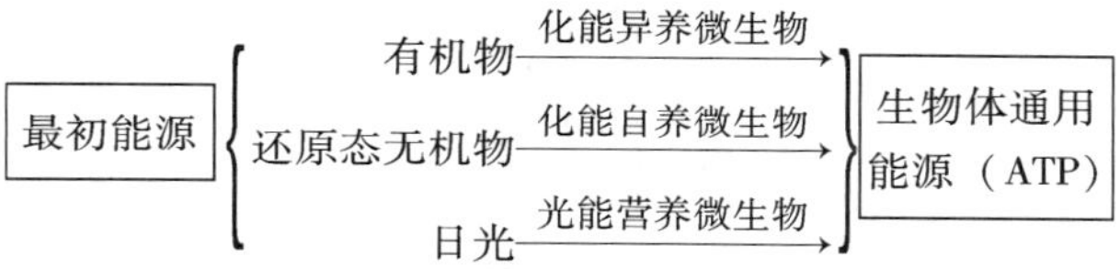

3. 异养微生物生物氧化是利用有机物质的产能代谢过程。如多糖类化合物的生物氧化过程可总结为：

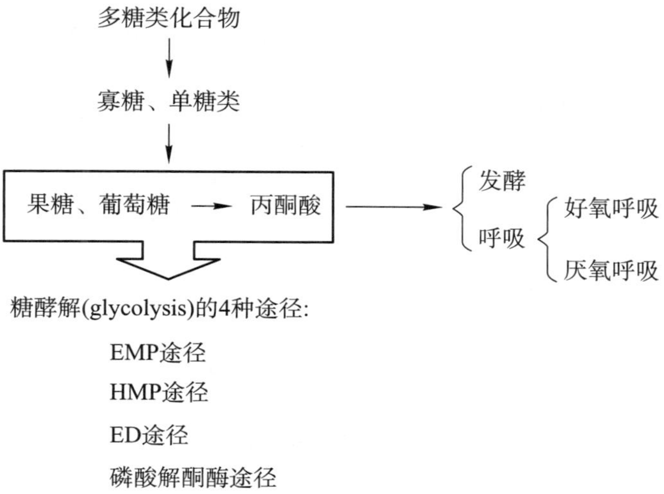

4. 微生物糖酵解（glycolysis）的4种途径

（1）EMP途径（Embden-Meyerhof pathway）（图5-1）

EMP途径总反应式为：

$$C_6H_{12}O_6+2NAD^++2ADP+2Pi \rightarrow 2CH_3COCOOH+2NADH+2H^++2ATP+2H_2O$$

EMP途径生理功能：是绝大多数生物所共有的一条主流代谢途径；提供ATP和还原力NADH；为生物合成提供多种中间产物；连接其他代谢途径如脂肪酸的合成；通过逆反应进行糖原的异生。

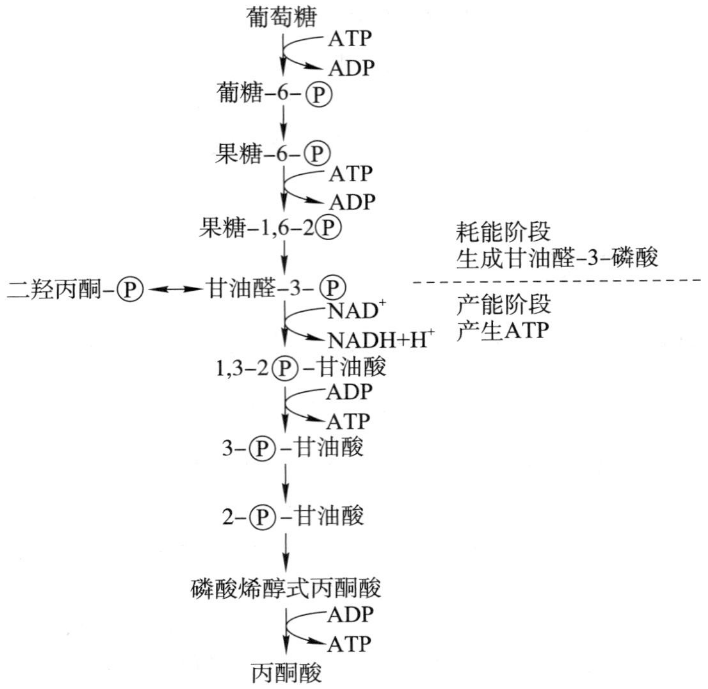

图5-1　EMP途径

（2）HMP途径（hexose monophosphate pathway）（图5-2）

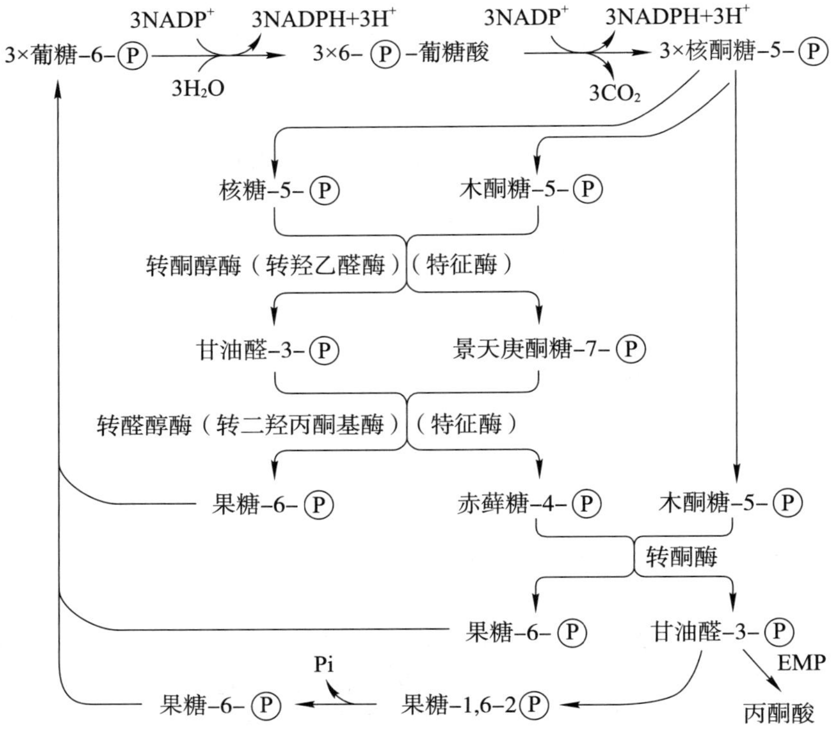

图5-2　HMP途径

HMP途径是已糖单磷酸途径，又称为戊糖磷酸途径（pentose phosphate pathway）或WD途径（Warburg-Dickens pathway），总反应式为：

6葡萄糖-6-磷酸+12NADP$^+$+6H_2O→5葡萄糖-6-磷酸+12NADPH+12H$^+$+6CO_2+Pi

HMP途径的生理功能：一般与EMP途径同时存在；产生还原力NADHP+H$^+$；产生中间代谢产物，为生物合成提供多种前体物质；戊糖转化为已糖（糖原异生）。

（3）ED途径（Entner-Doudoroff pathway）（图5-3）

ED途径总反应式为：

$C_6H_{12}O_6$+ADP+Pi+NADP$^+$+NAD$^+$→2$CH_3COCOOH$+ATP+NADH+NADPH+2H$^+$

ED途径的生理功能：是存在于某些缺乏完整EMP途径的微生物中的一种替代途径，产能效率低，为微生物所特有。

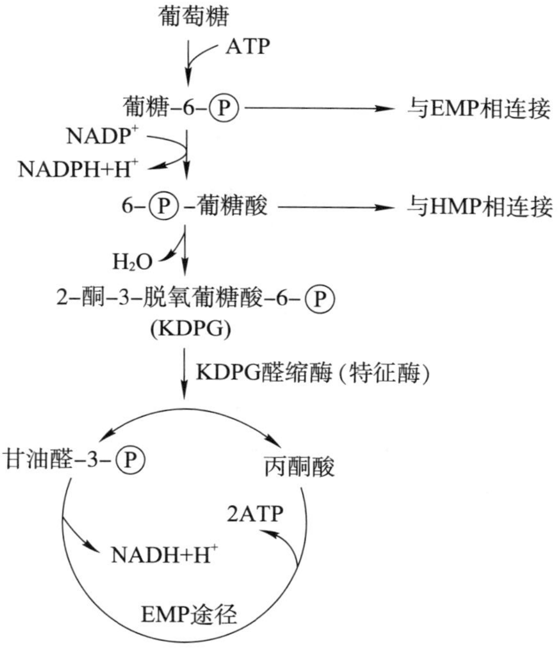

图5-3　ED途径

（4）磷酸解酮酶途径（phosphoketolase pathway）（图5-4）

可分为磷酸戊糖解酮酶途径（pentose phosphoketolase pathway，PK途径）和磷酸已糖解酮酶途径（hexose phosphoketolase pathway，HK途径），存在于异型乳酸发酵菌中。

5. 发酵作用及产能方式

发酵的定义有下面列举的多种理解方式，但是从微生物代谢的角度来定义发酵，是下面的第⑤种：

① 生产乙醇饮料和发酵乳制品的过程；

② 食品的变质和腐烂；

③ 大规模的微生物工业化生产；

④ 厌氧条件下的能量释放过程；

⑤ 是指微生物细胞将有机物氧化释放的电子直接交给底物本身未完全氧化的某种中间产物，同时释放能量并产生各种代谢产物的过程。

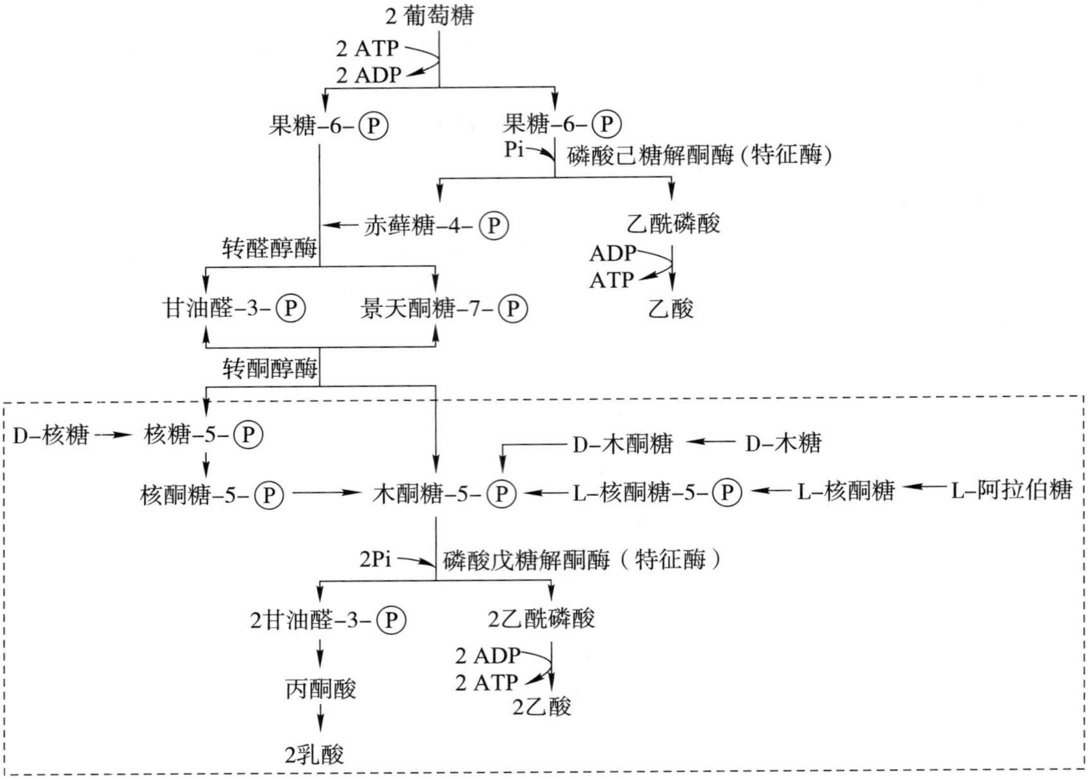

图5-4 磷酸解酮酶途径

整个途径表示磷酸己糖解酮酶途径（HK途径），虚线框内表示磷酸戊糖解酮酶途径（PK途径）

微生物发酵类型举例：

（1）乙醇发酵

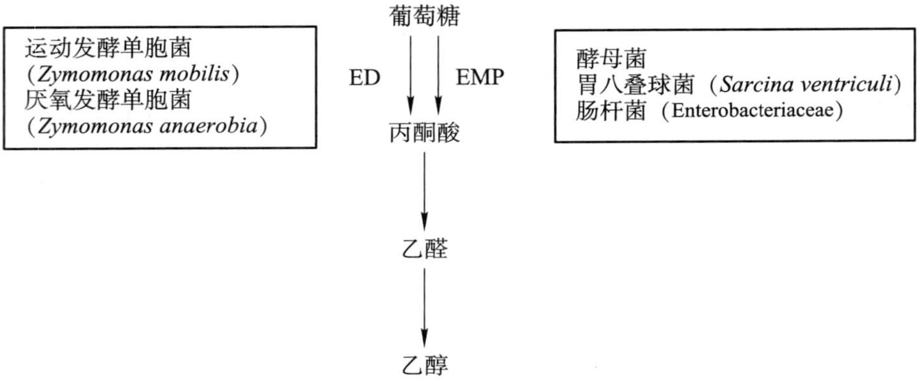

（2）乳酸发酵

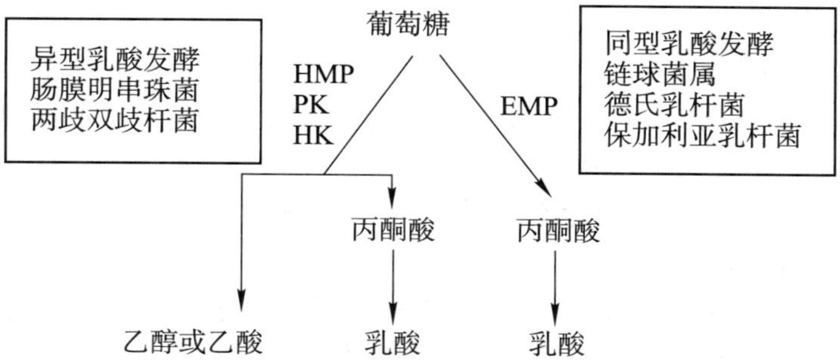

（3）由丙酮酸开始的其他发酵类型（图5-5）

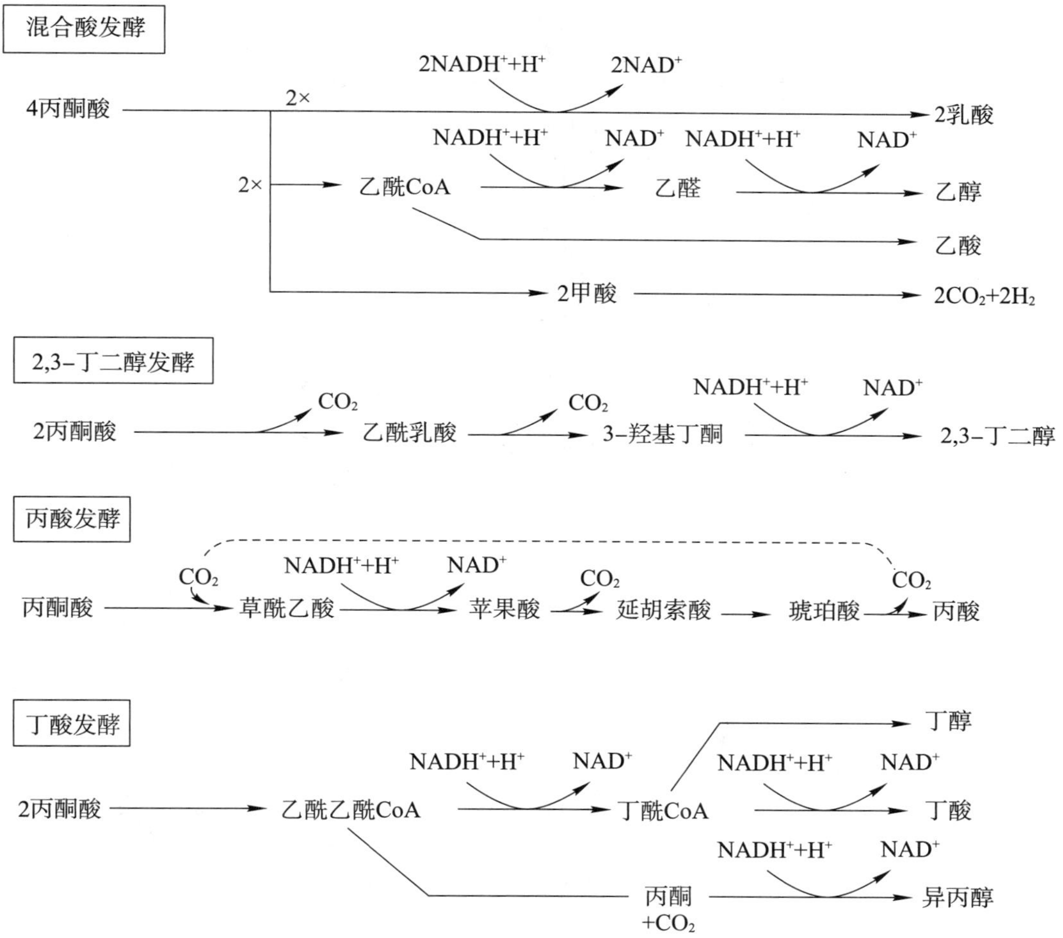

图5-5 由丙酮酸开始的其他发酵类型

（4）底物水平磷酸化 物质在生物氧化过程中常生成一些含有高能键的化合物，这些高能化合物可以直接偶联ATP或GTP的合成，这种产生ATP等高能化合物的方式称为底物水平磷酸化。如EMP途径中的1，3-二磷酸甘油酸转变为3-磷酸甘油酸和磷酸烯醇式丙酮酸转变为丙酮酸的过程中都分别偶联着1分子ATP的生成。底物水平磷酸化可以存在于发酵过程中，也可以存在于呼吸过程中，但产生能量相对较少。

6. 呼吸及产能方式

微生物在降解底物的过程中，将释放出的电子交给NAD（P）$^+$、FAD或FMN等电子载体，再经电子传递系统传给外源电子受体，从而生成水或其他还原型产物并释放出能量的过程，称为呼吸作用。以分子氧作为最终电子受体的称为好氧呼吸（aerobic respiration），以氧化型化合物作为最终电子受体的称为厌氧呼吸（anaerobic respiration），又称无氧呼吸。

呼吸作用与发酵作用的根本区别：电子载体不是将电子直接传递给底物降解的中间产物，而是交给电子传递系统，逐步释放出能量后再交给最终电子受体。

（1）好氧呼吸（图5-6）

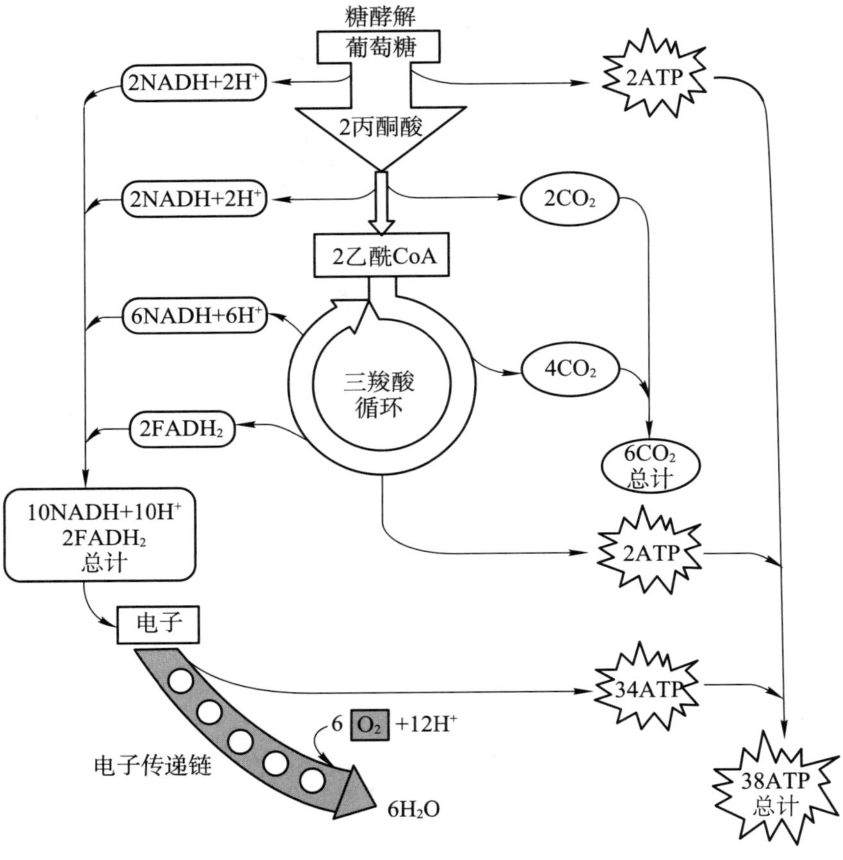

图5-6 原核微生物的好氧呼吸

（2）厌氧呼吸

① 某些厌氧和兼性厌氧微生物在无氧条件下进行厌氧呼吸。

② 厌氧呼吸的最终电子受体不是氧，而是像NO_3^-、NO_2^-、SO_4^{2-}、$S_2O_3^{2-}$、CO_2或延胡索酸（fumarate）等外源的化合物。

厌氧呼吸的主要类型：

- 厌氧呼吸
  - 无机盐呼吸
    - 硝酸盐呼吸（反硝化作用）：$NO_3^- \rightarrow NO_2^-$，NO，$N_2O$，$N_2$
    - 硫酸盐呼吸：$SO_4^{2-} \rightarrow SO_3^{2-}$，$S_3O_6^{2-}$，$S_2O_3^{2-}$，$H_2S$
    - 硫呼吸：$S^o \rightarrow HS^-$，S^{2-}
    - 铁呼吸：$Fe^{3+} \rightarrow Fe^{2+}$
    - 碳酸盐呼吸：产乙酸细菌，CO_2，$HCOO^- \rightarrow CH_3COOH$
      产甲烷菌，CO_2，$HCOO^- \rightarrow CH_4$
  - 有机物呼吸
    - 延胡索酸呼吸：延胡索酸→琥珀酸
    - 甘氨酸呼吸：甘氨酸→乙酸
    - 二甲基亚砜呼吸：二甲基亚砜→二甲基硫化物

③ 厌氧呼吸也需要细胞色素等电子传递体，并在能量分级释放过程中伴随有氧化磷酸化作用，也能产生较多的能量用于生命活动。

④ 由于部分能量随电子转移传给最终电子受体，所以生成的能量不如好氧呼吸产生的多。

（3）氧化磷酸化　物质在生物氧化过程中形成的NAD（P）H和$FADH_2$，通过电子传递系统将电子传递给氧或其他氧化性化合物，偶联着ATP的合成，这种产生ATP的方式称为氧化磷酸化。氧化磷酸化合成ATP的机制目前可用化学渗透学说解释，其中心思想是：电子在传递过程中导致膜内的质子排出膜外，造成质子动势，当质子由膜外返回到膜内时，通过F_1–F_0 ATP酶偶联合成ATP。

一般电子传递系统的组成及电子传递方向为：NAD（P）→FP（黄素蛋白）→FeS（铁硫蛋白）→CoQ（辅酶Q）→cyt b→cyt c→cyt a→cyt a_3。

原核生物的电子传递链一般不完整，具有多样性。

7. 自养微生物的生物氧化

（1）化能无机自养　化能自养微生物氧化无机物获得能量和还原力。能量的产生是通过电子传递链的氧化磷酸化形式，电子受体通常是O_2，因此，化能自养菌一般为好氧菌。电子供体是NH_4^+、H_2S、Fe^{2+}和H_2等。还原力的获得是逆电子传递链的方向进行，需要消耗能量（图5–7）。

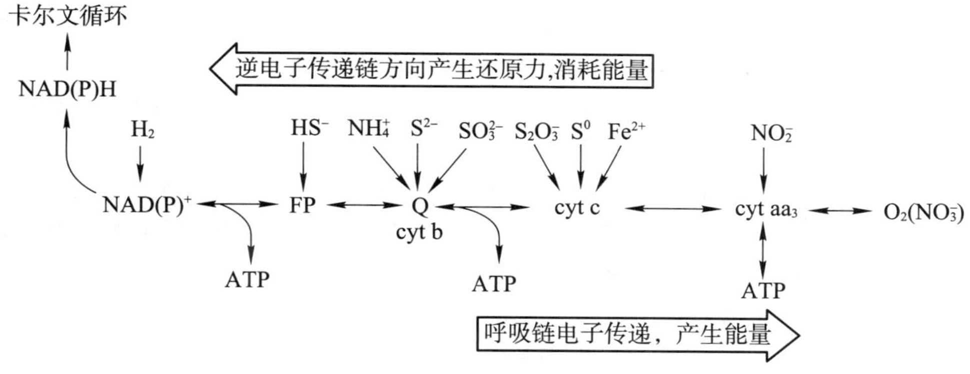

图5–7　无机化合物底物氧化，氢或电子进入电子传递链的部位

化能自养微生物以无机物作为能源，一般产能效率低，生长慢，但从生态学角度看，它们所利用的能源物质是一般化能异养生物所不能利用的，因此它们与产能效率高、生长快的化能异养微生物之间并不存在生存竞争。

化能无机自养
- 氨的氧化：亚硝化细菌：$NH_3 \rightarrow NO_2^- + 4e^-$
  硝化细菌：$NO_2^- \rightarrow NO_3^- + 2e^-$
- 硫的氧化：H_2S、S、$S_2O_3^-$、$SO_3^- \rightarrow SO_4^- + n2e^-$
- 铁的氧化：$Fe^{2+} \rightarrow Fe^{3+} + e^-$
- 氢的氧化：$H_2 \rightarrow 2H^+ + 2e^-$

（2）光能自养　光合作用是指将光能转变成化学能并固定CO_2的过程。光合作用的过程可分成光反应和暗反应两部分。在光反应中光能被捕获并被转变成化学能，然后在暗反应中被用来还原或固定CO_2合成细胞物质。

光反应的实质是叶绿素分子吸收光量子被激活后释放出电子，电子在电子传递系统中传递并逐渐释放出能量，这个过程又称作光合磷酸化。光合磷酸化和氧化磷酸化一样都是通过电子传递系统产生ATP。

光能营养型生物
- 产氧（非环式光合磷酸化）
  - 真核生物：藻类及其他绿色植物
  - 原核生物：蓝细菌
- 不产氧（仅原核生物）
  - ① 光合细菌：环式光合磷酸化；
  - ② 绿硫细菌的非环式光合磷酸化；
  - ③ 嗜盐细菌的光合磷酸化：一种只有嗜盐菌才有的，无叶绿素或细菌叶绿素参与的独特的光合作用。是目前所知的最简单的光合磷酸化。嗜盐细菌紫膜上的细菌嗜紫红质吸收光能后，在膜内外建立质子浓度差

8. CO_2的固定

将空气中的CO_2同化成细胞物质的过程，称为CO_2的固定作用。

CO_2是自养微生物的唯一碳源，异养微生物也能利用CO_2作为辅助的碳源。微生物有两种同化CO_2的方式：自养式：CO_2加在一个特殊的受体上，经过循环反应，使之合成糖并重新生成该受体；异养式：主要是CO_2被固定在某种有机酸上（TCA循环中间产物），此外，在脂肪酸及核苷酸的合成中，也有固定CO_2的反应。

自养微生物同化CO_2需要大量能量，能量来自于光能或无机物氧化所得的化学能，固定CO_2的途径主要有以下3条：

（1）卡尔文循环（Calvin cycle）途径　存在于绿色植物、藻类、蓝细菌和几乎所有的自养型微生物包括光能自养和化能自养微生物中。核酮糖二磷酸羧化酶和磷酸核酮糖激酶是这条途径的特有酶。卡尔文循环可分为3个阶段：

① CO_2的固定（羧化反应）

核酮糖-1,5-二磷酸 + CO_2 —核酮糖二磷酸羧化酶(RuBisCO)→ 2甘油酸-3-磷酸

② 被固定CO_2的还原（还原反应）

甘油酸-3-磷酸 $\xrightarrow{\text{ATP} \quad \text{ADP}}$ 甘油酸-1,3-二磷酸 $\xrightarrow{\text{NADPH} \quad \text{NADP+Pi}}$ 甘油醛-3-磷酸

③ CO_2受体的再生

核酮糖-5-磷酸 $\xrightarrow[\text{磷酸核酮糖激酶}]{\text{ATP} \quad \text{ADP}}$ 核酮糖-1,5-二磷酸

（2）逆向三羧酸循环（reverse citric acid cycle）途径（图5-8）存在于一些古生菌（热变形菌属、硫化叶菌属）以及绿菌属和脱硫菌属中。CO_2的固定通过逆向的三羧酸循环途径进行，多数酶与正向三羧酸循环途径相同，只有依赖于ATP的柠檬酸裂解酶（citrate lyase）是个例外，催化正向三羧酸循环途径的此步酶是柠檬酸合成酶（citrate synthase）。

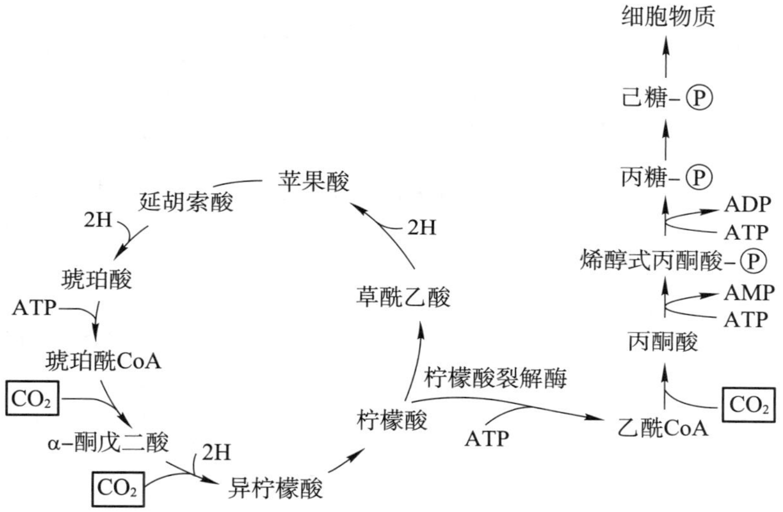

图5-8　CO_2固定的逆向三羧酸循环途径

（3）羟基丙酸途径（hydroxypropionate pathway）（图5-9）存在于一些绿色非硫光合细菌、非光合作用的超嗜热古生菌中。乙酰CoA被羧化两次，生成甲基丙二酰CoA，然后生成乙醛酸和乙酰CoA，乙醛酸通过甘氨酸和丝氨酸进一步转化为细胞物质。

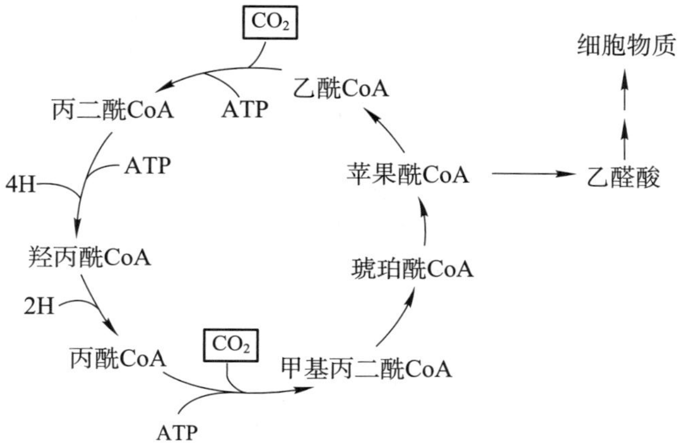

图5-9　CO_2固定的羟基丙酸途径

9. 肽聚糖的合成

*Staphylococcus aureus*肽聚糖合成的3个阶段（图5–10）：

（1）细胞质中的合成

① 葡萄糖→*N*–乙酰葡糖胺–UDP（G–UDP）→*N*–乙酰胞壁酸–UDP（M–UDP）。

② M–UDP→“Park”核苷酸，即UDP–*N*–乙酰胞壁酸五肽。

（2）细胞膜中的合成　“Park”核苷酸→肽聚糖单体分子。

（3）细胞膜外的合成　青霉素抑制转肽酶。青霉素是肽聚糖单体五肽尾末端的D–丙氨酸–D–丙氨酸的结构类似物，两者竞争转肽酶的活力中心。

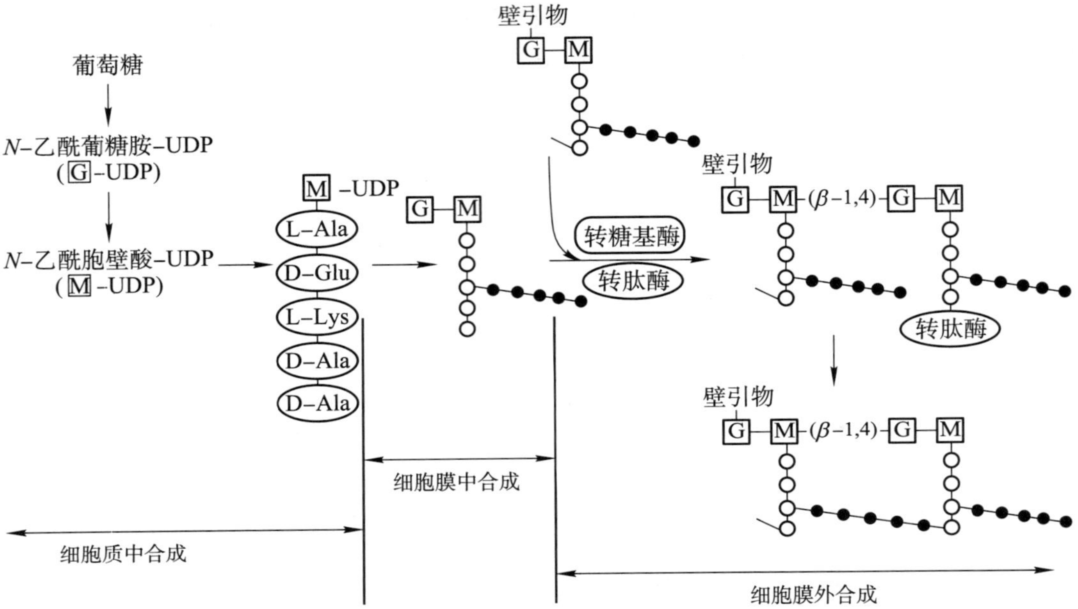

图5–10　肽聚糖的合成

10. 生物固氮

空气中79%的N_2，只有一部分微生物可以直接利用作为N源。微生物将N_2还原为NH_3的过程称为生物固氮。目前，还没有发现任何真核生物具有固氮的现象。

（1）固氮微生物和固氮体系
- 共生固氮体系→共生固氮微生物
- 自生固氮体系→自生固氮微生物
- 联合固氮体系→自生固氮微生物

① 共生固氮体系

根瘤菌（*Rhizobium*）与豆科植物共生；

弗兰克氏菌（*Frankia*）与非豆科植物共生；

蓝细菌（cyanobacteria）与某些植物共生；

蓝细菌与某些真菌共生。

② 自生固氮体系。

好氧自生固氮菌（*Azotobacter, Azotomonas*，等）；

厌氧自生固氮菌（*Clostridium*，等）；

兼性厌氧自生固氮菌（*Bacillus, Klebsiella*，等）；

大多数光合菌（蓝细菌，光合细菌）。

③ 联合固氮体系：不生成共生固氮特殊结构，有较强的寄主专一性。如雀稗固氮菌（*Azotobacter paspali*）与雀稗根系形成联合。

（2）固氮机制

$$N_2 + 8e^- + 8H^+ + nATP \xrightarrow{\text{固氮酶，}Mg^{2+}} 2NH_3 + H_2 + nADP + nPi$$

固氮反应的必要条件

ATP，e^-、H^+及其载体，固氮酶，N_2，Mg^{2+}，厌氧环境。

① 固氮酶包括2种组分

组分Ⅰ：固氮酶（dinitrogenase），是一种钼铁蛋白，其中铁、钼、硫以及高柠檬酸共同组成钼铁复合因子（$MoFe_7S_8$ · 高柠檬酸），一个固氮酶中存在2分子的钼铁复合因子。

组分Ⅱ：固氮酶还原酶（dinitrogenase reductase），是一种铁蛋白。

a. 固氮酶、固氮酶还原酶单独存在时都没有活性，只有形成复合体后才具有固氮活性；固氮酶中电子传递的顺序是：电子供体→固氮酶还原酶→固氮酶→N_2。

b. 不同来源的固氮酶、固氮酶还原酶具有互补作用，说明不同来源的固氮酶的结构与功能是基本相同的。

c. 固氮作用被氧气抑制，氧气可以使固氮酶还原酶迅速不可逆失活。

② 好氧性固氮菌固氮酶的抗氧机制

a. 呼吸保护作用：强的呼吸作用迅速消耗固氮部分周围的氧气。

b. 构象保护：固氮酶与耐氧蛋白（铁硫蛋白Ⅱ）形成耐氧的复合物。

c. 膜的分隔作用：蓝细菌的异形胞。

d. 细胞外形成阻碍氧气的黏液层。

11. 次级代谢与次级代谢产物

微生物细胞从外界吸收营养物质，通过分解代谢和合成代谢，生成维持生命活动所必需的物质和能量的过程，称为初级代谢。相对于初级代谢而言，一般认为，微生物在一定的生长时期，以初级代谢产物为前体，合成一些对微生物自身生命活动无明确生理功能的物质的过程，称为次级代谢。这一过程形成的产物，即为次级代谢产物。次级代谢产物大多是分子结构比较复杂的化合物。根据其作用，可将其分为抗生素、激素、生物碱、毒素、色素及维生素等多种类型。

次级代谢有以下特点：

（1）次级代谢的生理意义不像初级代谢那样明确，次级代谢途径某个环节发生障碍，致使不能合成某个次级代谢产物，并不影响菌体的生长繁殖。某些次级代谢产物对于微生物具有特殊的意义，如与阳离子吸收有关的高铁胺（sideramines）、铁色素（ferrichrome）和铁草胺（ferrioxamines）；某些化合物在生物竞争中可以抑制其他的生物；还有的与孢子的启动形成有关。

（2）次级代谢与初级代谢关系密切，初级代谢的关键性中间产物往往是次级代谢的前体。比如糖酵解过程中的乙酰CoA是合成四环素、红霉素的前体。

（3）次级代谢一般发生在菌体对数生长期后期到稳定期，也会受到环境条件的影响。次级代谢产物的合成受培养基组成的影响较大。

（4）次级代谢产物的合成，因菌株不同而异，但与分类地位无关，两种完全不同来源的微生物可以产生同一种次级代谢产物。

（5）质粒与次级代谢的关系密切，控制着多种抗生素的合成。

（6）次级代谢产物的合成通常被细胞严密控制，有些调控机制和初级代谢一样，包括细胞的腺苷酸能值EC和碳代谢阻遏。支持细胞大量生长的碳源，可能会变成阻遏物，例如，葡萄糖抑制某些抗生素包括青霉素和氯霉素的产生。次级代谢产物的调控机制举例如下：

① 非核糖体肽合成：一般地，蛋白质合成包括基因转录成mRNA，然后被核糖体翻译成多肽，但是，几种小肽（如一些抗生素）的合成通过一种改变的机制，独立于mRNA和核糖体。肽的合成通过肽合成酶催化进行，有时称为抗生素合成酶系，在菌体生长的对数生长期之后开始合成。例如，短芽孢杆菌（*Bacillus brevis*）产生的抗生素短杆菌肽S，是由两个五肽二聚物组成，每一个二聚物由4种活性氨基酸（氨酰基衍生物）组成，第5种氨基酸是L-苯基丙氨酸，被短杆菌肽合成酶Ⅱ活化变成D型后，转移给短杆菌肽合成酶Ⅰ，和其他活性氨基酸连接组成五肽，两个五肽二聚体结合形成有活性的环状短杆菌肽S分子。

相似的肽合成酶在抗真菌化合物合成中也有发现，如白菌素（echinocandin）是曲霉菌（*Aspergillus nidulans*）产生的一种环状脂肽，环孢霉素（cyclosporin）是*Tolypocladium inflatum*产生的一种十一肽，环孢霉素合成酶是一种高分子量的单链多肽，其相对分子质量为1 700 000。

② 自动调整：链霉菌产生的一种小分子“A因子”，类似于激素类的自动调节化合物，可以刺激次级代谢产物的合成。“A因子”控制链霉素的生物合成、链霉素抗性和孢子形成，其有效影响的浓度是1×10^{-9}mol/L。

③ 终端产物调节：和初级代谢一样，某些次级代谢的终端产物具有反馈抑制作用。如氯霉素抑制氯霉素合成途径中的酰基胺合成酶。

④ 诱导作用：有几种抗生素的产生可以被加在发酵培养基中的诱导物诱导，很多诱导物是初级代谢产物，如甲硫氨酸诱导产黄头孢（*Acremonium chrysogenum*）产生头孢菌素；麦角菌（*Claviceps purpurea*）对数生长期的培养基中加入L-色氨酸或其类似物，会诱导麦角碱的合成。

⑤ 氮和磷调节：易代谢氮源，如氨，对青霉素的产生有抑制作用。其他抗生素，如杀念珠菌素、链霉素、四环素的产生可以被大于10 mmol/L的磷酸盐抑制。1 mmol/L的磷酸盐浓度对于抗生素的产生没有抑制作用，这个现象可能与细胞能值EC的变化直接受磷酸盐变化的影响有关，高的磷酸盐浓度增加ATP的形成，提高了细胞的能值EC。某些情况下，ATP可以看做是次级代谢产物的生物合成相关主要酶类合成的辅助阻遏物。

12. 微生物的代谢调控

生物体中的各种代谢都是由酶驱动的。酶作为生物催化剂，催化各种反应；同时，酶还可以调节和控制代谢的速度、方向和途径。活的细胞中，代谢过程可以随着环境条件的改变而变化，调控表现在两种水平：酶活性调节和酶合成调节。酶合成调节发生在基因的转录和翻译水平，是通过改变酶合成的速率，增加或减少酶分子数量而实现，将在第9章“微生物基因表达的调控”中论述。本章只讨论酶活性调节。

酶活性调节是通过改变酶分子催化的活性而实现，是指一定数量的酶，通过其分子构象或分子结构的改变来调节其催化反应的速率，这种调节方式可以使微生物细胞对环境变化作出迅速、及时的反应。可通过改变代谢途径中一个或几个酶的活性影响代谢途径中各中间化合物的流量。主要有酶的反馈抑制、酶的共价修饰等方式。

（1）反馈抑制（feedback inhibition） 酶活性调节的主要机制，广泛存在于氨基酸、核苷酸的合成中。这些合成途径涉及许多酶促反应，其终产物能反馈抑制其合成途径中第一步的酶促反应，调控自身的合成。可控酶通常是变构酶（allosteric enzyme），酶有两个重要的结合位点：与底物结合的活性位点和与调节物可逆性结合的变构位点。调节物与变构位点非共价结合，可以改变酶的分子构象，导致底物结合位点不能与底物结合；当调节物浓度下降时，调节物从变构位点上解离下来，酶恢复正常的分子构象，其底物结合位点与底物结合，催化反应正常进行。

以图5-11表示的分支代谢途径来说明几种酶活性的反馈抑制原理。

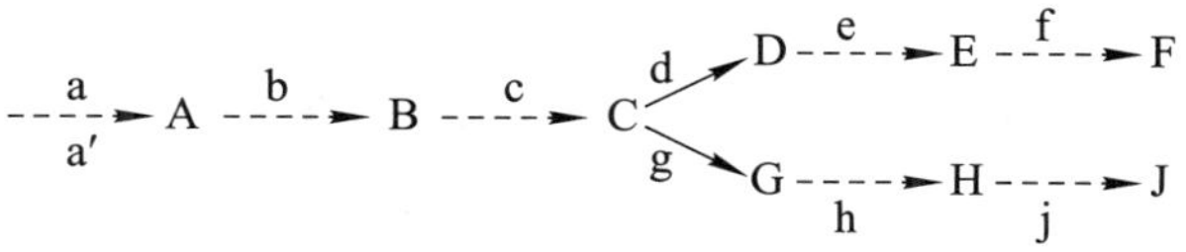

图5-11 分支代谢途径示意图

① 顺序反馈抑制（sequential feedback inhibition）：催化第一步反应只有一种酶a，其产物抑制体现在中间产物C，而不是终端产物。酶d的产物抑制体现在产物F；酶g的产物抑制体现在产物J，它们的抑制方式一样，都是产物对分支途径的第一种酶的抑制。产物C累积后，就会导致对酶a的抑制。

② 协同反馈抑制（concerted feedback inhibition）：酶a有两个变构位点，每一个位点对应一个终端产物，只有一个终端产物结合在变构位点上时，酶的活性不受影响；当两个终端产物都结合在变构位点时，酶就被抑制。

③ 同工酶（isozymes）：细胞合成了两种酶a和a′，同时催化反应A，两种同工酶分别被特异性的终端产物抑制。同工酶a和a′被认为是和后面的分支途径的第一个酶d和g物理偶联的，例如a和d偶联，a′和g偶联。产物J的积累，将会造成酶a′的产物抑制，随后立即发生酶g的减少，结果是反应向获得产物F的方向进行。

④ 组合激活和抑制（combined activation and inhibition）：某些情况下，一个生物合成中间体进入两个完全独立的代谢途径。如氨基甲酰磷酸盐是精氨酸和嘧啶生物合成的中间代谢产物，氨基甲酰磷酸盐合成酶被尿嘧啶核苷单磷酸变构抑制，被鸟氨酸变构激活。

（2）酶的共价修饰（covalent modification of enzymes） 通过一些小分子的添加或除去共价修饰调节酶的活性。小分子修饰基团的共价结合改变了酶蛋白的构象，影响了酶的催化活性。如酶与磷酸、腺嘌呤单核苷酸（AMP）、腺嘌呤双核苷酸（ADP）、甲基化基团的结合。

三、术语或名词

1. 分解代谢（catabolism） 也称产能代谢或生物氧化，是指细胞将大分子物质降解成小分子物质并产生能量的过程。

2. 合成代谢（anabolism） 是指细胞利用简单的小分子物质合成复杂的大分子物质并消耗能量的过程。

3. 糖酵解（glycolysis） 无氧条件下，生物降解葡萄糖生成丙酮酸并产生能量的过程。该途径广泛存在于动物、植物、微生物中。

4. 发酵（fermentation） 广义的发酵，泛指一切利用微生物进行生产的过程，多指传统的与实际生产有关的工业化生产，多是好氧过程，如氨基酸发酵、抗生素发酵、单细胞蛋白质生产等。微生物生理学上的发酵，是指微生物细胞将有机物氧化释放的电子直接交给底物本身未完全氧化的某种中间产物，同时释放能量并产生各种不同的代谢产物的过程。

5. 底物水平磷酸化（substrate-level phosphorylation） 一种产生ATP等高能化合物的方式，即物质在生物氧化过程中常生成一些含有高能键的化合物，这些高能化合物可以直接偶联ATP或GTP的合成。底物水平磷酸化可以存在于发酵过程中，也可以存在于呼吸过程中，但产生能量相对较少。

6. 乙醇发酵（alcoholic fermentation） 葡萄糖在酵母和某些细菌［八叠球菌（*Sarcina*）、肠杆菌（Enterobacteriaceae）］中经EMP途径，或者在某些细菌［发酵单胞菌（*Zymomonas*）］中经ED途径降解成丙酮酸，进一步生成乙醛，乙醛还原生成乙醇。

7. 乳酸发酵（lactic acid fermentation） 有两种方式，葡萄糖经EMP途径降解为丙酮酸，丙酮酸在乳酸脱氢酶的作用下被NADH还原为乳酸，终产物只有一种乳酸，称同型乳酸发酵（homolactic fermentation）；葡萄糖经PK、HK或HMP途径降解为丙酮酸，代谢终产物除乳酸外，还有乙醇或乙酸，称异型乳酸发酵（heterolactic fermentation）。

8. 呼吸（respiration） 微生物在降解底物的过程中，将释放出的电子交给$NAD(P)^+$、FAD或FMN等电子载体，再经电子传递系统传给外源电子受体，从而生成水或其他还原型产物并释放出能量的过程。以分子氧作为最终电子受体的称为好氧呼吸（aerobic respiration），以氧化型化合物作为最终电子受体的称为厌氧呼吸（anaerobic respiration）。

9. 电子传递系统（electron transport system） 又称电子传递链或呼吸链。一系列膜相关电子载体，把电子传递给最终电子受体，除了泛醌之外，电子载体在膜上的排列顺序为还原电位最负到最正。一般电子传递系统的组成及电子传递方向为：NAD（P）→FP（黄素蛋白）→FeS（铁硫蛋白）→CoQ（辅酶Q）→cyt b→cyt c→cyt a→cyt a_3。

10. 氧化磷酸化（oxidative phosphorylation） 一种产生ATP的方式，即物质在生物氧化过程中形成的NAD（P）H和$FADH_2$，通过电子传递系统将电子传递给氧或其他氧化性化合物，并偶联着ATP的合成。

11. 巴斯德效应（Pasteur effect） 在厌氧条件下，向高速发酵的培养基中通入氧气，由于微生物转向好氧呼吸，则葡萄糖消耗减少，发酵产物积累被抑制的现象。

12. 反硝化作用（denitrification） 又称硝酸盐呼吸（nitrate respiration），以硝酸盐或亚硝酸盐为电子受体进行的厌氧呼吸，此过程中硝酸盐还原形成气态产物N_2O、N_2。

13. 同化型硝酸盐还原（assimilative nitrate reduction） 在厌氧或好氧条件下，某些兼性厌氧细菌还原硝酸盐为亚硝酸盐，进一步转变成铵，作为氮源被细胞利用。

14. 异化型硝酸盐还原（dissimilartive nitrate reduction） 硝酸盐作为最终电子受体被还原成亚硝酸盐，分泌到细胞外或形成N_2被释放。在这个过程中，硝酸盐只作为电子受体，用于生物氧化产能，而不作为细胞氮源。

15. Stickland反应（Stickland reaction） 某些微生物利用氨基酸作为碳源、能源和

氮源。以一种氨基酸作为供氢体而氧化，另一种氨基酸作为电子受体被还原的生物氧化产能方式，产能效率低，每分子氨基酸产生1分子ATP。

16. 化能自养菌（chemoautotrophs） 利用无机物（NH_4^+、NO_2^-、H_2S、S^0、H_2和Fe^{2+}等）氧化放出的化学能作为能源，以CO_2或碳酸盐作为唯一碳源或主要碳源，可以在完全无机的条件下生长的细菌，一般为好氧菌。

17. 不产氧光合作用（anoxygenic photosynthesis） 光合细菌所特有的、没有氧气生成的光合作用，具有三种类型：只有一个光反应中心的紫色细菌环式光合磷酸化和绿硫细菌的非环式光合磷酸化，以及一种只存在于嗜盐菌中嗜盐细菌紫膜进行的光合作用。

18. 产氧光合作用（oxygenic photosynthesis） 绿色植物、藻类和蓝细菌所共有。光能驱动下，电子从光反应中心Ⅰ（PS Ⅰ）的叶绿素a出发，通过电子传递链，连同光反应中心Ⅱ（PS Ⅱ）水的光解生成的H^+，生成还原力；光反应中心Ⅱ（PS Ⅱ）由水的光解产生氧气和电子，电子通过电子传递链，传给光反应中心Ⅰ（PS Ⅰ），期间生成ATP。

19. 紫膜光合磷酸化（photophosphorylation by purple membrane） 目前只在嗜盐菌中发现。紫膜由细菌视紫红质蛋白和类脂组成，细菌视紫红质蛋白功能与叶绿素相似，能吸收光能，并在光量子驱动下起着质子泵的作用，将质子泵出紫膜外，从而形成紫膜内外的质子梯度差（质子动势），驱使ATP的形成。

20. 代谢补偿途径（replenishment pathway） 或称代谢物回补顺序（anaplerotic sequence），是指能补充两用代谢途径中因合成代谢而消耗的中间代谢产物的那些反应。如微生物特有的乙醛酸循环。

21. 初级代谢（primary metabolism） 微生物细胞从外界吸收营养物质，通过分解代谢和合成代谢，生成维持生命活动所必需的物质和能量的过程。

22. 次级代谢（secondary metabolism） 微生物在一定的生长时期，以初级代谢产物为前体，合成一些对微生物自身生命活动无明确生理功能物质的过程。

23. 变构效应（allosterism） 变构酶的活性可以被小分子激活剂或者抑制剂改变，激活剂或者抑制剂借助于非共价键可逆地同酶蛋白分子上的变构位点相结合引起酶的三维结构的改变，导致酶与底物的结合位点构象发生改变。

24. 反馈抑制（feedback inhibition） 一种酶活性的调节机制。一个代谢途径的终产物积累过量时，终产物通过抑制该代谢途径的定步酶（pacemaker enzyme）活性而抑制自身的合成。

四、习题

❖ 填空题

1. 代谢是细胞内发生的全部生化反应的总称，主要是由________和________两个过程组成。微生物的分解代谢是指细胞降解________成________，并________能量的过程；合成代谢是指细胞利用________合成________，并________能量的过程。
2. 生态系统中，________微生物通过________能直接吸收光能并同化CO_2；________微生物分解有机化合物，通过________产生CO_2。
3. 微生物的4种糖酵解途径中，________是存在于大多数生物体内的一条主流代谢途径；________是存在于某些缺乏完整EMP途径的微生物中的一种替代途径，为微生物所特有；________是产生4碳、5碳等中间产物，为生物合成提供多种前体物质的途径。

4. ________菌和________菌的乙醇发酵是葡萄糖经________途径分解为丙酮酸后，进一步形成乙醛，乙醛还原生成乙醇；________菌的乙醇发酵是利用ED途径分解葡萄糖为丙酮酸，最后生成乙醇。

5. 同型乳酸发酵是指葡萄糖经________途径降解为丙酮酸，丙酮酸在乳酸脱氢酶的作用下被NADH还原为乳酸。异型乳酸发酵可经________、________或________途径分解葡萄糖，代谢终产物除乳酸外，还有________。

6. 微生物在糖酵解生成丙酮酸基础上进行的其他种类的发酵有丁二醇发酵、混合酸发酵、________发酵和________发酵等。丁二醇发酵的主要产物是________，________发酵的主要产物是乳酸、乙酸、甲酸、乙醇。

7. 产能代谢中，微生物通过________磷酸化和________磷酸化将某种物质氧化而释放的能量储存在ATP等高能分子中，光合微生物则通过________磷酸化将光能转变成为化学能储存在ATP中。________磷酸化既存在于发酵过程中，也存在于呼吸作用过程中。

8. 呼吸与发酵的根本区别是呼吸作用中电子载体不是将电子直接传递给底物降解的中间产物，而是交给________系统，逐步释放出能量后再交给________。

9. 巴斯德效应是发生在很多微生物中的现象，当微生物从________转换到________下，糖代谢速率________，这是因为________比发酵作用更加有效地获得能量。

10. 厌氧呼吸的最终电子受体不是氧，而是外源电子受体，像NO_3^-、NO_2^-、SO_4^{2-}、$S_2O_3^{2-}$、CO_2等无机化合物，或________等有机化合物。

11. 化能自养微生物氧化________而获得能量和还原力。能量的产生是通过________磷酸化形式，电子受体通常是O_2。电子供体是________、________、________和________，还原力的获得是逆电子传递链的方向进行传递，________能量。

12. 光合作用是指将光能转变成化学能并固定CO_2的过程。光合作用的过程可分成两部分：在________中光能被捕获并被转变成化学能，然后在________中还原或固定CO_2合成细胞物质。

13. 微生物有两种同化CO_2的方式：________和________。自养微生物固定CO_2的途径主要有3条：卡尔文循环途径，可分为________、________和________3个阶段；逆向三羧酸循环途径中，多数酶与正向三羧酸循环途径相同，只有依赖于ATP的________是个例外；羟基丙酸途径存在于一些绿色非硫光合细菌和非光合作用的超嗜热古生菌中，________被羧化两次生成________，最后生成乙醛酸和乙酰CoA，乙醛酸进一步转化为细胞物质。

14. *Staphylococcus aureus*肽聚糖合成分为3个阶段：细胞质中合成的________，在细胞膜中进一步合成________，然后在细胞膜外壁引物存在下合成肽聚糖。青霉素在细胞膜外抑制________的活性从而抑制肽聚糖的合成。

15. 微生物将空气中的N_2还原为NH_3的过程为________。该过程中根据微生物和其他生物之间相互的关系，固氮体系可以分为________、________和________3种。

16. 固氮酶包括2种组分：组分Ⅰ是________，是一种________；组分Ⅱ是________，是一种________。组分Ⅰ、组分Ⅱ单独存在时都没有活性，只有形成复合体后才有固氮酶活性。

17. 次级代谢是微生物生长至________到________，以________为前体，合成一些对微生物自身生命活动无明确生理功能的物质的过程。次级代谢产物大多是分子结构比较复杂的化合物，如________、________、________、________、________及________等多种类别。
18. 代谢调控发生在两种水平：________和________。
19. 分支代谢途径中酶活性的反馈抑制可以有不同的方式，常见的方式是________、________、________、________等。
20. 酶的共价修饰是酶活性调节的一种方式。小分子修饰基团的共价结合改变了________，影响了酶的催化活性。如酶与________、________、________和________的结合。

选择题（4个答案选1）

1. 化能自养微生物的能量来源于（　　）。
（1）有机物　（2）还原态无机化合物
（3）氧化态无机化合物　（4）日光
2. 下列葡萄糖生成丙酮酸的糖酵解途径中，（　　）是最普遍的、存在于大多数生物体内的一条主流代谢途径。
（1）EMP途径　（2）HMP途径　（3）ED途径　（4）WD途径
3. 下列葡萄糖生成丙酮酸的糖酵解途径中，（　　）是存在于某些缺乏完整EMP途径的微生物中的一种替代途径，产能效率低，为微生物所特有。
（1）EMP途径　（2）HMP途径　（3）ED途径　（4）WD途径
4. 酵母菌和运动发酵单胞菌乙醇发酵的区别是（　　）。
（1）糖酵解途径不同　（2）发酵底物不同
（3）丙酮酸生成乙醛的机制不同　（4）乙醛生成乙醇的机制不同
5. 同型乳酸发酵中葡萄糖生成丙酮酸的途径是（　　）。
（1）EMP途径　（2）HMP途径　（3）ED途径　（4）WD途径
6. 由丙酮酸开始的其他发酵过程中，主要产物是丁酸、丁醇、异丙醇的发酵是（　　）。
（1）混合酸发酵　（2）丙酸发酵　（3）丁二醇发酵　（4）丁酸发酵
7. ATP或GTP的生成与高能化合物的酶催化转换相偶联的产能方式是（　　）。
（1）光合磷酸化　（2）底物水平磷酸化
（3）氧化磷酸化　（4）化学渗透假说
8. 下列代谢方式中，能量获得最有效的方式是（　　）。
（1）发酵　（2）好氧呼吸　（3）厌氧呼吸　（4）化能自养
9. 卡尔文循环途径中CO_2固定（羧化反应）的受体是（　　）。
（1）核酮糖-5-磷酸　（2）核酮糖-1，5-二磷酸
（3）3-磷酸甘油醛　（4）3-磷酸甘油酸
10. CO_2固定的逆向三羧酸循环途径中，多数酶与正向三羧酸循环途径相同，只有依赖于ATP的（　　）是个例外。
（1）柠檬酸合成酶　（2）柠檬酸裂解酶
（3）异柠檬酸脱氢酶　（4）琥珀酸脱氢酶
11. 青霉素抑制金黄色葡萄球菌肽聚糖合成的（　　）。
（1）细胞膜外的转糖基酶　（2）细胞膜外的转肽酶

（3）细胞质中的“Park”核苷酸合成　　（4）细胞膜中肽聚糖单体分子的合成

12. 不能用于解释好氧性固氮菌固氮酶的抗氧机制的是（　　）。
（1）呼吸保护作用　　（2）构象保护
（3）膜的分隔作用　　（4）某些固氮酶对氧气不敏感

13. 以下哪个描述不符合次级代谢及其产物（　　）。
（1）次级代谢的生理意义不像初级代谢那样明确
（2）次级代谢产物的合成不受细胞的严密控制
（3）发生在对数生长期后期至稳定期
（4）质粒与次级代谢的关系密切

14. 下列（　　）属于产氧型的光合作用。
（1）蓝细菌的非环式光合磷酸化　　（2）绿硫细菌的非环式光合磷酸化
（3）紫色细菌的环式光合磷酸化　　（4）嗜盐细菌的光合磷酸化

15. 下面对于好氧呼吸的描述（　　）是正确的。
（1）电子供体和电子受体都是无机化合物
（2）电子供体和电子受体都是有机化合物
（3）电子供体是无机化合物，电子受体是有机化合物
（4）电子供体是有机化合物，电子受体是无机化合物

16. 厌氧呼吸最终电子受体是（　　）。
（1）还原型无机化合物　　（2）氧化型无机化合物
（3）某些有机化合物　　（4）氧化型无机化合物和少数有机化合物

17. 厌氧微生物进行呼吸吗？（　　）
（1）可进行呼吸，但是不利用氧气
（2）不可进行呼吸，因为呼吸过程需要氧气
（3）不可进行呼吸，因为它们利用光合成作用生成所需ATP
（4）不可进行呼吸，因为它们利用糖酵解作用产生所需ATP

18. 糖类是微生物重要的能源和碳源，通常（　　）被异养微生物优先利用。
（1）甘露糖和蔗糖　　（2）葡萄糖和果糖　　（3）乳糖　　（4）半乳糖

19. 延胡索酸呼吸中，（　　）是末端氢受体。
（1）琥珀酸　　（2）延胡索酸　　（3）甘氨酸　　（4）苹果酸

20. 硝化细菌是（　　）。
（1）化能自养菌，氧化氨生成亚硝酸获得能量
（2）化能自养菌，氧化亚硝酸生成硝酸获得能量
（3）化能异养菌，以硝酸盐为最终的电子受体
（4）化能异养菌，以亚硝酸盐为最终的电子受体

是非题

1. 厌氧呼吸和好氧呼吸一样也需要细胞色素等电子传递体，也能产生较多的能量用于生命活动，但由于部分能量随电子转移传给最终电子受体，所以厌氧呼吸生成的能量不如好氧呼吸产生的多。
2. CO_2是自养微生物的唯一碳源，异养微生物不能利用CO_2作为辅助的碳源。

3. 由于微生物的固氮酶对氧气敏感，不可逆失活，所以固氮微生物一般都是厌氧或兼性厌氧菌。
4. 支持细胞大量生长的碳源，可能会变成次级代谢的阻遏物。
5. 光能营养微生物的光合磷酸化没有水的光解，不产生氧气。
6. 次级代谢的生理意义不像初级代谢那样明确，次级代谢产物不是生长繁殖必需的。
7. 目前知道的所有固氮微生物都属于原核生物和古生菌类。
8. Stickland反应对生长在厌氧和蛋白质丰富环境中的微生物非常重要，使其可以利用氨基酸作为碳源、能源和氮源。
9. 当从厌氧条件转换到有氧条件时，微生物转向好氧呼吸，糖分解代谢速率加快。
10. 反硝化作用是化能自养微生物以硝酸盐或亚硝酸盐为电子受体进行的厌氧呼吸。
11. 由于蓝细菌的光合作用产生氧气，所以蓝细菌通常都不具有固氮作用。
12. 底物水平磷酸化只存在于发酵过程中，不存在于呼吸作用过程中。
13. 底物水平磷酸化既存在于发酵过程中，也存在于呼吸作用过程中。
14. 发酵作用的最终电子受体是有机化合物，呼吸作用的最终电子受体是无机化合物。
15. 氧化磷酸化只存在于好氧呼吸作用中，不存在于发酵作用和厌氧呼吸作用中。
16. 发酵作用是专性厌氧菌或兼性厌氧菌在无氧条件下的一种有机物生物氧化形式，其产能机制都是底物水平磷酸化反应。
17. 延胡索酸呼吸中，琥珀酸是末端氢受体延胡索酸还原后生成的还原产物，不是一般的中间代谢产物。
18. 自养微生物同化CO_2需要大量能量，能量来自于光能或无机物氧化、有机物氧化所得的化学能。
19. CO_2固定的途径中，卡尔文循环途径存在于绿色植物、藻类、蓝细菌和几乎所有的自养型微生物包括光能自养和化能自养微生物中，而逆向三羧酸途径和羟基丙酸途径只在某些古生菌和光合细菌中被发现。
20. 青霉素抑制肽聚糖分子中肽桥的生物合成，因此对于生长旺盛的细胞具有明显的抑制作用，而对于休止细胞无抑制作用。

❖ 问答题

1. 比较酵母菌和细菌的乙醇发酵。
2. 试比较底物水平磷酸化、氧化磷酸化和光合磷酸化中ATP的产生方式。
3. 什么是厌氧呼吸？比较厌氧呼吸和好氧呼吸产生能量的多少，并说明原因。
4. 比较自生和共生固氮体系及其微生物类群。
5. 比较光营养微生物中光合作用的类型。
6. 简述化能自养微生物的生物氧化作用。
7. 说明革兰氏阳性菌细胞肽聚糖合成过程以及青霉素的抑菌机制。
8. 蓝细菌是一类放氧性光合生物，又是一类固氮菌，说明其固氮酶的抗氧保护机制。
9. 说明微生物的次级代谢及其特点。如何利用次级代谢的诱导调节机制及氮和磷调节机制来提高抗生素产量？
10. 请解释为什么CO_2不能作为能源？当它作为电子受体时，接受电子后通常会转换成什么物质？

11. 与高等动、植物相比，微生物代谢的多样性表现在哪些方面?
12. 如何利用代谢调控理论提高微生物发酵产物的产量?
13. 如何利用营养缺陷突变株提高赖氨酸产量?
14. 酵母突变株的糖酵解途径中，从乙醛到乙醇的路径被阻断，它不能在无氧条件下的葡萄糖平板上生长，但可在有氧条件下的葡萄糖平板上存活。试解释这一现象。
15. 发酵产物能用于细菌鉴定吗?如果能，请举例说明。
16. 论述不同微生物在不同条件下，丙酮酸的去向。

五、习题解答

填空题

1. 分解代谢　合成代谢　大分子物质　小分子物质　产生　小分子物质　大分子物质　消耗　2. 光能自养　光合作用　异养　呼吸作用　3. EMP　ED　HMP　4. 酵母菌　八叠球菌　EMP　运动发酵单胞菌　5. EMP　PK　HK　HMP　乙醇或乙酸　6. 丙酸　丁酸　2，3-丁二醇　混合酸　7. 底物水平　氧化　光合　底物水平　8. 电子传递　最终电子受体　9. 厌氧条件　有氧条件　降低　好氧呼吸　10. 延胡索酸　11. 无机物　氧化　H_2　NH_4^+　H_2S　Fe^{2+}　消耗　12. 光反应　暗反应　13. 自养式　异养式　CO_2的固定（羧化反应）　被固定CO_2的还原（还原反应）　CO_2受体的再生　柠檬酸裂解酶　乙酰CoA　甲基丙二酰CoA　14. “Park”核苷酸（UDP-*N*-乙酰胞壁酸五肽）　肽聚糖单体分子　转肽酶　15. 生物固氮　共生固氮体系　自生固氮体系　联合固氮体系　16. 固氮酶　钼铁蛋白　固氮酶还原酶　铁蛋白　17. 对数生长期后期　稳定期　初级代谢产物　抗生素　激素　生物碱　毒素　色素　维生素　18. 酶活性的调节　酶合成的调节　19. 顺序反馈抑制　协同反馈抑制　同工酶　组合激活和抑制　20. 酶蛋白的构象　磷酸　腺嘌呤单核苷酸（AMP）　腺嘌呤双核苷酸（ADP）　甲基化基团

选择题

1.（2）	2.（1）	3.（3）	4.（1）	5.（1）	6.（4）	7.（2）
8.（2）	9.（2）	10.（2）	11.（2）	12.（4）	13.（2）	14.（1）
15.（4）	16.（4）	17.（1）	18.（2）	19.（2）	20.（2）	

是非题

1. √	2. ×	3. ×	4. √	5. ×	6. √	7. √
8. √	9. ×	10. √	11. ×	12. ×	13. √	14. ×
15. ×	16. √	17. √	18. ×	19. √	20. √	

问答题

1. 主要差别是葡萄糖生成丙酮酸的途径不同。酵母菌和某些细菌（胃八叠球菌、肠杆菌）的菌株通过EMP途径生成丙酮酸，而某些细菌（运动发酵单胞菌、厌氧发酵单胞菌）的菌株通过ED途径生成丙酮酸。丙酮酸之后的途径完全相同。

2. 底物水平磷酸化，发酵过程中往往伴随着一些高能化合物的生成，如EMP途径中的1，3–二磷酸甘油酸和磷酸烯醇式丙酮酸。这些高能化合物可以直接偶联ATP或GTP的生成。底物水平磷酸化可以存在于发酵过程中，也可以存在于呼吸过程中，但产生能量相对较少。

   氧化磷酸化，在糖酵解和三羧酸循环过程中，形成的NAD（P）H和$FADH_2$，通过电子传递系统将电子传递给电子受体（氧或其他氧化性化合物），同时偶联ATP合成的生物过程。

   光合磷酸化，光能转变成化学能的过程。当一个叶绿素（或细菌叶绿素）分子吸收光量子时，叶绿素（或细菌叶绿素）即被激活，导致叶绿素（或细菌叶绿素）分子释放一个电子被氧化，释放出的电子在电子传递系统的传递过程中逐步释放能量，偶联ATP的合成。主要分为光合细菌所特有的环式光合磷酸化和绿色植物、藻类和蓝细菌所共有的产氧型非环式光合磷酸化作用。

3. 厌氧呼吸是微生物在降解底物的过程中，将释放出的电子交给$NAD(P)^+$、FAD或FMN等电子载体，再经电子传递系统传给作为最终电子受体的氧化型化合物，从而生成还原型产物并释放出能量的过程。一般电子传递系统的组成及电子传递方向为：

   NAD（P）→FP（黄素蛋白）→FeS（铁硫蛋白）→CoQ（辅酶Q）→cyt b→cyt c→cyt a→cyt a_3。厌氧呼吸的最终电子受体不是氧，而是像NO_3^-、NO_2^-、SO_4^{2-}、$S_2O_3^{2-}$、CO_2或延胡索酸（fumarate）等外源受体，氧化还原电位差都小于氧气，所以生成的能量不如好氧呼吸产生的多。

4. 共生固氮体系：

   根瘤菌（*Rhizobium*）与豆科植物共生；

   弗兰克氏菌（*Frankia*）与非豆科植物共生；

   蓝细菌（cyanobacteria）与某些植物共生；

   蓝细菌与某些真菌共生。

   自生固氮体系：

   好氧自生固氮菌（*Azotobacter, Azotomonas*，等）；

   厌氧自生固氮菌（*Clostridium*，等）；

   兼性厌氧自生固氮菌（*Bacillus, Klebsiella*，等）；

   大多数光合菌（蓝细菌，光合细菌）。

5.

光能营养型生物
- 产氧（非环式光合磷酸化）
  - 真核生物：藻类及其他绿色植物
  - 原核生物：蓝细菌
- 不产氧（仅原核生物有）：
  - ① 光合细菌：环式光合磷酸化；
  - ② 绿硫细菌的非环式光合磷酸化；
  - ③ 嗜盐细菌的光合磷酸化：一种只有嗜盐菌才有的，无叶绿素或细菌叶绿素参与的独特的光合作用。是目前所知的最简单的光合磷酸化。嗜盐细菌紫膜上的细菌嗜紫红质吸收光能后，在膜内外建立质子浓度差

非环式光合磷酸化是绿色植物、藻类和蓝细菌所共有的产氧型光合作用。光能驱动

下，电子从光反应中心Ⅰ（PS Ⅰ）的叶绿素a出发，通过电子传递链，连同光反应中心Ⅱ（PS Ⅱ）水的光解生成的H^+，生成还原力；光反应中心Ⅱ（PS Ⅱ）由水的光解产生氧气和电子，电子通过电子传递链，传给光反应中心Ⅰ（PS Ⅰ），期间生成ATP。环式光合磷酸化为光合细菌所特有。光能驱动下，电子从菌绿素分子出发，通过电子传递链的循环，又回到菌绿素，期间产生ATP，还原力来自环境中的无机化合物供氢，不产生氧气。

有些光合细菌虽只有一个光合系统，但也以非环式光合磷酸化的方式合成ATP，如绿硫细菌和绿色细菌，从光反应中心释放出的高能电子经铁硫蛋白、铁氧还蛋白、黄素蛋白，最后用于还原NAD^+生成NADH。反应中心的还原依靠外源电子供体如S^{2-}、$S_2O_3^{2-}$等。外源电子供体在氧化过程中放出电子，经电子传递系统传给失去了电子的光合色素，使其还原，同时偶联ATP的生成。

嗜盐古生菌的光合磷酸化是一种只有嗜盐古生菌才有的，无叶绿素或细菌叶绿素参与的独特的光合作用。是目前所知的最简单的光合磷酸化。嗜盐古生菌紫膜上的细菌嗜紫红质吸收光能后，在膜内外建立质子浓度差，再由它来推动ATP酶合成ATP。

6. 化能自养微生物氧化无机物而获得能量和还原力。能量的产生是通过电子传递链的氧化磷酸化形式，电子受体通常是O_2，因此，化能自养菌一般为好氧菌。电子供体是H_2、NH_4^+、H_2S和Fe^{2+}，还原力的获得是逆电子传递链的方向进行传递，同时需要消耗能量。

（1）氨的氧化　NH_3和亚硝酸（NO_2^-）是作为能源的最普通的无机氮化合物，能被亚硝化细菌和硝化细菌氧化。

（2）硫的氧化　硫杆菌能够利用一种或多种还原态或部分还原态的硫化合物（包括硫化物、元素硫、硫代硫酸盐、多硫酸盐和亚硫酸盐）作能源。H_2S首先被氧化成元素硫，随之被硫氧化酶和细胞色素系统氧化成亚硫酸盐，放出的电子在传递过程中可以偶联产生ATP。

（3）铁的氧化　从亚铁到高铁的生物氧化，对少数细菌来说也是一种产能反应，但这个过程只有少量的能量被利用。亚铁的氧化仅在嗜酸性的氧化亚铁硫杆菌（*Thiobacillus ferrooxidans*）中进行了较为详细的研究。在低pH环境中这种细菌能利用亚铁氧化释放出的能量生长，在该菌的呼吸链中发现了一种含铜蛋白（rusticyanin），它与几种细胞色素c和一种细胞色素a氧化酶构成电子传递链。

（4）氢的氧化　氢细菌能利用分子氢氧化产生的能量同化CO_2，也能利用其他有机物生长。氢细菌的细胞膜上有泛醌、维生素K_2及细胞色素等呼吸链组分。在这类细菌中，电子直接从氢传递给电子传递系统，电子在呼吸链传递过程中产生ATP。

7. 革兰氏阳性菌肽聚糖合成的3个阶段（图5-10）

（1）细胞质中的合成

① 葡萄糖→*N*-乙酰葡糖胺-UDP（G-UDP）→*N*-乙酰胞壁酸-UDP（M-UDP）。

② M-UDP→“Park”核苷酸，即UDP-*N*-乙酰胞壁酸五肽。

（2）细胞膜中的合成　“Park”核苷酸→肽聚糖单体分子。

（3）细胞膜外的合成　青霉素抑制转肽酶。青霉素是肽聚糖单体五肽尾末端的D-丙氨酸-D-丙氨酸的结构类似物，两者竞争转肽酶的活力中心。

8. 有两种特殊的保护系统：（1）分化出异形胞，其中缺乏光反应中心Ⅱ，异形胞的呼吸强度大于正常细胞，其超氧化物歧化酶的活性高。（2）非异形胞的保护方式，①时间上的分隔保护，白天光合作用，晚上固氮作用；②群体细胞中的某些细胞失去光反应中心Ⅱ，而进行固氮作用；③提高过氧化物酶和超氧化物歧化酶的活性来除去有毒氧化物。
9. 相对于初级代谢而言，一般认为，微生物在一定的生长时期，以初级代谢产物为前体，合成一些对微生物自身生命活动无明确生理功能的物质的过程，称为次级代谢。这一过程形成的产物，即为次级代谢产物。次级代谢产物大多是分子结构比较复杂的化合物。根据其作用，可将其分为抗生素、激素、生物碱、毒素、色素及维生素等多种类别。次级代谢特点：

   （1）次级代谢的生理意义不像初级代谢那样明确。

   （2）次级代谢与初级代谢关系密切，初级代谢的关键性中间产物往往是次级代谢的前体。

   （3）次级代谢一般发生在菌体对数生长期后期至稳定期，也会受到环境条件的影响。次级代谢产物的合成受培养基组成的影响较大。

   （4）次级代谢产物的合成，因菌株不同而异，但与分类地位无关，两种完全不同来源的微生物可以产生同一种次级代谢产物。

   （5）质粒与次级代谢的关系密切，控制着多种抗生素的合成。

   （6）次级代谢产物的合成通常被细胞严密控制，有些调控机制和初级代谢一样，包括细胞的腺苷酸能值EC和碳代谢阻遏。支持细胞大量生长的碳源，可能会变成阻遏物。
10. CO_2中的碳原子的化合价为+4，为最高氧化态，不能再进行氧化产生能量；当得到电子后，经过卡尔文循环生成$[CH_2O]_n$化合物。
11. 微生物代谢的多样性表现在代谢类型的多样性，可以从对底物利用、能量产生以及代谢产物等方面进行理解。微生物可以利用不同的化合物如有机物和无机物进行生长，而通常以糖作为其最适生长碳源。微生物能以不同代谢途径分解葡萄糖及其他糖，对葡萄糖的糖酵解除了具有动、植物一般的代谢途径如EMP途径、HM途径外，还有一些独特的途径如ED途径、PK途径或HK途径等；微生物能量产生的多样性，如光合磷酸化、底物水平磷酸化、氧化磷酸化等；微生物代谢产物的多样性，如乙醇发酵、乳酸发酵、丙酮-丁醇发酵、混合酸发酵。微生物还有一些独特的代谢类型，如生物固氮、沼气发酵等。
12. 利用代谢调控理论提高微生物发酵产物产量，常采用的手段包括：利用营养缺陷型、结构类似物抗性突变株、营养缺陷型和结构类似物抗性突变株、改变细胞膜的通透性等措施。
13. 在微生物中，以天冬氨酸为原料，通过分支代谢合成赖氨酸、苏氨酸和甲硫氨酸（图5-12）。为了解除正常的代谢调节以获得赖氨酸的高产菌株，工业上选育了谷氨酸棒杆菌（*Corynebacterium glutamicum*）的高丝氨酸缺陷型菌株作为赖氨酸的发酵菌种。这个菌种由于不能合成高丝氨酸脱氢酶（HSDH），故不能合成高丝氨酸，也就不能产生苏氨酸和甲硫氨酸。在添加适量高丝氨酸（或苏氨酸和甲硫氨酸）的条件下，在含有较高糖和铵盐的培养基上，能产生大量的赖氨酸。

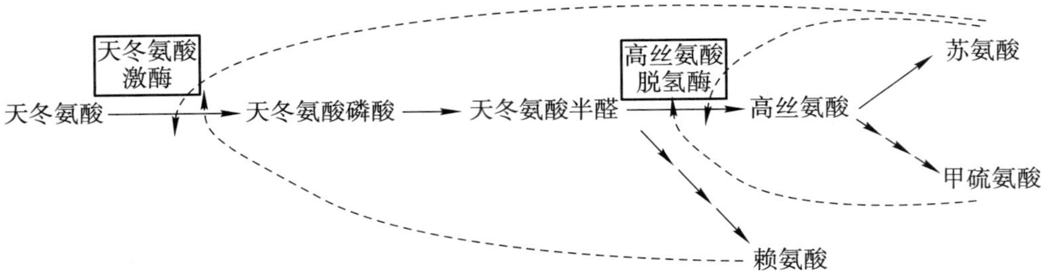

图5-12 谷氨酸棒杆菌分支代谢合成赖氨酸、苏氨酸和甲硫氨酸

14. 酵母突变株的糖酵解途径中，从乙醛到乙醇的路径被阻断，在厌氧条件下，产生的还原力NADH，用于还原磷酸羟基丙酮生成磷酸甘油，进而水解成甘油，当甘油达到一定浓度，能够抑制菌体生长。在有氧条件下，糖酵解途径中产生的还原力NADH的电子传递给氧，而生成的NAD^+能够继续接受电子，使得反应循环进行下去，故表现酵母菌在葡萄糖平板上存活。
15. 发酵产物能用于细菌鉴定。许多细菌，特别是肠杆菌科中的细菌可以将丙酮酸转变成甲酸和其他产物，又称甲酸发酵。大肠杆菌丙酮酸裂解生成乙酰CoA与甲酸，甲酸在酸性条件下可进一步裂解生成H_2和CO_2；志贺氏菌不能使甲酸裂解产生H_2和CO_2，由此可通过糖发酵实验将两者区别，还可以通过甲基红实验和V-P实验区别产气杆菌和大肠杆菌。
16. 微生物糖酵解的中间产物是丙酮酸，在有氧条件下，经过TCA循环，进行好氧呼吸，丙酮酸彻底氧化，产生CO_2和大量能量；当有氧化型化合物时，可进行厌氧呼吸，并通过电子传递链产生能量；在无外源电子受体时，即在无氧条件下，进行厌氧发酵作用，产生各种代谢产物。

六、主要参考书目

1. 周德庆. 微生物教程. 3版. 北京：高等教育出版社，2011
2. Prescott L M，Harley J P，Klein D A. 微生物学. 5版. 中文版. 沈萍，彭珍荣，译. 北京：高等教育出版社，2003
3. Waites M J，Morgan N L，Rockey J S，et al.Industrial Microbiology：An Introduction.Part 1：Microbial physiology. London：Blackwell Science Ltd，2001
4. Madigan M T，Martinko J M，Dunlap P V，et al. Brock Biology of Microorganisms. 12th ed. San Francisco: Pearson education Inc，2009

（肖敏　孔健）

第6章

微生物的生长繁殖及其控制

一、要点提示

1. 微生物个体生长是细胞物质按比例不可逆地增加从而使细胞体积增大的过程；繁殖是生长到一定阶段后，通过特定方式产生新的生命个体，使个体数量增加的生物学过程。微生物特别是细菌的生长与繁殖两个过程很难绝对分开，接种时往往是接种成千上万的群体数量，因此微生物的生长一般是指群体生长。群体生长是细胞数量或细胞物质量的增加。

2. 在封闭系统中，液体培养的微生物的群体生长可用生长曲线来表示。一条典型的生长曲线可分为：迟缓期、对数生长期、稳定生长期和衰亡期4个生长时期。生长的数学模型和参数对于微生物的理论研究和实际应用都非常重要。

3. 采用机械方法和环境条件控制技术可以获得同步培养，同步培养能使群体中不同步的细胞转变成能同时进行生长或分裂的群体细胞。通过及时补充营养物质和及时取出培养物或减少代谢产物，导致对数生长期或稳定生长期相应延长可达到连续培养的目的。在培养过程中通过控制培养基中某种必需营养物质浓度以保持该营养物质浓度恒定，从而使细菌的比生长速率恒定、细菌生长不断进行的培养方式称为恒化器连续培养。通过连续培养装置中的光电系统控制培养液中的菌浓度，以保持菌浓度恒定、细菌生长连续进行的培养方法称为恒浊器连续培养。

4. 微生物生长分别可以用计数法、重量法和生理指标法等3类方法进行测定。以数量变化对微生物生长情况进行测定的方法有：计数板计数、膜过滤计数、稀释倒平板、稀释平板涂布、膜过滤培养和比浊法。

5. 微生物可以通过各种各样的无性或有性的方式进行繁殖。例如：细菌主要是以二分裂方式进行无性繁殖，酵母以出芽或裂殖方式、丝状真菌以无性或有性孢子或以菌丝断裂片段进行繁殖。

6. 每种微生物的生长都有各自的最适条件，包括营养物质的种类和浓度、温度、pH、氧及水活度（或渗透压）等，高于或低于最适要求都会对微生物生长产生影响。

7. 控制微生物的物理因素有：温度、辐射作用、过滤作用、高渗作用、干燥和超声波等。控制微生物的化学物质有：消毒剂和防腐剂、抗生素和抗代谢物等。利用各种化学物质和物理因素可以对微生物生长、繁殖进行有效的控制，对微生物的兴利除害有重要作用。

二、重点、难点剖析

1. 封闭系统中微生物的生长期及特点（表6-1）

表6–1　封闭系统中微生物的生长期及特点

生长期	特　点
迟缓期	① 细胞形态变大或增长，例如巨大芽孢杆菌，在迟缓期末，细胞的平均长度比刚接种时长6倍。一般来说处于迟缓期的细菌细胞体积最大。 ② 细胞内RNA，尤其是rRNA含量增高，合成代谢活跃，核糖体、酶类和ATP的合成加快，易产生诱导酶。 ③ 对外界不良条件反应敏感。 以上特征说明细胞处于活跃生长中，只是分裂迟缓。在此阶段后期，少数细胞开始分裂，曲线略有上升
对数生长期	① 细胞以最大的速率生长和分裂，细胞数量呈指数增加。 ② 细菌生长呈平衡生长，即细胞内各成分按比例有规律地增加，所有细胞组分呈彼此相对稳定速度合成。 ③ 细菌的代谢活性和酶活性高且稳定，细胞大小比较一致，生活力强，在生产上常被广泛地用作“种子”，科研上常将此期细胞作为理想的实验材料
稳定生长期	① 开始储存糖原等内含物。 ② 形成芽孢或建立自然感受态（芽孢杆菌）。 ③ 发酵过程积累代谢产物的重要阶段，某些放线菌抗生素的大量形成也在此时期
衰亡期	① 细菌代谢活性降低。 ② 细菌衰老并出现自溶。 ③ 产生或释放出一些产物，如氨基酸、转化酶、外肽酶或抗生素等。 ④ 菌体细胞呈现多种形态，有时产生畸形，细胞大小悬殊；有些革兰氏染色反应阳性菌此时会变成阴性反应

2. 生长的计算

$\mu = 2.303 \times (\lg N_t - \lg N_0) / (t - t_0)$

$G = 0.693/\mu$

$\quad = (t - t_0) / n$

$n = (\lg N_t - \lg N_0) /0.301$

μ：比生长速率；G：代时；n：世代数；t_0：培养起始时间；t：培养结束时间；N_0：起始细胞数量；N_t：t时的细胞数量。

3. 微生物与氧气的关系（表6–2）

表6–2　微生物与氧气的关系

微生物种类	与氧气的关系	超氧化物歧化酶（SOD）	过氧化氢酶
专性好氧菌（obligate aerobe）	完全依赖空气中的氧生长的微生物	有	有
兼性厌氧菌（facultative anaerobe）	不需要氧、但有氧时能更好地生长的微生物	有	有
微好氧菌（microaerophile）	生长需要的氧浓度低于2%～10%，且空气中的氧浓度（20%）对其有害的微生物	有	有（低水平）
耐氧菌（aerotolerant anaerobe）	尽管生长并不需要氧气，但仍能在有氧的条件下生长的微生物	有	无
专性厌氧菌（obligate anaerobe）	不需要氧、有氧时死亡的微生物	无	无

4. 微生物与温度的关系（表6-3）

表6-3 微生物与温度的关系

微生物种类	生长温度范围
嗜冷菌（嗜冷微生物）(psychrophiles)	0℃能生长，且最适生长温度为15℃的微生物
嗜温菌（嗜温微生物）(mesophiles)	最适生长温度为20～45℃的微生物
嗜热菌（嗜热微生物）(thermophiles)	在55℃或更高温度能生长、最适生长温度为55～65℃的微生物
极端嗜热菌（极端嗜热微生物）(hyperthermophiles)	最适生长温度为80～113℃的微生物

5. 微生物与盐浓度及pH的关系（表6-4）

表6-4 微生物与盐浓度及pH的关系

微生物种类	生长盐浓度或pH范围
嗜盐菌（嗜盐微生物）(halophiles)	高盐环境下（NaCl或其他盐浓度在0.2 mol/L以上）才能生长的微生物
嗜酸菌（嗜酸微生物）(acidophiles)	最适pH为0～5.5的微生物
嗜碱菌（嗜碱微生物）(alkaliphiles)	最适pH为8.5～11.5的微生物
嗜中性菌（嗜中性微生物）(neutrophiles)	最适pH为5.5～8.0的微生物

6. 灭菌除菌方法

利用加热和辐射等物理方法可以对固体进行消毒和灭菌，用加热、辐射和过滤等物理方法可以对液体和气体进行消毒和灭菌。大多数化学试剂难以杀死芽孢，不能用于灭菌，可作为消毒剂、防腐剂处理物品。某一物理或化学因子对微生物的作用效果不是固定不变的，而是受到许多环境因素的影响（表6-5）。

表6-5 常用灭菌方法

<table>
<tr><th colspan="3">灭菌方法</th><th>具体方法</th><th>灭菌效果</th><th>适用对象</th></tr>
<tr><td rowspan="6">物理方法</td><td rowspan="6">加热杀菌</td><td rowspan="4">1.湿热法
优点：
① 较干热法更易于传递热量；
② 较干热法更易破坏保持蛋白质稳定性的氢键等结构</td><td>高压蒸汽灭菌（如121℃，15 min）</td><td>彻底灭菌：杀死细菌的芽孢和营养细胞</td><td>耐热物品如培养基、器皿等</td></tr>
<tr><td>煮沸消毒</td><td>杀死细菌或其他微生物的营养细胞和少部分的芽孢或孢子</td><td>注射器、金属用品、解剖用具等</td></tr>
<tr><td>巴氏消毒法（63℃，15 min）</td><td>杀死多数细菌和真菌的营养细胞</td><td>牛奶、饮料等</td></tr>
<tr><td>超高温灭菌（135～150℃，2～6 s）</td><td>杀死多数细菌和真菌的营养细胞</td><td>牛奶或其他液态食品</td></tr>
<tr><td rowspan="2">2.干热法</td><td>160～170℃，2～3 h</td><td>彻底灭菌</td><td>耐热物品如玻璃器皿等</td></tr>
<tr><td>烧灼或焚烧</td><td>彻底灭菌</td><td>接种环或废弃的污染物品等</td></tr>
</table>

续表

灭菌方法		具体方法	灭菌效果	适用对象
物理方法	过滤除菌	膜滤器除菌	彻底除菌	气体或热敏感的液体物质
	辐射灭菌	紫外辐射	强致死，但不能穿过玻璃	物体表面、空气（生物安全柜、房间）
		电离辐射	穿透力强，能破坏芽孢和营养细胞	抗体、食品、一次性塑料制品
	超声波	超声波处理	杀菌	菌悬液
化学方法		酚类、醇、卤素、重金属、醛、杀菌气体（如环氧乙烷等）处理等	杀死大部分微生物	物体表面、一次性塑料制品等

7. 抗菌药物的作用机制（表6–6）

表6–6　抗菌药物的作用机制

	药物	作用机制
抗菌素	青霉素（penicillin）	抑制细胞壁合成：青霉素β–内酰胺环结构与D–丙氨酸末端结构相似，从而能占据D–丙氨酸的位置与转肽酶结合，使肽聚糖的四肽侧链之间无法彼此连接，抑制了细胞壁的合成，最终导致细胞的渗透裂解
	链霉素（streptomycin）	抑制蛋白质合成：与细菌核糖体的30S亚基结合，抑制蛋白质合成，引起mRNA错读
	四环素（tetracycline）	抑制蛋白质合成：与细菌核糖体的30S亚基结合，干扰氨酰tRNA与核糖体的结合
	氯霉素（chloramphenicol）	抑制蛋白质合成：与细菌核糖体的50S亚基的23S rRNA结合，通过抑制肽酰转移酶阻断肽键形成
	红霉素（erythromycin）	抑制蛋白质合成：与细菌核糖核蛋白体的50S亚基的23S rRNA结合，抑制肽酰转移酶，从而抑制细菌蛋白质的合成
	利福平（rifampicin）	抑制核酸合成：通过结合和抑制DNA依赖的RNA聚合酶，阻断RNA合成
抗代谢物	磺胺类药物（sulfa drug）	代谢拮抗作用：由于很多细菌需要自己合成叶酸而生长，而磺胺是叶酸合成所需的对氨基苯甲酸（PABA）的结构类似物，因而磺胺与PABA竞争性结合叶酸合成相关酶的活性位点，从而阻止细菌叶酸的合成。磺胺对人体细胞无毒性，因为人缺乏叶酸合成相关酶，不能用外界提供的PABA自行合成叶酸，而必须直接利用叶酸为生长因子

三、术语或名词

1. 二分裂（binary fission） 细菌细胞的DNA进行复制后随膜的延长而被分开，同时细胞质被细胞壁膜内陷形成的隔膜分成两部分，从而形成两个相同的个体的分裂方式。

2. 分批培养（batch culture） 是指微生物在封闭系统中进行的培养，培养过程中不对培养基进行更换。

3. 迟缓期（lag phase） 微生物接种到新鲜培养基时，其数量并不立即增加，这个阶段被称为迟缓期，又称为延滞期或延迟期。

4. 对数生长期或对数期（logarithmic phase） 微生物经过迟缓期后，以最大的速度进行生长和分裂，导致微生物数量呈指数增加的时期。在对数生长期微生物各成分按比例有规律地增加，微生物呈平衡生长。对数生长期也称指数生长期或指数期（exponential phase）。

5. 稳定生长期或稳定期（stationary phase） 微生物经过对数生长期后，生长速度降低至零（细菌分裂增加的数量等于细菌死亡数量）的时期。稳定期的微生物数量最大并维持稳定。

6. 衰亡期或死亡期（decline phase or death phase） 稳定期后，由于营养物质的耗尽和有毒代谢产物的大量积累，使微生物死亡速度逐步增加，活细菌减少的时期。

7. 二次生长（diauxic growth） 微生物在同时含有速效碳源（或氮源）和迟效碳源（或氮源）的培养基中生长时，微生物会首先利用速效碳源（或氮源）生长直到该速效碳源（或氮源）耗尽，然后经过短暂的停滞后，再利用迟效碳源（或氮源）重新开始生长。这种两相生长或应答称为二次生长。

8. 倍增时间（doubling time） 群体生长中微生物数量增加一倍所需要的时间称为倍增时间。

9. 代时（generation time） 个体生长中，每个微生物分裂繁殖一代所需的时间称为代时。

10. 比生长速率（specific growth rate） 每单位数量的微生物在单位时间内增加的量。

11. 同步培养（synchronous culture） 使群体中不同步的细胞转变成能同时进行生长或分裂的群体细胞的培养方法称为同步培养。

12. 同步生长（synchronous growth） 以同步培养方法使群体细胞处于同一生长阶段，并同时进行分裂的生长方式。

13. 连续培养（continuous culture） 是指通过在微生物培养过程中不断地补充营养和除去废物来实现微生物的连续生长的培养方法。

14. 恒化器（chemostat） 是一种连续培养装置，使新鲜培养液加入培养容器的速度与含微生物的培养液流出的速度相同，培养液中某种必需的营养物质被作为微生物比生长速率的控制因子。

15. 恒浊器（turbidostat） 是一种连续培养装置，装有光电管，通过调整培养容器中培养液的流量，使培养液浊度或细胞的密度保持不变。

16. 平板计数或菌落计数（plate count or colony count） 将适当稀释的微生物样品涂布到琼脂培养基表面，或用适当稀释的微生物样品与融化的培养基混匀后倒平板，培养后活细胞能形成菌落，通过计算菌落数能知道样品中的活菌数，该方法称为平板计数或菌落计数。

17. 菌落形成单位（colony forming unit，CFU） 采用平板计数或菌落计数时，由于不能绝对保证一个菌落只是由一个活细胞形成，所以将计算出的活细胞数用“菌落形成单位”表示。

18. 显微镜直接计数（direct microscopic count） 利用微生物计数板或血细胞计数板，用显微镜对样品中的微生物进行计数的方法称为显微镜直接计数法。该方法虽然简便直观，但若无特别技术，则不能区分死活细胞的数目。

19. 最适生长温度（optimum growth temperature） 微生物生长速度最快的温度。

20. 超氧化物歧化酶（superoxide dismutase，SOD） 催化超氧化物自由基形成氧和过氧化氢的酶。

21. 过氧化氢酶（catalase） 催化过氧化氢分解形成水和氧气的酶。

22. 灭菌（sterilization） 采用某种方法将物品中包括芽孢在内的所有微生物都杀死或消除。

23. 抑制（inhibition） 采用某种因子使微生物的生长停止，但移去该因子后微生物的生长仍然可以恢复。

24. 消毒（disinfection） 杀死或灭活物质或物体中病原微生物的措施。消毒可起到防止感染或微生物传播的作用。

25. 消毒剂（disinfectant） 用于消毒的化学制剂。一般用于对非生物材料的消毒。

26. 石炭酸系数或酚系数（phenol coefficient） 将某种消毒剂和酚稀释后分别在一定温度下与实验细菌保温处理10 min后，将菌取出培养观察生长情况，能杀死实验细菌的消毒剂的最高稀释倍数与能杀死实验细菌的酚的最高稀释倍数的比值即为酚系数。酚系数可用于判断消毒剂对实验细菌的杀灭效力。酚系数越高，表明消毒剂在该测试条件下的消毒能力越强。

27. 防腐（antisepsis） 采用某些化学或物理方法防止和抑制微生物生长即防腐，用于防止食物腐败或防止其他物质霉变。

28. 防腐剂（antiseptic） 用于防腐的化学制剂。防腐剂的毒性一般小于消毒剂，以避免对动物或人体组织产生毒害作用。

29. 热致死时间（thermal death time） 在一定温度、一定条件下杀死液体中所有微生物的最短时间。

30. 十倍减少时间（decimal reduction time，D） 特定温度下杀死某一样品中90%微生物或孢子及芽孢所需的时间。

31. 高压灭菌（autoclaving） 在高压蒸汽的处理下（通常121℃，15 min）杀死包括芽孢在内的所有微生物的灭菌方法。

32. 巴斯德消毒法（pasteurization） 短时间加热处理以杀死牛奶或饮料中的病原微生物和导致饮料变质的微生物的方法称为巴斯德消毒法。可采用低温巴斯德消毒法（low-temperature holding pasteurization，LTH pasteurization）——63℃处理15～30 min，或使用高温短时（high-temperature，short-time，HTST）处理——71℃处理15 s。也可用超高温（ultra-high-temperature，UHT）处理——141℃处理2 s。

33. 紫外辐射（UV radiation） 波长为10～400 nm（通常采用260 nm）的高能辐射。紫外辐射有较强的致死效应，通常用于对物体表面和空气的灭菌。

34. 选择毒性（selective toxicity） 化疗试剂杀死或抑制病原微生物而对宿主尽可能不产生伤害的性质。

35. 化疗（chemotherapy） 利用具有选择毒性的化学物质杀死生物体内的病原微生物或病变细胞，治疗被微生物感染的病变细胞或组织，但对机体本身无毒害作用的治疗措施。

36. 抗生素（antibiotic） 抗生素是由某些微生物合成或半合成的次级代谢产物或衍生物，能抑制其他微生物生长或杀死其他微生物。

37. 抗代谢物（antimetabolite） 能对代谢的某个关键酶产生竞争抑制而阻断代谢途径的化合物。抗代谢物通常与酶的正常底物或中间产物很类似，它与酶的正常底物或中间产物竞争酶的活性部位使反应停止，从而阻断代谢途径。

38. 抗药性（drug resistance） 微生物通过改变本身生理生化特性而变得对化学药物不敏感，即不被药物抑制生长或不被药物杀死。

39. 相容性溶质（compatible solute） 在环境的渗透压高的情况下，微生物细胞内积累的某些能调整胞内渗透压的物质，这些物质帮助细胞适应外界环境的渗透压的变化，保证细胞进行新陈代谢和生长。

四、习题

填空题

1. 一条典型的生长曲线至少可分为________、________、______和________4个生长时期。
2. 微生物生长的测定方法有________、________和________。而测定微生物数量变化常用的方法有________、________、________、________、________和________。
3. 获得细菌同步生长的方法主要有（1）________和（2）________，其中（1）中常用的有________、________和________。
4. 控制连续培养的方法有________和________。
5. 影响微生物生长的主要因素有________、________、________、________和________等。
6. 对玻璃器皿、金属用具等物品可用________或________进行灭菌；而对牛奶或其他液态食品一般采用________灭菌（填一种方法即可），其温度为________，时间为________。
7. 通常，细菌最适pH的范围为________，酵母菌的最适pH范围为________，霉菌的最适pH范围是________。
8. 杀灭或抑制微生物的物理因素有________、________、________、________、________和________等。
9. 抗生素的作用机制有________、________、________和________。
10. 抗代谢药物中的磺胺类药物是由于与________相似，从而竞争性地与叶酸合成相关酶结合，导致细菌不能合成________而停止生长。

选择题（4个答案选1）

1. 以下哪个特征表示二分裂？（　　）

（1）产生子细胞大小不规则　　（2）隔膜形成后染色体才复制

（3）子细胞含有基本等量的细胞成分　（4）新细胞的细胞壁都是新合成的

2. 代时为0.5 h的细菌由10^3个增加到10^9个时需要多长时间？（　　）

（1）40 h　（2）20 h　（3）10 h　（4）3 h

3. 某细菌2 h中繁殖了5代，该菌的代时是（　　）。

（1）15 min　（2）24 min　（3）30 min　（4）45 min

4. 代时是指（　　）。

（1）培养物从接种到开始生长所需要的时间

（2）从对数生长期结束到稳定期开始的间隔时间

（3）培养物生长的时间

（4）细胞分裂繁殖一代所需要的时间

5. 如果将处于对数生长期的细菌移至相同组分的新鲜培养基中，该批培养物将处于哪个生长期？（　　）

（1）衰亡期　（2）稳定期　（3）延迟期　（4）对数生长期

6. 细菌细胞进入稳定期是由于：①细胞已为快速生长作好了准备；②代谢产生的毒性物质发生了积累；③营养物质消耗；④细胞已衰老且衰老细胞停止分裂；⑤在重新开始生长前需要合成新的蛋白质（　　）。

（1）1，4　（2）2，3　（3）2，4　（4）1，5

7. 对活的微生物进行计数的最准确的方法是（　　）。

（1）比浊法　（2）显微镜直接计数

（3）干细胞重量测定　（4）平板菌落计数

8. 用比浊法测定生物量的特点是（　　）。

（1）只能用于测定活细胞　（2）易于操作且能精确测定少量的细胞

（3）难于操作但很精确　（4）简单快速，但需要大量的细胞

9. 下列哪种保存方法会降低食物的水活度？（　　）

（1）腌肉　（2）巴斯德消毒法　（3）冷藏　（4）酸泡菜

10. 细胞复制时所有的细胞组分都按比例有规律地增加的现象是（　　）。

（1）指数生长　（2）二分裂　（3）最大生长　（4）平衡生长

11. 连续培养时培养物的生物量是由（　　）来决定的。

（1）培养基中限制性底物的浓度　（2）培养罐中限制性底物的体积

（3）温度　（4）稀释率

12. 最适生长温度低于20℃的微生物被称为（　　）。

（1）耐冷菌　（2）嗜温菌　（3）耐热菌　（4）嗜冷菌

13. 过氧化氢酶能解除（　　）的毒性。

（1）超氧化物自由基（2）过氧化物　（3）臭氧　（4）过氧化氢

14. 能导致微生物死亡的化学试剂是（　　）。

（1）抑菌剂　（2）溶菌剂　（3）杀菌剂　（4）（2）和（3）

15. 微生物数量减少90%所需的时间是（　　）。

（1）十倍减少时间　（2）十倍减少值　（3）热致死时间　（4）对数时间

16. 只能用高压灭菌才能杀死的是（　　）。

（1）结核分枝杆菌　（2）病毒　（3）细菌的芽孢　（4）霉菌孢子

17. 常用的高压灭菌的温度是（　　）。
（1）121℃　（2）200℃　（3）63℃　（4）100℃
18. 巴斯德消毒法可用于（　　）的消毒。
（1）啤酒　（2）葡萄酒　（3）牛奶　（4）以上所有
19. 保存冷冻食品的常用温度是（　　）。
（1）4℃　（2）−20℃　（3）−70℃　（4）0℃
20.（　　）能通过抑制叶酸合成而抑制细菌生长。
（1）青霉素　（2）磺胺类药物　（3）四环素　（4）以上所有

是非题

1. 细菌分裂繁殖一代所需时间为倍增时间。
2. 在群体生长的细菌数量增加一倍所需时间为代时。
3. 样品稀释10^{-3}后，从中取出0.1 mL涂布在琼脂平板上培养，长出36个菌落，因此样品中的细菌数为36 000个/mL。
4. 最初细菌数为4个，增殖为128个需经过5代。
5. 一般而言，对数生长期的细菌细胞最大。
6. 一般显微镜直接计数法比稀释平板涂布法测定出的菌数多。
7. 在一密闭容器中接种需氧菌和厌氧菌，需氧菌首先生长。
8. 分子氧对专性厌氧微生物的抑制和致死的原因是这些微生物内缺乏超氧化物歧化酶和过氧化氢酶。
9. 一切好氧微生物都含有超氧化物歧化酶。
10. 分批培养时，细菌首先经历一个适应期，所以细胞数目并不增加，或增加很少。
11. 最低生长温度是指微生物能生长的温度下限。最高生长温度是指微生物能生长的温度上限。
12. 特定温度下杀死某一样品中90%微生物或孢子及芽孢所需的时间为热致死时间。
13. 可采用高压灭菌对抗体进行灭菌。
14. 巴斯德消毒法不能杀死细菌的芽孢。
15. 对热敏感的溶液可采用巴斯德消毒法来灭菌。
16. 腌肉防止肉类腐败的原因是提高了渗透压。
17. 酸泡菜较鲜肉更易受大肠杆菌污染而腐败。
18. 四环素能抑制细菌细胞壁的合成，青霉素能抑制细菌蛋白质的合成。
19. 1∶600稀释时某化学试剂10 min内能杀死的金黄色葡萄球菌与1∶60稀释的石炭酸相同，该化学试剂的石炭酸系数为10。

问答题

1. 封闭系统中微生物的生长经历哪几个生长期？以图表示并指明各期的特点。如何利用微生物的生长规律来指导工业生产？
2. 用比浊法测定细胞数量的方法能测出细菌生长曲线的4个生长期吗？请说明原因。
3. 大肠杆菌在37℃的牛奶中每12.5 min繁殖一代，假设牛奶消毒后，大肠杆菌的含量为1个/100 mL，请问按国家标准（30 000个/mL），该消毒牛奶在37℃下最多可存放多少时间？

4. 与分批培养相比，连续培养有何优点？
5. 说明温度对微生物生长的影响，详述温度对微生物生长影响的具体表现。
6. 详述嗜冷菌、嗜温菌、嗜热菌和极端嗜热菌的不同。
7. 哪几种氧形式对细胞有毒性？微生物细胞具有什么酶来解除氧的毒性？
8. 过滤除菌有些什么方法？哪种方法较为经济实惠？
9. 某同学配制一种含有抗生素的液体培养基，他将培养基组成成分和抗生素按要求含量称取，用水溶解后调好pH，然后进行了高压灭菌（115℃，30 min）。使用后发现对该抗生素敏感的菌株也能在该培养基中生长，请问造成这种结果的原因是什么？
10. 近年来是什么原因导致抗生素不敏感的抗药性菌株的增多？
11. 细菌的生长繁殖与高等动、植物有哪些异同？与丝状真菌又有哪些异同？
12. 试分析影响微生物生长的主要因素及它们影响微生物生长繁殖的机制。
13. 说明测定微生物生长的意义、微生物生长测定方法的原理，并比较各种测定方法的优缺点。
14. 控制微生物生长繁殖的主要方法及原理有哪些？
15. 细菌耐药性机制是哪些？如何避免抗药性的产生？
16. 试举例说明日常生活中采用的防腐、消毒和灭菌的方法及其原理。
17. 某细菌肥料是由相关的不同微生物组成的一个菌群并通过混合培养得到的一种产品。活菌数的多少是质量好坏的一个重要指标之一。但在质量检查中，有时数据相差很大。请分析产生这种现象的原因并提出解决方法。

五、习题解答

填空题

1. 迟缓期　对数生长期　稳定生长期　衰亡期　2. 计数法　重量法　生理指标法　计数板计数　膜过滤计数　稀释倒平板　稀释平板涂布　膜过滤培养　比浊法　3. 机械法　环境条件控制法　离心法　过滤分离法　硝酸纤维素滤膜法　4. 恒浊法　恒化法　5. 营养物质　水活度　温度　pH　氧　6. 高压蒸汽灭菌法　干热灭菌法　超高温灭菌　135～150℃　2～6 s（后面3空可填巴斯德消毒法　63℃　15～30 min等）　7. 6.5～7.5　4.5～5.5　4.5～5.5　8. 温度　辐射作用　过滤　渗透压　干燥　超声波　9. 抑制细菌细胞壁合成　破坏细胞质膜　作用于呼吸链以干扰氧化磷酸化　抑制蛋白质和核酸合成　10. 对氨基苯甲酸　叶酸

选择题

1.（3）	2.（3）	3.（2）	4.（4）	5.（4）	6.（2）	7.（4）
8.（4）	9.（1）	10.（4）	11.（4）	12.（4）	13.（4）	14.（4）
15.（1）	16.（3）	17.（1）	18.（4）	19.（2）	20.（2）	

是非题

1. × 2. × 3. × 4. √ 5. × 6. √ 7. √
8. √ 9. √ 10. √ 11. √ 12. × 13. × 14. √
15. × 16. √ 17. × 18. × 19. √

问答题

1. 细菌生长曲线图参见主教材第6章。封闭系统中微生物的生长经历迟缓期、对数生长期、稳定期和衰亡期等4个生长时期。在迟缓期中细胞体积增大，细胞内RNA、蛋白质含量增高，合成代谢活跃，细菌对外界不良条件反应敏感。在迟缓期细胞处于活跃生长中，但分裂迟缓。在此阶段后期，少数细胞开始分裂，曲线略有上升。对数生长期中细菌以最快的速度生长和分裂，导致细菌数量呈指数增加，细胞内所有成分以彼此相对稳定的速度合成，细菌为平衡生长。由于营养物质消耗，代谢产物积累和环境变化等，群体的生长逐渐停止，生长速率降低至零，进入稳定期。稳定期中活细菌数最高并保持稳定，细菌开始储存糖原等内含物，该期是发酵过程积累代谢产物的重要阶段。营养物质消耗和有害物的积累引起环境恶化，导致活细胞数量下降，进入衰亡期。衰亡期细菌代谢活性降低，细菌衰老并出现自溶，产生或释放出一些产物，菌体细胞呈现多种形态，细胞大小悬殊。
   在工业发酵和科学研究中迟缓期会延长生产周期而产生不利影响，因此需采取必要措施来缩短迟缓期。对数生长期的培养物由于生活力强，因而在生产上普遍用作“种子”。对数生长期的培养物也常常用来进行生物化学和生理学的研究。稳定期是积累代谢产物的重要阶段，如某些放线菌抗生素的大量形成就在此时期，因此如果及时采取措施，补充营养物质或去除代谢产物或改善培养条件，可以延长稳定期以获得更多的菌体或代谢产物。
2. 比浊法能明显测出生长曲线的迟缓期、对数生长期和稳定期，但衰亡期不明显。比浊法原理是：光线照射到细胞上会发生散射，由于细胞个体在大小上基本一致，所以在一定范围内菌悬液中的细胞浓度与浑浊度成正比，即菌浓度与光密度成正比，菌越多，光密度越大。比浊法能明显测出生长曲线的前3个期，但培养物即使进入了衰亡期，很多细胞虽然已死亡但未立即破裂，菌悬液的浊度在一定时间内不会发生明显变化，所以比浊法测不出稳定期与衰亡期明显的转折点。
3. 代时 $G = (t - t_0) / n$

   $= 0.301 \times (t - t_0) / (\lg N_t - \lg N_0)$

   $t - t_0 = (\lg 3\,000\,000 - \lg 1) \times 12.5 / 0.301$

   ≈ 269 (min)

   ≈ 4.5 (h)

   答：最多能存放4.5 h。
4. 由于连续培养时可使微生物的生长一直保持在对数生长期或稳定期，生物量浓度在较长时间内保持恒定，因此与分批培养相比，连续培养能缩短发酵周期，提高设备利用率，便于自动控制，降低动力消耗及体力劳动强度，且产品质量较稳定。
5. 微生物的生长具有很高的温度依赖性，有最低、最适和最高生长温度这几个基本温度。最适温度总是更靠近最高生长温度而不是最低生长温度。温度对微生物生长的影响具体表现在：①影响酶活性，温度变化会影响酶促反应速率，最终影响细胞物质合成。②影响细胞质膜的流动性，温度高则流动性高，有利于物质的运输；温度低则流动性低，不利于物质的运输。因此，温度变化影响营养物质的吸收和代谢物质的分泌。③影响物质的溶解度，温度上升，物质的溶解度升高；温度降低，物质的溶解度降低，机体对物质的吸收和分泌受影响，最终微生物的生长受影响。温度过高时酶和其他蛋白质变性，细胞质膜被破坏，细胞受到损害。温度很低时，细胞质膜冻结，酶也不能迅速工作，因此，在温度高于或低于最适生长温度时微生物生长速度会降低。

6. 嗜冷菌生长的温度范围是0～20℃，最适生长温度为15℃；嗜温菌生长的温度范围是15～45℃，最适生长温度为20～45℃；嗜热菌生长的温度范围是45～80℃，最适生长温度为55～65℃；极端嗜热菌最适生长温度为80～113℃，低于55℃通常不会生长。嗜冷菌的运输系统和蛋白质合成系统在低温下能很好地发挥功能，其细胞膜含有大量的不饱和脂肪酸，能在低温下保持半流质状态。当温度高于20℃时，细胞膜被破坏，细胞内组分流出。嗜热菌具有能在高温条件下发挥功能的酶和蛋白质合成系统，细胞膜脂类物质的饱和程度高，因此熔点高，能在高温下保持细胞完整。

7. 氧气受到辐射可被还原为超氧化物自由基、过氧化氢、羟基自由基等，它们是强氧化剂，能迅速破坏细胞组分。专性好氧和兼性厌氧微生物的细胞中含有超氧化物歧化酶和过氧化氢酶，能破坏超氧化物自由基、过氧化氢。另外，细胞中的过氧化物酶也能催化过氧化氢降解。

8. 过滤除菌方法有3种：深层过滤、膜过滤和核孔过滤。深层过滤器是由纤维或颗粒状物质制成的过滤板层；膜过滤器是由醋酸纤维素、硝酸纤维素或其他合成物质制成的具有微孔的滤膜；核孔过滤器是由核辐射处理后再经化学蚀刻的薄聚碳酸胶片制成。深层过滤较为经济实惠，多用于工业发酵，后两种方法主要用于科学研究。

9. 由于抗生素是热敏感物质，高压蒸汽灭菌时的高温会使其失效，所以导致对该抗生素敏感的菌株也能生长。配制含抗生素的培养基的正确方法是：将培养基配好后高压蒸汽灭菌，而抗生素另外配成高浓度溶液，用微孔滤膜过滤除菌。待灭菌后的培养基冷却后，采用无菌操作将高浓度的无菌抗生素溶液按需要量加入到培养基中，使其终浓度达到要求。

10. 由于抗生素60多年的使用，导致了近年来抗药性菌株的出现。这些菌株本来就在微生物的种群中存在，过去它们未接触到抗生素，也就不需要发挥它们的抗药性，人们也就没有重视它们的存在。随着抗生素的普遍使用，对抗生素敏感的细菌死亡，能存活的则是那些有抗药性的菌株。这些菌株快速繁殖，结果形成了对药物具有抗性的微生物种群。正是抗生素的普遍使用对菌株造成了选择压力，最终导致了抗生素不敏感的抗性菌株的增多。MRSA，即甲氧西林抗性的金黄色葡萄球菌（methicillin-resistant *Staphylococcus aureus*）就是有名的抗药性菌株。另外，水平基因转移（horizontal gene transfer，HGT）[又称为横向基因转移（lateral gene transfer，LGT）]能使抗药性相关基因在不同的菌株之间传递，这也导致了抗药性菌株的增多。

11. 微生物个体生长是细胞物质按比例不可逆地增加使细胞体积增大的过程；繁殖是生长到一定阶段后，通过特定方式产生新的生命个体，使个体数量增加的生物学过程。细菌的生长与繁殖两个过程很难绝对分开，因此细菌的生长一般是指群体生长。而高等动、植物由多个细胞组成个体，因此个体的生长与繁殖两个过程有明显的界限。在自然界，丝状真菌的繁殖主要是依靠各种无性和有性孢子繁殖，而细菌不能进行真正意义上的有性繁殖。

12. 影响微生物生长的主要因素有营养物质、水活度、温度、pH和氧等。各因素的影响机制见主教材第6章。

13. 通过微生物生长的测定可以客观地评价培养条件、营养物质等对微生物生长的影响，或评价不同的抗菌物质对微生物产生抑制（或杀死）作用的效果，或客观地反映微生物生长的规律。因此微生物生长的测量在理论上和实践上有着重要的意义。
微生物生长的测定有计数、重量和生理指标等方法。各测定方法的原理及优缺点见主教材第6章。

14. 控制微生物生长繁殖的方法分化学法和物理法。各种化学物质对微生物的作用原理各不相同。控制微生物生长繁殖的物理因素主要有温度、辐射作用、过滤、渗透压、干燥和超声波等，它们对微生物的作用机制各不相同。详见主教材第6章。

15. 细菌耐药性机制主要有①细胞质膜透性改变使药物不能进入细胞；②药物进入细胞后又被细胞膜中的酶等泵出胞外；③细菌产生了能修饰抗生素的酶使之失去活性；④药物作用靶发生改变从而对药物不再具有敏感性；⑤菌株改变代谢途径以绕过受药物抑制的过程或增加靶物质的产量。
在临床上用抗生素来治疗由细菌引起的疾病时，为了避免出现细菌的抗药性，使用时一定要注意：①第一次使用的药物剂量要足；②避免在一个时期或长期多次使用同种抗生素；③不同的抗生素（或与其他药物）混合使用；④对现有抗生素进行改造；⑤筛选新的更有效的抗生素。

16. 防腐是指采用某些化学或物理方法防止和抑制微生物生长。用于防腐的化学制剂称为防腐剂，其毒性一般小于消毒剂，以避免对动物或人体组织产生毒害作用。日常生活中常采用的防腐剂有很多，如使用70%乙醇进行皮肤擦拭，70%乙醇能使蛋白质变性、脂类溶解，最终导致微生物被破坏。人们还常用晒干或腌制的方法降低水活度，防止微生物对食物的腐败作用。
消毒是指杀死或灭活物质或物体中病原微生物。用于消毒的化学制剂称为消毒剂，一般用于对非生物材料的消毒。常用消毒剂如氯气或含氯化合物因为具有氧化作用能破坏微生物细胞而被用于对供水池进行消毒，酚化合物因能使蛋白质变性而被用于物品、衣物消毒。利用阳光消毒是最简单的消毒方法，阳光中的紫外线能破坏微生物的遗传物质。人们也常用煮沸消毒的方法对物品进行消毒，因为高温能使蛋白质变性、脂类等受到破坏，从而导致微生物被杀灭。
灭菌是指采用某种方法将物品中包括芽孢在内的所有微生物都杀死或消除。如对废弃的污染物品等进行焚烧可使化学物质完全氧化、蛋白质完全变性，从而达到灭菌的目的。

17. 由于环境因素如营养物质、温度、pH、氧、水活度都会对微生物的生长产生影响，所以细菌肥料的保存条件应该恒定，否则会导致不同批次菌肥的活菌数数据相差很大。另外，检测活菌数时应设计多种培养基和多种培养条件以适应不同种类微生物的需要，同时在检测不同批次菌肥时应保持检测条件一致。

六、主要参考书目

1. 沈萍，陈向东.微生物学.2版.北京：高等教育出版社，2006
2. Willey J M，Sherwood L M，Woolverton C J. Prescott，Harley and Klein's Microbiology. 7th ed. New York: McGraw-Hill Companies，2007
3. Madigan M T，Martinko J M，Dunlap P V，et al. Brock Biology of Microorganisms.12th ed. San Francisco: Pearson education Inc，2009

（唐晓峰）

第7章

病　　毒

一、要点提示

1. 病毒是占据一定生境，并具有独立于其宿主进化史的绝对细胞内寄生物，其基因组（DNA或RNA）被其自身编码的蛋白质外壳所包围。病毒结构极其简单、繁殖方式特殊，是既具有化学大分子属性、又具有生物体基本特征，既具有细胞外的感染性颗粒形式、又具有细胞内的繁殖性基因形式的独特生物类群。

2. 病毒的宿主范围是病毒能够感染并在其中复制的生物种类和组织细胞种类。根据病毒的宿主范围，可将病毒分为原核生物病毒和真核生物病毒。前者包括噬菌体、噬兰（绿）藻体和支原体噬菌体等，后者包括植物病毒、真菌病毒、原生动物病毒、无脊椎动物病毒和脊椎动物病毒等。

3. 病毒主要依据包括病毒形态、毒粒结构、基因组、复制、化学组成在内的毒粒性质，病毒的抗原性质及生物学性质进行分类；按照国际病毒分类委员会（ICTV）提出的病毒命名规则命名。

4. 病毒的分离与纯化，包括病毒的物理颗粒计数和病毒的感染性测定的定量分析，以及依据病毒感染的宿主范围及表现、病毒的理化性质、病毒的血细胞凝集性质、病毒的免疫学性质以及分子生物学性质进行的病毒鉴定是病毒学研究的基本方法，它们对于病毒学的研究与实践具有重要的意义。

5. 完整的病毒颗粒称作毒粒，病毒毒粒具有确定的形态结构和化学组成。毒粒的基本结构是核壳结构，即包围着病毒基因组核酸（DNA或RNA）的蛋白质壳体。壳体的基本对称形式是螺旋对称和二十面体对称。有的病毒的核壳外还覆盖有由细胞膜衍生而来的脂蛋白膜即包膜。毒粒的主要化学组成包括核酸、蛋白质、脂类和糖类等。核酸是病毒的遗传物质，病毒的基因组核酸有dsDNA、ssDNA、dsRNA、ssRNA 4种基本类型，其中根据基因组核酸是线状还是环状，是单分基因组（基因组为单一核酸分子）还是多分基因组（基因组由数个核酸节段组成），以及单链核酸的极性分成不同的种类。构成毒粒的结构蛋白包括壳体蛋白、包膜蛋白和毒粒酶，它们各具有不同的功能。

6. 病毒的繁殖是以复制方式进行。病毒的复制周期大致可以分为连续的5个阶段：即吸附、侵入、脱壳、大分子合成、装配及释放。吸附是病毒表面蛋白特异性地与细胞受体相互作用，导致病毒与细胞的结合，从而启动病毒的感染。侵入是病毒感染的第二阶段，病毒能以核酸或核壳等不同形式进入细胞，且不同病毒进入细胞的方式不同。病毒侵入细胞，去除病毒的包膜和壳体，释放病毒核酸的过程称为脱壳。有些病毒，如脊髓灰质炎病毒（*Polioviruses*）的正链RNA基因组直接进入细胞质，而其他大多数病毒是以病毒核蛋白复合物

(viral nucleoprotein complexes)形式进入细胞，以此形式进入细胞后都须经过一系列的去装配(disassembly)步骤进行脱壳。病毒大分子的合成是通过病毒基因组的表达和复制完成的。大分子合成过程发生的事件有很强的时序性。由早期基因表达产生早期蛋白，主要参与病毒核酸的复制，调节病毒基因的转录，以及改变或抑制宿主大分子的合成。晚期基因表达产生晚期蛋白，主要是构成毒粒各种组分的结构蛋白。病毒大分子合成产生的子代病毒基因组和新的结构蛋白等毒粒结构组分，能以一定方式结合，组装成完整的子代病毒颗粒，并以一定方式释放至细胞外。不同病毒的毒粒结构、核酸的类型和结构特征各不相同，因此它们各具不同复制策略。

7. 病毒的感染可依据是否有子代病毒产生而分为增殖性感染和非增殖性感染。病毒的非增殖性感染有流产感染、限制性感染和潜伏感染3种感染类型。流产感染可因细胞的非允许性或缺损病毒引起。引起流产感染的缺损病毒包括干扰缺损颗粒、卫星病毒、条件缺损病毒和整合的病毒基因组，这些缺损病毒的复制需要其他病毒基因组或病毒基因的辅助活性。

8. 病毒通过与宿主的相互作用，一方面得以繁衍、进化，另一方面病毒给宿主细胞机体带来种种不同的影响。这些影响不仅具有重要的生物学意义，而且可能有重要的医学意义和经济意义。引起杀细胞感染的烈性噬菌体可抑制宿主细胞的大分子合成，改变宿主的限制系统，影响细胞表面结构和免疫学性质；温和性噬菌体则赋予溶源性细菌免疫性和溶源性转变；动物病毒感染则可能产生致细胞病变效应，影响宿主的大分子合成，改变细胞结构，诱导和/或抑制细胞凋亡。

9. 卫星RNA是一些必须依赖辅助病毒进行复制的小分子单链RNA，它们被包装在辅助病毒壳体中，但其对辅助病毒的复制不是必需的。类病毒是一类低分子量的侵染性RNA，它们没有蛋白质外壳，亦不具有编码的功能，在感染细胞内利用宿主酶独立复制。朊病毒是一类能引起哺乳动物的亚急性海绵样脑病的病原因子，为不含核酸的蛋白质感染颗粒。这些亚病毒因子结构比病毒更为简单，并具有许多不同于病毒的特征，其研究不仅扩展了病毒学研究的范围，而且可能深化人们对病毒的起源与进化，乃至生命本质的认识。

二、重点、难点剖析

1. 病毒以其简单的结构、特殊的繁殖方式以及绝对的细胞内寄生显著区别于其他生物，它与单细胞微生物主要性质的比较见表7-1：

表7-1 病毒与单细胞微生物主要性质的比较

主要性质	细菌	立克次氏体	支原体	衣原体	病毒
直径大于300 nm	+	+	+-	+-	-
在无生命培养基生长	+	-	+	-	-
双分裂	+	+	+	+	-
DNA和RNA	+	+	+	+	-
核酸感染性	-	-	-	-	+[a]
核糖体	+	+	+	+	-
代谢	+	+	+	+	-
对抗生素的敏感性	+	+	+	+	-[b]

a：DNA病毒和RNA病毒中的一部分；b：利福平可抑制痘病毒复制

2. 病毒的分类阶元依次为目、科、亚科、属、种，病毒“种”是病毒分类系统的最小阶元。至2010年，经ICTV正式认定的有6个病毒目、87个病毒科、19个病毒亚科、348个病毒属、2 285个病毒种。其中有22个病毒科已分别划归于6个病毒目，其余65个病毒科尚未划入病毒目中。另外，将卫星（包括卫星病毒和卫星核酸）、类病毒和朊病毒归于亚病毒感染因子类。

3. 血细胞凝集实验

一些裸露病毒的壳体蛋白，特别是有包膜病毒的包膜突起，能够引起一定种类脊椎动物的红细胞发生凝集，并且病毒所能凝集红细胞的量与病毒的浓度成正比。血细胞凝集实验即是根据病毒的这一性质设计的病毒定量分析。其方法是将倍比稀释的待测病毒样品液分别与相应种类的动物红细胞一起置于有孔塑料板的小孔中，均匀混合后在适当温度下静置反应，待一定时间后观察结果。由于病毒浓度在各个不同稀释度样品中不同，因而在发生凝集反应的各个稀释度中，血细胞凝集程度有别，故将出现50%凝集（++）的病毒稀释度为测定终点，称作一个血凝集单位。

4. 病毒的终点测定有LD_{50}、ID_{50}、$TCID_{50}$等之分，但其原理与方法类似，以LD_{50}测定为例：将待测病毒系列稀释后，取等体积的各个稀释度的病毒稀释液接种实验动物，每个稀释度若干只（如6只），在规定条件下饲养，并间时观察，记录病毒感染动物的致死情况（表7-2）。

表7-2 病毒感染动物的致死情况

病毒稀释度	接种动物数	死亡数	存活数	累积值			
				总死亡数	总存活数	死亡率	
						比例	%
10^{-1}	6	6	0	17	0	17/17	100
10^{-2}	6	6	0	11	0	11/11	100
10^{-3}	6	4	2	5	2	5/7	71
10^{-4}	6	1	5	1	7	1/8	13
10^{-5}	6	0	6	0	13	0/13	0

根据Read和Muench方法：

半数效应剂量（LD_{50}、ID_{50}、$TCID_{50}$）= 50%感染率（或死亡率）的高临界稀释度倒数的对数+距离比 × 稀释系数的对数；

上式中：$距离比=\dfrac{50\%的高临界感染率-50\%}{50\%的高临界感染率-50\%的低临界感染率}$，

在上例中：$距离比=\dfrac{71-50}{71-13}=0.36$，稀释系数为10，

故$LD_{50}=\lg 1/10^{-3}+0.36\times\lg 10=3.36$。

即：取一定量的$10^{-3.36}$病毒样品稀释液接种供试的实验动物群体，可致50%的实验动

物死亡。

5. 病毒壳体构成原理：任何物质结构取得稳定的必要物理条件是这些结构必须处于自由能最低状态，病毒的壳体结构也不例外。非对称的蛋白质亚基分子彼此结合构成壳体时，要形成最大数目的次级键必须对称排列，形成一高度有序的结构。在这样一高度有序的结构中，亚基之间形成次级键的数目最多，释放的自由能值最大，壳体处于自由能最低状态，结构趋于稳定。根据相对简单的几何原理，病毒壳体可取的结构对称形式只能是圆柱体对称或立体对称。在前一种形式中，由于蛋白质亚基与螺旋盘绕的病毒核酸的结合，故壳体并非圆柱对称而是螺旋对称；在后一种形式中，由于在正四面体、正六面体、正八面体、正十二面体和正二十面体这些拓扑等价多面体中，在表面积一定时，以二十面体容积最大，能包含更多的病毒核酸，故病毒壳体取二十面体对称。

6. 病毒感染并非一定会导致病毒的复制。如果感染的是非允许细胞，由于细胞可能缺乏某些参与病毒复制的酶、tRNA或反式作用因子，结果导致病毒不能完成复制循环；或者由于感染的病毒是基因组不完整的缺损病毒（defective viruses），这类病毒因一个或多个病毒必需基因有缺损，丧失了其功能，所以它无论是感染允许细胞还是非允许细胞，都不能完成复制循环。

7. 病毒的复制周期依其所发生的事件顺序分为以下5个阶段：①吸附；②侵入；③脱壳；④病毒大分子的合成，包括病毒基因组的表达与复制；⑤装配与释放。病毒的复制过程概括于图7–1：

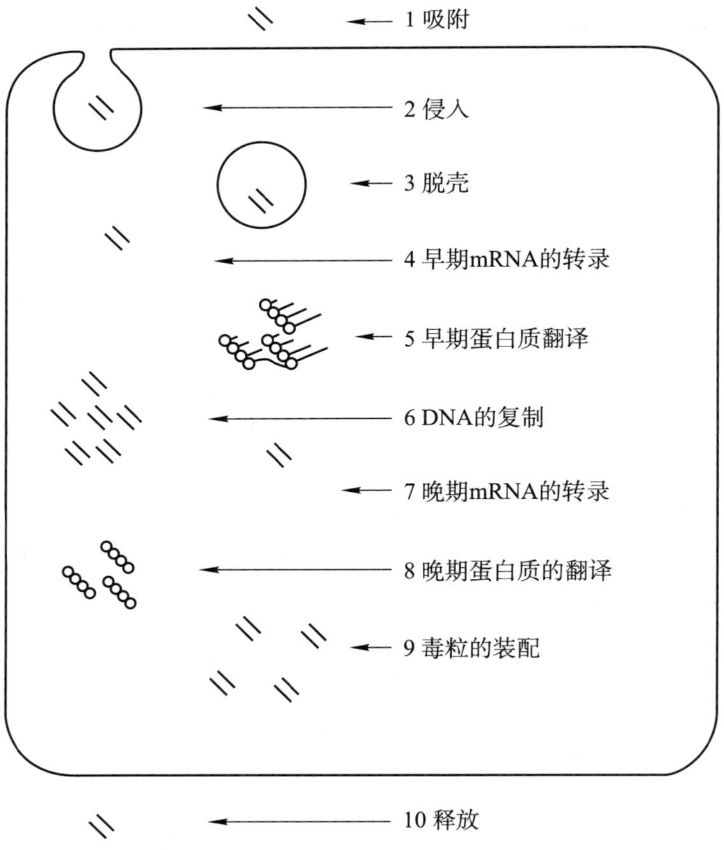

图7–1 病毒的复制周期示意图（以DNA病毒为例）

8. 利用毒粒携带的依赖于DNA的RNA多聚酶（DdRp）进行转录的DNA病毒、利用毒粒携带的依赖于RNA的RNA多聚酶（RdRp）进行转录的双链RNA病毒和负链RNA病毒、利用毒粒携带的反转录酶（RdDp）进行复制的反转录病毒，即具有非感染性核酸的病毒都不完全脱壳，均是以核蛋白体形式参与病毒的大分子合成；双链RNA病毒、负链RNA病毒及反转录病毒的核蛋白体为核糖核蛋白体（ribonucleoprotein，RNP）。

9. RNA病毒的基因组RNA种类繁多，其基因表达的方式各有不同，概况如图7-2：

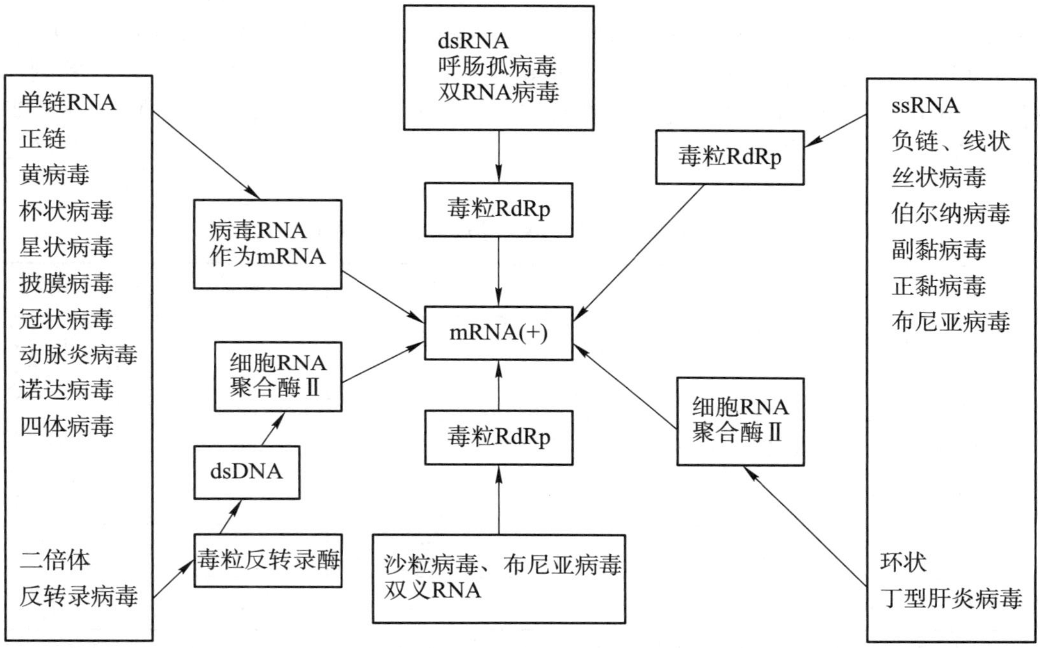

图7-2　RNA病毒的基因表达方式

以溶源状态存在的噬菌体不能完成复制循环，噬菌体基因组长期存在于宿主细胞内，没有成熟噬菌体产生，这一现象称作溶源性现象，能够导致溶源性发生的噬菌体称作温和噬菌体或溶源性噬菌体。在大多数情况下，温和噬菌体的基因组都整合于宿主染色体中（如λ噬菌体），但亦有少数是以质粒形成存在（如P1噬菌体）。整合于细菌染色体或以质粒形成存在的温和噬菌体基因组称作原噬菌体。在原噬菌体阶段，噬菌体的复制被抑制，宿主细胞正常地生长繁殖，而噬菌体基因组与宿主细菌染色体同步复制，并随细胞分裂而传递给子代细胞。细胞中含有以原噬菌体状态存在的温和噬菌体基因组的细菌称作溶源性细菌，处于溶源性细菌细胞中的噬菌体DNA在一定条件下亦可启动裂解循环，产生成熟的病毒颗粒。自然情况下的溶源性细菌裂解称为自发裂解，但裂解量较少，若经紫外线、氮芥、环氧化物等理化因子处理，可产生大量的裂解，此称为诱发裂解。溶源性反应是一种比裂解反应更有利于病毒持续和传播的病毒生存方式，处于最适应于它们所处环境中的噬菌体不会迅速杀死细胞，从而丧失传播的机会，所以，这也被认为一种原始的分化方式。

10. 真核细胞对病毒的感染可呈现不同的反应：①细胞无任何明显变化；②由于病毒的致细胞病变效应，细胞损伤、死亡；③细胞增生，继而或是细胞死亡，或是细胞继续失去生长控制，转化为癌细胞。病毒感染引起的致细胞病变效应或细胞损伤是因病毒的基因产物的毒性作用所引起，或是病毒复制的必需步骤的次级效应，而且以后者更为普遍。例如腺病毒的五邻体基底蛋白（penton base protein）可引起单层细胞脱落，以前认为这是一种机制未明的毒性作用，现在已明确这是病毒内化时，五邻体基底蛋白通过其RGD序列与细胞表面的整联蛋白结合的结果。具有强烈致细胞病变效应的病毒最终都会导致细胞死亡。

11. 亚病毒因子包括卫星病毒、卫星RNA、类病毒和朊病毒。在亚病毒因子中，仅有类病毒和朊病毒能独立复制；朊病毒颗粒不具有基因组核酸；卫星病毒与卫星RNA都具有核酸基因组，它们与干扰缺损病毒（DI颗粒）类似，必须依赖辅助病毒进行复制，与DI颗粒不同的是，它们与其辅助病毒没有核酸序列同源性。卫星病毒、卫星RNA、类病毒和DI颗粒的性质比较于表7–3：

表7–3　卫星病毒、卫星RNA、类病毒和DI颗粒的性质比较

性质	DI颗粒	卫星病毒	卫星RNA	类病毒
依赖辅助病毒复制	是	是	是	否
特异性外壳壳体化	否	是	否	否
辅助病毒外壳壳体化	是[a]	否	是	否
抑制辅助病毒复制	是	是	是	–
与辅助病毒序列同源性	是	否[b]	否[c]	–
在体内和体外RNA的稳定性	低	低	高	高

a：因缺失部位而有所不同，脊髓灰质炎病毒DI RNA能复制但不被壳体化；b：STMV（卫星烟草花叶病毒）基因组的3′端与辅助病毒有序列和结构的相似性；c：某些嵌合的卫星RNA与其辅助病毒基因组有广泛的3′序列同源性

三、术语或名词

1. 致细胞病变效应（cytopathic effect，CPE） 动物病毒感染敏感细胞引起的其显微表现的改变，如细胞聚集成团、肿大、圆缩、脱落、细胞融合成多核细胞、细胞内出现包涵体，乃至细胞裂解等。

2. 盲传（blind passage） 将取自经接种而未出现感染症状的宿主或细胞培养的材料，再接种传递给新的宿主或细胞培养，即重复接种，以提高病毒的毒力或效价。

3. 感染性测定（assay of infectivity） 对因感染引起宿主或细胞培养某种特异性病理反应的感染性病毒颗粒数量的测定。

4. 感染单位（infections unit，IU） 能够引起宿主细胞培养一定特异性病理反应的病毒最小剂量。

5. 效价（title） 又称滴度，单位体积（mL）待测病毒样品液中所含的病毒感染性单位的数目（IU/mL）。

6. 噬菌斑（plague） 经适当稀释的噬菌体标本接种于细菌平板，经过一定时间培养

后，在细菌菌苔上形成的圆形局部透明溶菌区域。

7. 蚀斑（plague） 又称空斑，经适当稀释动物病毒标本接种于动物单层细胞培养，并辅以染色，在细胞单层上形成的可识别的局部病变区域。

8. 半数效应剂量（50% effect dose） 使实验单元群体中的半数（50%）个体出现某一感染反应所需的病毒剂量，其值以使50%实验单元出现感染反应的病毒稀释液的稀释度的倒数的对数值表示。

9. 中和作用（neutralization） 特异性的病毒抗体与病毒毒粒作用，使其失去感染性，抑制病毒的繁殖。

10. 中和抗体（neutralizing Abs） 能够中和病毒感染性的病毒抗体。

11. 毒粒（virion） 病毒的细胞外颗粒形式，亦是病毒的感染性形式。Dulbacco等（1985）指出，毒粒是一团能够自主复制的遗传物质（DNA或RNA），它们被蛋白质外壳包围，有的还有一附加膜（包膜），以保护其遗传物质免遭环境破坏，并作为将遗传物质从一个宿主细胞传递给另一宿主细胞的载体。

12. 壳体（capsid） 又称衣壳，包围着病毒核酸的蛋白质外壳。

13. 蛋白质亚基（protein subunit） 以次级键结合，构成病毒壳体的蛋白质单体，其同义语为原体（protomer）。

14. 壳粒（capsomer） 在病毒的二十面体壳体构成中，一定数目的蛋白质亚基，以特殊方式聚集所形成的在电镜下可见的结构，其同义语为形态学单位（morphologeical unit）。

15. 五聚体（pentamers） 由5个蛋白质亚基聚集形成的壳粒，因其在壳体结构中与5个其他的壳粒相邻，所以又称五邻体（penton）。

16. 六聚体（hexmers） 由6个蛋白质亚基聚集形成的壳粒，因其在壳体结构中与6个其他的壳粒相邻，所以又称六邻体（hexon）。

17. 核壳（nucleocapsid） 又称核衣壳，病毒的壳体与其包闭着的核酸和内部蛋白质一起构成的复合结构，一些简单的病毒的毒粒就是一个核壳结构。

18. 包膜（envelope） 又称囊膜，一些病毒核壳外所覆盖着的脂蛋白膜，系病毒自细胞质膜、核膜或高尔基体膜等以芽出的方式成熟时，由细胞膜衍生而来。病毒包膜的结构与生物膜相似，是脂质双层膜，在包膜形成时，细胞膜蛋白被病毒编码的包膜糖蛋白取代。

19. 刺突（spike） 又称钉状物，病毒表面的向外凸出的突起。包膜表面的糖蛋白突起称包膜突起（peplomer），或称膜粒。

20. 正链RNA（plus strand RNA） 若病毒的ssRNA可以作为mRNA直接进行翻译，则规定它为正极性（+意义），即为正链RNA（+RNA）。

21. 负链RNA（minus strand RNA） 若病毒的ssRNA序列与其mRNA互补，则规定它为负极性（−意义），即为负链RNA（−RNA）。

22. 双义RNA（ambisense RNA） 病毒的ssRNA部分为正极性，部分为负极性。

23. 转染（transfection） 将从病毒毒粒或病毒感染的细胞中分离纯化的病毒核酸实验性地导入细胞，现在已用来泛指将外源核酸导入细胞。

24. 感染性核酸（infectious nucleicacid） 以转染方式导入细胞后能够完成复制循环，产生病毒子代的病毒核酸，否则为非感染性核酸。

25. 分段基因组（segmented genome） 由数个不同的核酸分子构成的病毒基因组。

26. 结构蛋白（structure protein） 构成一个形态成熟的感染性病毒颗粒所必需的蛋白质，包括壳体蛋白、包膜蛋白和毒粒酶。

27. 非结构蛋白（non-structure protein） 由病毒基因组编码、在病毒复制时产生并在其中具有一定功能，但不结合于毒粒之中的蛋白质。

28. 吸附（attachment） 病毒通过其表面蛋白与敏感宿主细胞的受体特异性结合，导致病毒颗粒固着于细胞表面的过程，吸附是病毒复制的第一阶段。

29. 一步生长实验（one-step growth experiment） 以适量的病毒同步感染处于标准培养的高浓度敏感细胞，以致可由细胞群体发生的病毒复制事件推知单个细胞发生的病毒复制的实验。

30. 潜伏期（latent period） 从病毒吸附于细胞到受染细胞释放出子代病毒所需的最短时间。

31. 裂解量（burst size） 每个受染细胞所产生的子代病毒颗粒的平均数目，其值等于稳定期病毒效价与潜伏期病毒效价之比。

32. 隐蔽期（eclipse period） 自病毒颗粒形式在受染细胞内消失到新的感染性病毒子代颗粒出现的时间。

33. 病毒入胞（viropexis） 病毒利用细胞的内吞功能进入细胞。

34. 前基因组（progenome） 乙型肝炎病毒在受染细胞核内利用宿主RNA聚合酶转录产生的3.4 kb mRNA，为病毒利用反转录酶进行DNA合成的模板。

35. 装配（assembly） 在病毒感染的细胞内，新合成的病毒结构组分以一定方式结合，组装成完整的病毒颗粒的过程，亦称成熟（maturation）或形态发生（morphogenesis）。

36. 允许细胞（permissive cell） 病毒能在其内完成复制循环，产生子代病毒的细胞，反之病毒不能在其内复制的细胞为非允许细胞。

37. 非增殖性感染（non-porduetive infection） 由于病毒或是细胞的原因，致使病毒的复制在病毒进入细胞后的某一阶段受阻，结果没有子代病毒产生的感染。

38. 限制性感染（restrivtive infection） 因细胞的瞬时允许性产生，其结果或是病毒持续存在于受染细胞内不能复制，直到细胞成为允许细胞，病毒能繁殖，或是一个细胞群体仅有少数细胞产生病毒子代。

39. 缺损病毒（defective viruses） 基因组有缺损，必须依赖于其他病毒基因或病毒基因组才能复制的病毒。有生物活性的缺损病毒包括干扰缺损病毒（DI颗粒）、卫星病毒、条件缺损病毒和整合的病毒基因组。

40. 干扰缺损病毒（defective interfering viruses） 完全病毒复制时产生的一类亚基因组的缺失突变体。在病毒以高感染复数感染时能以较高频率产生。由于其基因组有缺损，所以必须依赖于同源的完全病毒才能复制，同时亦能干扰其完全病毒的复制。

41. 卫星病毒（satellite viruses） 存在于自然界中的一种绝对缺损病毒，其必须依赖于与之无关的辅助病毒的基因产物才能复制，同时亦可干扰其辅助病毒的复制。

42. 条件缺损病毒（coditionally defective viruses） 即基因组发生了突变的病毒条件致死突变体。它们在允许条件下能够正常繁殖，在非允许条件或称限制条件下导致流产感染发生。

43. 整合感染（integrated infection） 病毒感染细胞后，因病毒与细胞的性质，病毒基因组整合于宿主染色体，并随细胞分裂传递给子代细胞。

44. 烈性噬菌体（virulent phage） 感染细菌后，能在细胞内正常复制，并最终杀死细胞的噬菌体。

45. 溶源性（lysogeny） 感染细胞后噬菌体不能完成复制循环，噬菌体基因组长期存在于宿主细胞内，没有子代噬菌体产生的现象。

46. 温和性噬菌体（temperate phage） 能够导致溶源性发生的噬菌体，又称溶源性噬菌体（lysogenicvphage）。

47. 原噬菌体（prophage） 整合于细菌染色体或以质粒形式存在的温和性噬菌体基因组。

48. 溶源性细菌（lysogeniec bacteria） 细胞中含有以原噬菌体状态存在的温和性噬菌体基因组的细菌。

49. 自发裂解（spontaneons lysis） 自然情况下的溶源性细菌的裂解，但裂解量较少。

50. 诱发裂解（inductive lysis） 经紫外线、环氧化合物等理化因子处理，溶源性细菌发生的大量裂解。

51. 杀细胞感染（cytocidal infection） 病毒的感染给细胞造成巨大的影响，最终导致细胞死亡和裂解。与之相反的则为非杀细胞感染。

52. 溶源转变（lysogenic conversion） 由原噬菌体引起的溶源性细菌除免疫性外的其他表型改变，包括溶源性细菌细胞表面性质的改变和致病性转变。

53. 从外部融合（fusion from vithout） 病毒以高感染复数感染时，由毒粒具细胞融合活性的病毒糖蛋白所引起的细胞间的融合。

54. 从内部融合（fusion from within） 因受染细胞内表达的具细胞融合活性的病毒糖蛋白结合于细胞表面，从而导致的受染细胞与相邻细胞的融合。

55. 半数致死剂量（50% lethal dose，LD_{50}） 使半数实验宿主死亡的病毒剂量。

56. 半数感染剂量（50% binfective dose，ID_{50}） 使半数实验宿主发生感染的病毒剂量。

57. 半数组织培养感染剂量（50% tissue culture infective dose，$TCID_{50}$） 使半数组织培养物发生感染的病毒剂量。

58. 包涵体（inclusion body） 病毒感染细胞内出现的特异性染色区域。不同病毒所形成的包涵体在细胞质和/或细胞核内的定位不同；其染色性质亦不同，即有的嗜酸性染料，有的嗜碱性染料；并且其大小、形态和数量亦有所区别，所以包涵体对病毒的实验诊断具有一定的意义。包涵体是病毒复制所产生的复制复合物，转录复合物、装配中间体，所合成的核壳和毒粒累积在宿主细胞的特定区域内而形成的、称之为病毒工厂的结构。

59. 致病性（pathogenicity） 特定的微生物种引起宿主疾病的潜在能力，或致病的状态或特性，是病毒种的特征。

60. 卫星RNA（satellite RNA，satRNA） 必须依赖于辅助病毒进行复制的小分子单链RNA片段，它被包装在其辅助病毒的壳体中，其对于辅助病毒的复制不是必需的，与辅助病毒基因组无明显的同源性，但其存在往往可影响辅助病毒引起的感染症状。

61. 类病毒（viroid） 一类低分子量侵染性的RNA，它们没有蛋白质外壳，亦无编码功能，在细胞内利用宿主的依赖于DNA的RNA聚合酶Ⅱ进行复制，大多数类病毒RNA都呈高度碱基配对区与单链环状区相间排列的杆状构型。

62. 朊病毒（prion） 一种蛋白质侵染颗粒（proteinaceous infectionus particle，PrP），系引起哺乳动物的亚急性海绵样脑病的病原因子。目前认为它们不含任何核酸，是一种细胞组成型基因表达蛋白PrP^{c}构型发生改变所产生的同分异构体。

63. 毒力（virulence） 一种有机体（如病毒）致病性的程度或强度，以病例致死率和/或侵染宿主组织并致病的能力表示，是病毒株的特征。

四、习题

填空题

1. 病毒的存在范围是病毒能够感染并在其中复制的________。
2. 从原核生物中分离的病毒统称噬菌体，它们包括________、________和________等。
3. 病毒属名的词尾是________，科名的词尾是________，亚科名的词尾是________，目名的词尾是________。
4. 纯化的病毒制备物应保持其________和________。
5. 血凝抑制实验是根据特异性的病毒抗体与病毒表面蛋白作用可能抑制________性质设计的。
6. 螺旋对称病毒体的直径是由________决定的，而其长度则是由________所决定的。
7. 病毒蛋白质根据其是否存在于毒粒中分为________和________两类。
8. 病毒包膜糖蛋白是由多肽链骨架与寡糖侧链，通过________将糖链的________与肽链的________连结形成。
9. 由一步生长曲线可获得病毒繁殖的两个特征性数据，即潜伏期和裂解量。前者为________所需的最短的时间，后者为________的平均数目。
10. 病毒的复制过程依其发生事件顺序分为以下________、________、________、________和________5个阶段。
11. 动物病毒进入细胞的方式包括________、________、________、________等。
12. 动物病毒基因组DNA转录产生的初始转录要经过包括________、________、________和________等加工修饰才能成熟为功能性mRNA。
13. 病毒的非增殖性感染有________、________和________3种类型。
14. 流产感染的发生或是由于病毒感染的细胞是________，或是由于感染的病毒是________。
15. 有生物活性的缺损病毒包括________、________、________和________4类。
16. 溶源性转变是指原噬菌体所引起的溶源性细菌除免疫性外的其他表型的改变，包括________和________。
17. 根据病毒感染机体所引起症状的明显程度，可分为________和________。
18. 毒力是特定的病毒________，它是________的特征。
19. 亚病毒包括________、________、________和________。
20. 动物病毒感染抑制宿主细胞DNA复制的原因是________、________和________。

选择题（4个答案选1）

1. 病毒显著区别于其他生物的特征是（　　）。
   （1）具有感染性　（2）独特的繁殖方式　（3）体积微小　（4）细胞内寄生
2. 病毒纯化方法均是根据病毒的基本理化性质建立的，包括（　　）。

（1）病毒的核酸是DNA或是RNA
（2）病毒的主要化学组成是蛋白质
（3）病毒含有脂类和糖类
（4）病毒体积微小

3. 病毒物理颗粒计数方法测定的是（　　）。
（1）有活力的病毒数量
（2）无活力的病毒数量
（3）有活力的病毒与无活力病毒数量的总和
（4）致病性的病毒数量

4. 描述螺旋对称壳体特征的参数有（　　）。
（1）核酸的分子量
（2）螺旋长度与直径
（3）螺旋的外观
（4）蛋白质亚基大小

5. ssRNA能够按照它的极性或意义分为（　　）。
（1）感染性核酸和非感性核酸
（2）正链RNA、负链RNA和双义RNA
（3）反义RNA和正义RNA
（4）基因组RNA和非基因组RNA

6. 以下病毒中在细胞核内复制的有（　　）。
（1）腺病毒
（2）痘病毒
（3）小RNA病毒
（4）嗜肝DNA病毒

7. T4噬菌体的装配包括的亚装配过程有（　　）。
（1）2个　（2）3个　（3）4个　（4）5个

8. 构成机体病毒感染的因素包括（　　）。
（1）病毒的感染途径和传播媒介
（2）病毒、机体和环境条件
（3）病毒致病性和毒力
（4）病毒的宿主范围

9. 温和性噬菌体基因组在溶源性细菌内可以下列状态存在（　　）。
（1）复制、表达，产生子代病毒
（2）整合于宿主染色体或质粒形式
（3）自发或经诱导进入裂解循环
（4）产性成熟的病毒颗粒

10. DI颗粒的基因组有（　　）。
（1）置换突变　（2）缺失突变　（3）移框突变　（4）重组

是非题

1. 病毒是一种原始的生命形式。
2. 病毒只含有一种核酸，DNA或是RNA。
3. 病毒几乎可以感染所有的细胞生物，但就某一种病毒而言，它仅能感染一定种类的微生物、植物或动物。
4. ICTV是国际病毒命名委员会的缩写。
5. 分离病毒的标本为避免细菌污染须加入抗菌素除菌，亦可用离心或过滤方法处理。
6. 以高浓度的噬菌体悬液接种细菌平板，经过一定时间培养后可形成单个噬菌斑。
7. 在病毒分离时，经盲传3代仍无感染症状出现，便可认定没有病毒存在。
8. 在终点测定中，病毒效价以50%实验单元出现感染反应的病毒稀释液的稀释度的对数值表示。
9. 在拓扑等价多面体中，在表面积一定时以二十面体容积为最大，故病毒壳体多取二十面体对称结构。
10. 病毒包膜系病毒以芽出方式成熟时自细胞膜衍生而来，故其结构和脂质种类与含量皆与细胞膜相同。

11. 病毒具有感染性，且核酸是病毒的遗传物质，故所有病毒的基因组核酸都是感染性核酸。
12. 由一步生长实验所得病毒的裂解量等于稳定期病毒效价与潜伏期病毒效价之比。
13. 病毒的细胞受体是细胞为病毒进入专一性表达的细胞分子。
14. 病毒的早期蛋白多为参与病毒基因组复制，调节病毒基因组表达以及改变或抑制宿主分子合成的非结构蛋白。
15. 嗜肝DNA病毒和反转录病毒的基因组复制均存在反转录过程。
16. 负链RNA病毒、双链RNA病毒和正链RNA病毒一样，均需利用病毒复制新合成的依赖于RNA的RNA聚合酶进行基因组的复制与转录。
17. 病毒感染允许细胞都将导致增殖性感染发生。
18. T7噬菌体的转录完全依赖于宿主的RNA聚合酶进行。
19. 以裂解方式释放的噬菌体的一些晚期基因产物能使细胞膜失去稳定，并以不同的方式破坏细菌细胞壁的肽聚糖网状结构。
20. 溶源性细菌对其他噬菌体的再感染均具特异性的免疫力。

问答题

1. 病毒区别于其他生物的特点是什么？
2. 病毒分类原则与命名规则的主要内容有哪些？
3. 病毒学研究的基本方法有哪些，这些方法的基本原理是什么？
4. 病毒壳体结构有哪几种对称形式？毒粒的主要结构类型有哪些？
5. 病毒核酸有哪些类型和结构特征？
6. 病毒的复制循环分为哪几个阶段？各个阶段的主要过程如何？
7. 病毒的非增殖性感染有哪几类？引起病毒非增殖性感染的原因是什么？
8. 噬菌体感染可能给宿主细胞带来什么影响？
9. 动物病毒感染可能给宿主细胞带来什么影响？
10. 构成机体病毒感染的主要类型和构成机体病毒感染的宿主因素分别有哪些？
11. 亚病毒因子有哪些类？各自有何特点？

五、习题解答

填空题

1. 宿主种类和组织细胞种类　2. 噬菌体　噬蓝（绿）藻体　支原体噬菌体　3. virus　viridae　virinae　virales　4. 感染性　理化性质的均一性　5. 病毒的血细胞凝集　6. 蛋白质亚基的大小　病毒核酸分子的长度　7. 结构蛋白　非结构蛋白　8. *β*–*N*–糖苷键　*N*–乙酰葡糖胺　天冬酰胺残基　9. 病毒吸附于细胞到子代病毒释放　每个受染细胞释放的子代病毒　10. 吸附　侵入　脱壳　病毒大分子合成　装配与释放　11. 移位　内吞　病毒包膜与细胞质膜融合　依赖抗体的增强作用　12. 5′末端加帽　3′末端聚腺苷化　甲基化　拼接　13. 流产感染　限制性感染　潜伏感染　14. 非允许细胞　缺损病毒　15. 干扰缺损病毒　卫星病毒　条件缺损病毒　整合的病毒基因组　16. 细胞表面性质的改变　致

病性转变 17. 显性感染 隐性感染 18. 致病性的强弱 病毒株 19. 类病毒 卫星病毒 卫星RNA 朊病毒 20. 为病毒DNA合成提供前体 为病毒DNA合成提供宿主细胞结构和/或复制蛋白 细胞蛋白质合成被抑制的次级效应

❖ 选择题

1.（2） 2.（2） 3.（3） 4.（2） 5.（2） 6.（1） 7.（3）
8.（2） 9.（2） 10.（2）

❖ 是非题

1. × 2. √ 3. √ 4. × 5. √ 6. × 7. ×
8. × 9. √ 10. √ 11. × 12. √ 13. × 14. √
15. √ 16. × 17. × 18. × 19. √ 20. ×

❖ 问答题

1. 简单的结构，独特的繁殖方式，绝对的细胞内寄生，生命形式的二重性。
2. 分类原则：包括病毒形态、毒粒结构、基因组、复制、化学组成在内的毒粒性质，病毒的抗原性质及生物学性质。命名规则：分类等级、病毒“种”及种的命名、病毒属、病毒科、病毒亚科及病毒目的相应名的词尾。
3. 病毒的分离：标本的采集与处理、标本接种与病毒认定、盲传；病毒纯化：纯化标准、纯化方法依据；病毒的测定：病毒物理颗粒计数，包括噬蚀斑测定和终点法测定病毒的感染性；病毒的鉴定：根据病毒的生物学性质、理化性质、免疫学性质和分子生物学性质进行的鉴定。
4. 螺旋对称、二十面体对称、复合对称。裸露的螺旋毒粒和二十面体毒粒，有包膜的螺旋毒粒和二十面体毒粒、复杂毒粒。
5.

- 病毒核酸
  - DNA
    - 线状
    - 环状
  - RNA
    - dsRNA \ 线状 \ 分段
    - ssRNA
      - 单一分子
        - 线状 \ 正链
        - 线状 \ 负链
        - 环状 \ 负链
      - 分段
        - 线状 \ 正链
        - 线状 \ 负链
        - 线状 \ 双义
      - 线状 \ 二倍体 \ 正链

6. 吸附：病毒吸附蛋白质、细胞受体、辅助受体的过程；侵入：噬菌体、动物病毒、植物病毒的侵入方式；脱壳：病毒的包膜和/或壳体除去而释放出病毒核酸；病毒大分子合成：噬菌体、动物病毒、植物病毒大分子合成的特点；装配与释放：噬菌体、动物病毒、植物病毒装配与释放的方式。

7. 类型：流产感染、限制性感染、潜伏感染。原因：细胞的非允许性、缺损病毒。
8. 抑制宿主细胞大分子合成：抑制宿主基因的转录、蛋白质合成、DNA合成；宿主限制系统的改变；噬菌体释放对细胞的影响：细胞表面免疫学性质的改变，细胞膜失去稳定；溶源性感染对细胞的影响：免疫性、溶源性转变。
9. 病毒感染的致细胞病变效应：病毒基因产物的毒性作用，病毒复制的次级效应；对宿主大分子合成的影响：宿主细胞转录、翻译及DNA复制的抑制；对细胞结构的影响：对宿主细胞膜、细胞结构的影响、包涵体、细胞凋亡。
10. 根据感染症状明显程度：显性感染、隐性感染；根据感染过程、症状和病理变化发生的主要部位：局部感染、系统感染；根据病毒在机体保存留时间长短：急性感染、持续性感染。

 构成机体病毒感染的因素：病毒、机体、环境条件。
11. 类病毒：裸露的低分子量侵染RNA，无蛋白质外壳，无编码功能，利用宿主RNA聚酶Ⅱ进行复制；卫星病毒：有核酸基因组，依赖辅助病毒复制，特异性外壳壳体化；卫星RNA：低分子量RNA，被辅助病毒的蛋白质外壳包装，依赖辅助病毒复制；朊病毒：蛋白质侵染颗粒、无核酸，为亚急性海绵状脑病的病原因子。

六、主要参考书目

1. 谢天恩，胡志红.普通病毒学.北京：科学出版社，2001
2. 金奇.医学分子病毒学.北京：科学出版社，2001
3. Kinpe D M，Howley P M.Fundametal Virology.4th ed.Philadephia：Lippincott Williams & Wilkins，2001
4. Flint S J，et al. Principles of virology. Washington, DC: ASM Press，2000
5. Alan J C. Principles of Molecular virology. 4th ed. New York: Elsevier Pre Ltd，2006
6. David M K, et al. Fileds Vilology. 4th ed. New York: Raven Press，2005
7. 洪健，周雪平. ICTV第八次报告的最新病毒分类系统. 中国病毒学（英文版），2006：1

（杨复华）

第 8 章

微生物遗传

一、要点提示

1. 3个典型的微生物学实验证实了DNA和RNA是遗传物质。虽然由于朊病毒的发现，给“蛋白质不是遗传物质”的定论带来一些疑问，但进一步的研究证实，这种不含核酸的蛋白质传染颗粒并不是遗传信息的载体，而仍然是基因编码产生的一种正常蛋白质的异构体。

2. 基因是所有生物中编码蛋白质（经mRNA）、rRNA或tRNA的DNA片段或序列，是控制某种性状或功能的遗传单位。原核生物的基因一般不含内含子。基因组是存在于细胞或病毒中的所有基因以及非基因的DNA序列组成的总称。微生物基因组一般比较小，最小的只含3个基因。真核生物、真细菌和古生菌基因组有明显的不同，但古生菌既具有前二者的某些特征，又具有自己独有的特征。

3. 质粒和转座因子都是细胞中除染色体以外的另外二类遗传因子，前者是一种独立于染色体外，能进行自主复制的细胞质遗传因子，通常以共价闭合环状（CCC）的超螺旋双链DNA分子存在于细胞中。近年来也发现了线型双链DNA质粒和RNA质粒。质粒是进行基因克隆和表达的重要载体。后者是位于染色体和质粒上的一段能改变自身位置的DNA序列，一般不能进行自主复制。转座因子在基因水平转移中起重要作用；在遗传操作中，常被用来获得插入突变。

4. 基因突变分自发突变和诱发突变，后者只提高突变频率，并不改变突变的本质。突变率与修复系统密切相关并有自身的规律性。细菌以接合、转导和转化3种主要的途径进行基因水平方向的转移和重组，并且是基因定位（或作图）的重要手段。近年来实验证明转化可以在自然环境中发生。

5. 用“全基因组鸟枪测序方法”获得了第一个独立生活的生命体（流感嗜血杆菌）的全基因组序列，这对进一步认识和揭示生命的本质、相互关系，发现重要的基因并开发其功能等具有重要的划时代意义。

6. 酵母菌的单倍体具二种接合型a和α，这是稳定的遗传学特征，但有时会发生互变。现已查明，这是受MAT启动子控制的。酵母菌含有2 μm质粒，是其进行基因克隆和分子生物学研究的重要载体。酵母菌的mtDNA利用率较低，但密码子的非通用性首先在此发现。丝状真菌的准性生殖是育种和进行遗传分析的重要手段。

7. 微生物育种可采用诱变、原生质体融合、杂交（含准性生殖）的体内育种技术，也可采用DNA重组、体外诱变的体外分子水平育种技术，还可采用DNA shuffling的体内、外相结合等育种技术。

二、重点、难点剖析

1. 证实DNA和RNA是遗传物质的微生物学实验剖析

（1）分析Griffith转化实验的结果，其可能的原因：①残存者所为：注入小鼠体内的致病性SⅢ型菌可能没有被完全杀死，其“复活”现象是残存者所为，这一点可通过注入小鼠体内前的灭活实验证实，结果表明并无“残存”者，故这一推测得到否定。②回复突变所致：注入小鼠体内的R型发生了回复突变而成为S型。这里涉及到实验设计的严密性问题，Griffith的实验中所用的加热致死的S型菌株是SⅢ血清型，同时注入鼠体内的R型是由SⅡ血清型突变而来，所以这种R型的回复突变应为SⅡ型，即从死鼠中“复活”的应是SⅡ型，但事实是从死鼠中分离得到的是SⅢ型，所以也不可能是因回复突变所致。③遗传物质的转化：在小鼠体内，加热杀死的SⅢ型菌的遗传物质通过转化进入到活的本无致病性的R型菌细胞内，使后者获得了SⅢ型致病性因子而使其遗传表型发生改变，成为SⅢ型所具备的致病性和光滑型表型。Griffith称这种遗传物质为转化因子。虽然当时Griffith并不知道转化因子本质是什么，但他首次发现了细菌间的转化现象，为后来Avery等人确立DNA为遗传物质奠定了基础。

（2）Avery等人的实验证据　通过分别选择性的降解SⅢ菌细胞抽提物中的DNA、RNA和蛋白质，并分别与无毒的R型菌细胞混合，观察转化现象的发生，结果发现只有DNA被酶解而遭到破坏的抽提物无转化作用，证实了Griffith的转化因子是DNA，并且其转化效果随着DNA纯度和浓度增加而提高，这是证实遗传物质是DNA而不是蛋白质的第一个实验证据。

（3）Alfred等人的T2噬菌体感染实验　用^{35}S和^{32}P分别标记T2噬菌体的蛋白质外壳和DNA，并分别感染宿主细胞，结果发现只有DNA进入细胞，蛋白质外壳留在胞外，但获得的子代噬菌体却具有同样的蛋白质外壳和亲代的全部遗传学特征。证实DNA携带有T2噬菌体的全部遗传信息。

（4）对只由RNA和蛋白质组成的生物（如烟草花叶病毒）的研究也证实遗传物质不是蛋白质而是RNA，因此核酸（DNA或RNA）是遗传物质的基础在20世纪50年代已成定论。

2. 朊病毒（又称朊粒，Prion）不是遗传信息的载体。20世纪80年代证实朊病毒是一种不含DNA或RNA但具有传染性的致病因子，可以在受感染的宿主的细胞内产生与自身相同的分子（复制），因此，“蛋白质不是遗传物质”的定论似乎蒙上一些阴影。但进一步研究证实：（1）朊病毒仍然是由基因编码产生的一种正常蛋白质（PrP）的二种异构体PrP^{c}和PrP^{sc}，（2）PrP^{sc}存在病变组织中，在细胞内并不能自我复制，而是将细胞内基因编码产生的$P^{r}P^{c}$转变为$P^{r}P^{sc}$，产生更多的$P^{r}P^{sc}$。

3. 基因是所有生物中编码蛋白质（经mRNA）、rRNA或tRNA的DNA片段或序列，是控制某种性状或功能的遗传单位。原核生物的基因一般不含内含子。所有编码蛋白质的基因都含有可读框（open reading frame，ORF），所谓可读框是指由起始密码子AUG与终止密码子UAA、UAG或UGA所界定的一串密码子。对基因组序列进行注释时，就是利用计算机判读基因组中的ORF來寻找编码蛋白质的基因的。

4. 基因组（genome）是指存在于细胞或病毒中的所有基因。细菌在一般情况下是一套基因，即单倍体（hoploid）；真核微生物通常是有二套基因，又称二倍体（diploid）。基因组通常是指全部一套基因。由于现在发现许多非编码序列具有重要的功能，因此目前基因组的含义实际上是指细胞中基因以及非基因的DNA序列组成的总称，包括编码蛋白质的结构基因、调控序列以及目前功能还尚不清楚的DNA序列。

5. 大肠杆菌的基因组为双链环状的DNA分子，全序列测定于1997年，由Wisconsin大学的Blattner等人完成，其基因组结构特点如下：遗传信息的连续性；功能相关的结构基因组成操纵子结构；结构基因的单拷贝及rRNA基因的多拷贝；基因组的重复序列少而短。

6. 酿酒酵母的基因组

1996年，由欧洲、美国、加拿大和日本共96个实验室的633位科学家通过艰苦努力完成了全基因组的测序工作，这是第一个完成测序的真核生物基因组。该基因大小为 1.35×10^7 bp，分布在16个不连续的染色体中。酵母菌基因组最显著的特点是高度重复，称之为遗传丰余（genetic redundancy）。

7. 詹氏甲烷球菌的基因组

1996年，由美国基因组研究所（The Institute for Genomic Research，TIGR）和其他5个单位共40人联合完成了该菌的基因组全测序工作。这是完成的第一个古生菌和自养型生物的基因组序列。基因组在结构上类似于细菌。但是负责信息传递功能的基因（复制、转录和翻译）则类似于真核生物。

8. 质粒和转座因子都是细胞中除染色体以外的另外二类遗传因子。前者是一种独立于染色体外，能进行自主复制的细胞质遗传因子，主要存在于各种微生物细胞中，是DNA重组技术的主要载体，通常以共价闭合环状（covalently closed circle，CCC）的超螺旋双链DNA分子存在于细胞中，但从细胞中分离的质粒大多是3种构型，即CCC型、OC型（open circular form）和L型（linear form）；后者是位于染色体或质粒上的一段能改变自身位置的DNA序列，广泛分布于原核和真核细胞中。原核生物中的转座因子有3种类型：插入顺序（insertion sequence，IS）、转座子（transposon，Tn）和某些特殊病毒（如Mu、D108）。转座因子广泛用于产生插入突变，并在基因水平转移中起重要作用，具有生物进化上的重要意义。

9. 基因突变

是指一个基因内部遗传结构或DNA序列的任何改变，包括一对或少数几对碱基的缺失、插入或置换，而导致的遗传变化称为基因突变（gene mutation），其发生变化的范围很小，所以又称点突变（point mutation）或狭义的突变。这类突变可通过第二次突变（回复突变）使失去的野生型得到恢复。基因突变是重要的生物学现象，它是一切生物变化的根源，连同基因转移、重组一起提供了推动生物进化的遗传多变性。也是我们用来获得优良菌株的重要途径之一。

10. DNA损伤的修复和基因突变有着密切的关系，当DNA的某一位置的结构发生改变（称为前突）时，并不意味着一定会产生突变，因为细胞内存在一系列的修复系统，能清除或纠正不正常的DNA分子结构和损伤，从而阻止突变的发生，因此前突可以通过DNA复制而成为真正的突变，也可以重新变为原来的结构，这取决于修复作用和其他多种因素。

11. 不经诱变剂处理而自然发生的突变称自发突变。有如下特性：(1) 非对应性，突变的发生与环境因子无对应性。不过近年来也有人提出突变具有对应性，即定向或适应性突变的例子。（2）稀有性，突变率很低，一般为$10^{-6}\sim10^{-10}$。（3）规律性。（4）独立性。（5）遗传和回复性。（6）可诱变性。

12. 通过各种化学、物理和生物因子处理而获得的突变称为诱发突变。诱变只是提高突变率，并非产生新的突变。

13. 能使突变率提高到自发突变率水平以上的物理、化学和生物因子称为诱变剂。现已发现许多化学诱变剂能够引起动物和人的癌症，因此利用细菌突变来检测环境中存在的致癌物质是一种简便、快速、灵敏的方法。该方法是由美国加利福尼亚大学的Ames教授首先发明，因此又称Ames实验。该实验是利用鼠伤寒沙门氏菌的组氨酸营养缺陷型菌株的回复突变性能来进行的。

14. 细胞在DNA复制过程中会出现差错，细菌细胞具有校正和修复功能。除了DNA聚合酶的纠错功能外，还有比较复杂的修复系统，主要有：光复活作用、切除修复、重组修复和S0S修复。

15. 自然界的微生物可通过多种途径进行水平方向的基因转移，并通过基因的重新组合来适应随时改变的环境以求生存。这种转移不仅发生在不同的微生物细胞之间，而且也发生在微生物与高等动、植物之间，因此基因的转移和交换是普遍存在的，是生物进化的重要动力之一。

16. 1946年，由Joshua Lederberg和Edward L.Taturm通过使用细菌的多重营养缺陷型（避免回复突变的干扰）进行的杂交实验证实了两菌株之间可发生遗传交换和重组。Davis的“U”型管实验证实了Lederberg等观察到的重组现象是需要细胞的直接接触的，故又称之为接合作用。但用两株具不同的多重营养缺陷型的鼠伤寒沙门氏菌进行类似的实验时，他们虽然又一次成功地证实了该菌中存在的重组现象,但当沿着发现接合作用的思路继续用“U”型管进行同样的实验时，他们惊奇地发现：在给体和受体细胞不接触的情况下，同样出现原养型细菌。这一“反常”的结果使他们发现了普遍性转导这一重要的基因转移途径。这是表面看起来的常规研究却导致一个惊奇和十分重要发现的重要例证之一。

17. 在$F^+\times F^-$的接合作用中，是F因子向F^-细胞转移，含F因子的宿主细胞的染色体DNA一般不被转移。杂交的结果是给体细胞和受体细胞均成为F^+细胞。Hfr$\times F^-$杂交中，F因子的先导区结合着染色体DNA向受体细胞转移。F因子除先导区以外，其余绝大部分是处于转移染色体的末端，由于转移过程常被中断，因此F因子不易转入受体细胞中，故Hfr$\times F^-$杂交后的受体细胞（或接合子）仍然是F^-。$F'\times F^-$的杂交与$F^+\times F^-$不同的是给体细胞的部分染色体基因随F′一起转入受体细胞，并且不需要整合就可以表达，实际上是形成一种部分二倍体，此时的受体细胞也就变成了F′。细胞基因的这种转移过程又常称为性导（sexduction）。

18. 遗传转化

根据感受态建立方式，可以分为自然遗传转化和人工转化，前者感受态的出现是细胞一定生长阶段的生理特性；后者则是通过人为诱导的方法，使细胞具有摄取DNA的能力，或人为地将DNA导入细胞内。

19. 自然转化的第一步是受体细胞要处于感受态，即能从周围环境中吸取DNA的一种生理状态，然后是DNA在细胞表面的结合和进入，进入细胞内的DNA分子一般以单链形式整合进染色体DNA，并获得遗传特性的表达。这一系列过程涉及到细菌染色体上10多个基因编码的功能。自然转化广泛存在于自然界，可能是自然界进行基因交换的重要途径，如图8-1所示。

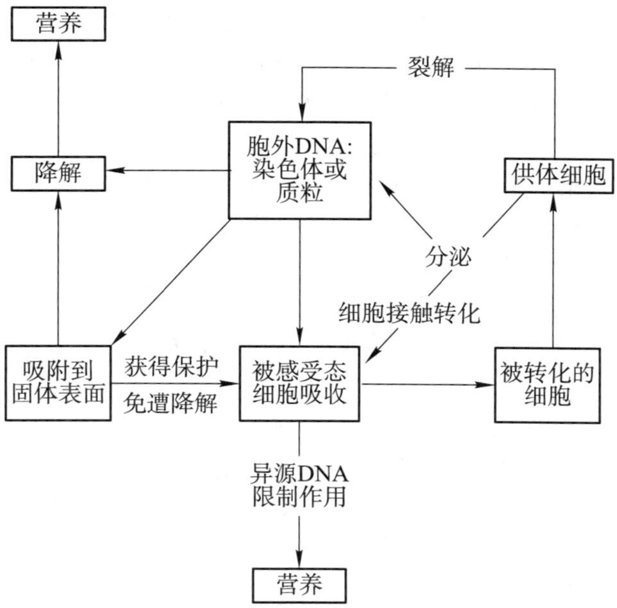

图8-1 水和陆地环境中通过游离DNA进行的基因转移（转化）

20. 人工转化是在实验室中用多种不同的技术完成的转化，包括用$CaCl_2$处理细胞，电穿孔等。为许多不具有自然转化能力的细菌（如大肠杆菌）提供了一条获取外源DNA的途径，也是基因工程的基础技术之一。

21. 细菌基因转移的3种方式（接合、转导、转化）都可以用来进行作图。因用接合作用（中断杂交）作图缺乏高度的分辨率，不能用于相隔很近的基因的定位，所以完整的遗传图谱是用几种作图技术绘制的。通常是将中断杂交数据和共转导、共转化研究结合起来，后者可对十分邻近的基因进行更精确的定位。目前，大肠杆菌的染色体已定位了1 000多个基因。

22. 虽然我们可以从绘制的遗传图谱中获得某些信息，但大量认识还必须通过用其基因组的实际的核苷酸序列来与微生物的遗传图谱进行比较而获得。主要采用一种称之为“全基因组鸟枪测序”（whole genome shotgun sequencing）的方法来进行，简述如下：（1）用超声波将基因组随机打断成相当小的片段（大约一个基因大小或更小），这些片段与质粒载体结合，产生质粒克隆文库。（2）制备这些克隆和提纯DNA以后，数千个细菌DNA片段被自动测序，通常是用特殊的染料标记引物。这个程序的特点是几乎基因组的所有片段都被测序几次，以增加最后结果的精确性。（3）用专门的计算机程序将已测序的DNA片段通过片段之间核苷酸序列重叠的比较，将其装配成比较长的DNA序列。如果这些序列在其末端重叠（或有相同的末端），那么二个片段连在一起形成更长的一段DNA。这种重叠比较过程导致一系列大的相邻核苷酸序列或重叠群（contig）。（4）最后，将这些重叠群按合适的顺序排队，填补二个重叠群之间可能留下的缺口（gap），从而形成完整的基因组序列。

23. 酿酒酵母是以单倍体或二倍体状态存在，单倍体分别是两种接合型，称之为α和a，α和a细胞的融合便产生了二倍体细胞（α/a）。大多数酵母菌株含有一种称之为“2 μm”的质粒，这是目前研究得比较深入且具有广泛应用价值的质粒。

24. 在生物进化过程中，微生物形成了愈来愈完善的代谢调节机制，使细胞内复杂的生物化学反应能高度有序地进行和对外界环境条件的改变迅速作出反应。因此，处于平衡生长，进行正常代谢的微生物不会有代谢产物的积累。而微生物育种的目的就是要人为地使某种代谢产物过量积累，把生物合成的代谢途径朝人们所希望的方向加以引导，或者促使细胞内发生基因的重新组合，优化遗传性状，实现人为控制微生物，获得我们所需要的高产、优质和低耗的菌种。为了实现这一目的必须设法解除或突破微生物的代谢调节控制，进行优良性状的组合，或者利用基因工程的方法人为改造或构建所需要的菌株。

25. 虽然微生物可产生大量十分有价值的产物，但是它们完善的调节机制限制细胞只产生够它们自身需要的少量产物，它们是十分“节约”的。微生物学家必须设法使它们变成“浪费型”，才能从它们那儿得到我们所需要的代谢产物。长期实践的结果表明，通过选育各种突变株是达到这一目的的重要策略。突变株包括营养缺陷型突变株，抗阻遏和抗反馈突变型，抗性突变型等。

26. 体内基因重组是指重组过程发生在细胞内。体内基因重组育种是指采用接合、转化、转导和原生质体融合等遗传学方法和技术使微生物细胞内发生基因重组，以增加优良性状的组合，或者导致多倍体的出现，从而获得优良菌株的一种育种方法。

三、术语或名词

1. 基因（gene） 是所有生物中编码蛋白质（经mRNA）、rRNA或tRNA的DNA片段或序列，原核生物的基因一般不含内含子。所有编码蛋白质的基因都含有可读框。

2. 可读框（open reading frame，ORF） 是指由起始密码子AUG与终止密码子UAA、UAG或UGA所界定的一串密码子，即是编码一条完整多肽的DNA序列。

3. 基因组（genome） 指存在于细胞或病毒中的所有基因。由于现在发现许多非编码序列具有重要的功能，因此目前基因组的含义实际上是指细胞中基因以及非基因的DNA序列组成的总称，包括编码蛋白质的结构基因、调控序列以及目前功能还尚不清楚的DNA序列。

4. 拟核（nucliod） 大肠杆菌基因组为双链环状的DNA分子，以紧密缠绕成的较致密的不规则小体形式存在于细胞中，该小体称为拟核。

5. 遗传丰余（genetic redundancy） 酵母基因组全序列测定完成后，在其基因组上还发现了许多较高同源性的DNA重复序列，称之为遗传丰余。

6. 质粒（plasmid） 细胞中除染色体以外的一类遗传因子，一种独立于染色体外，能进行自主复制的细胞质遗传因子，主要存在于各种微生物细胞中。质粒上一般不含宿主生长所必需的基因，即消除了质粒的宿主仍可正常生长。

7. 转座因子（transposable element） 也是细胞中除染色体以外的一类遗传因子，位于染色体或质粒上的一段能改变自身位置的DNA序列，广泛分布于原核和真核细胞中。

8. 质粒的不亲和性（incompatibility） 如果将一种类型的质粒通过接合或其他方式（如转化）导入某一合适的但已含一种质粒的宿主细胞，只经少数几代后，大多数子代细胞只含有其中一种质粒，那么这两种质粒便是不亲和的（incompatible），它们不能共存于同一细胞中。质粒的这种特性称为不亲和性（incompatibility）。

9. 消除（curing） 所谓消除是指细胞中由于质粒的复制受到抑制而染色体的复制并未明显受到影响，细胞可继续分裂的情况下发生的质粒丢失。质粒消除可自发产生，也可通过人工处理提高消除率。

10. 插入突变（insertion mutation） 当各种IS、Tn等转座因子插入到某一基因中后，使此基因的功能丧失而发生的突变。

11. 基因突变（gene mutation） 一个基因内部遗传结构或DNA序列的任何改变，包括一对或少数几对碱基的缺失、插入或置换，而导致的遗传变化称为基因突变（gene mutation），其发生变化的范围很小，所以又称点突变（point mutation）或狭义的突变。

12. 同义突变（same-sense mutation） 是指某个碱基的变化没有改变产物氨基酸序列的密码子。显然，这是与密码子的简并性相关的。

13. 错义突变（mis-sense mutation） 是指碱基序列的改变引起了产物氨基酸的改变。有些错义突变严重影响到蛋白质活性甚至使之完全失活，从而影响了表型。如果该基因是必需基因，则该突变为致死突变（lethal mutation）。

14. 无义突变（nonsense mutation） 是指某个碱基的改变，使代表某种氨基酸的密码子变为蛋白质合成的终止密码子（UAA，UAG，UGA）。蛋白质的合成提前终止，产生截短的蛋白质。

15. 移码突变（frameshift mutation） 由于DNA序列中发生1～2个核苷酸的缺失式插入，使翻译的阅读框发生改变，从而导致从改变位置之后的氨基序列的完全变化。

16. 表型（phenotype） 是指可观察或可检测到的个体性状或特征，是特定的基因型在一定环境条件下的表现。

17. 基因型（genotype） 是指储存在遗传物质中的信息，也就是它的DNA碱基顺序。上述4种类型的突变，除了同义突变外，其他3种类型都可能导致表型的变化。

18. 营养缺陷型（auxotroph） 一种缺乏合成其生存所必需的营养物的突变型，只有从周围环境或培养基中获得这些营养物或其前体（precursor）才能生长。

19. 抗药性突变型（resistant mutant） 由于基因突变使菌株对某种或某几种药物（特别是抗生素）产生抗性的一种突变。普遍存在于各类细菌中，也是用来筛选重组子和进行其他遗传学研究的重要正选择标记。这类突变类型常用所抗药物的前3个小写斜体英文字母加上“r”表示。

20. 条件致死突变型（conditional lethal mutant） 是指在某一条件下具有致死效应，而在另一条件下没有致死效应的突变型。这类突变型常被用来分离生长繁殖必需的突变基因。因为这类基因一旦发生突变则是致死的（例如为DNA复制所必需的基因），因而也就不可能得到这些基因的突变。

21. 形态突变型（morphological mutant） 是指造成形态改变的突变型，包括影响细胞和菌落形态、颜色以及影响噬菌体的噬菌斑形态的突变型。

22. 自发突变（spontaneous mutation）和诱发突变（induced mutation） 不经诱变剂处理而自然发生的突变称自发突变，其突变的频率是很低的，一般为10^{-6}～10^{-10}。许多化学、物理和生物因子能够提高其突变频率，将这些能使突变率提高到自发突变水平以上的物理、化学和生物因子称为诱变剂（mutagen）。所谓诱发突变并非是用诱变剂产生新的突变，而是通过不同的方式提高突变率。

23. Ames实验 现已发现许多化学诱变剂能够引起动物和人的癌症，因此利用细菌突变来检测环境中存在的致癌物质是一种简便、快速、灵敏的方法。该方法是由美国加利福尼亚大学的Ames教授首先发明，因此又称Ames实验。

24. 回复突变（reverse mutation or back mutation） 指突变体失去的野生型性状，可

以通过第二次突变得到恢复，这种第二次突变称为回复突变。

25. 光复活作用（photoreactivation） 光解酶在黑暗中专一地识别嘧啶二聚体并与之结合，形成酶–DNA复合物。当给予光照时，酶利用光能将二聚体拆开，恢复原状，使DNA损伤得到修复。

26. 切除修复（excision repair） 又称暗修复。是细胞内的主要修复系统，通过UvrA、UvrB、UvrC、UvrD 4种蛋白质的联合作用切除DNA损伤，留下的单链缺口由DNA聚合酶I和连接酶修复。

27. 重组修复（recombination repair） 这是一种越过损伤而进行的修复。是通过复制后，经染色体交换，使子链上的空隙部位面对正常的单链，再通过DNA聚合酶和连接酶修复空隙部分。

28. SOS修复（SOS repair） DNA受到广泛损伤时发生的复杂诱导型应急修复过程。

29. 接合作用（conjugation） 是指通过细胞与细胞的直接接触而产生的遗传信息的转移和重组过程。

30. 转导（transduction） 是由病毒介导的细胞间进行遗传交换的一种方式。其具体含义是指一个细胞的DNA或RNA通过病毒载体的感染转移到另一个细胞中。

31. 普遍性转导（generalized transduction） 噬菌体可以转导给体细胞染色体的任何部分到受体细胞中。

32. 局限性转导（specialized transduction） 噬菌体总是携带同样的片段到受体细胞中。

33. 遗传转化（genetic transformation） 是指同源或异源的游离DNA分子（质粒和染色体DNA）被自然或人工感受态细胞摄取，并得到表达的水平方向的基因转移过程。

34. 感受态（competence） 能从周围环境中吸取DNA的一种生理状态。

35. 中断杂交（interrupted mating）技术 此技术的基本要点是把接合中的细菌在不同时间取样，并把样品猛烈搅拌以分散接合中的细菌，然后分析受体细菌基因型，以时间（min）为单位绘制遗传图谱。

36. 酵母菌的2 μm质粒（2 μm plasmid） 是封闭环状的双链DNA分子，周长约2 μm（6 kb左右），是酵母菌中进行分子克隆和基因工程的重要载体，因此以它为基础进行改建的克隆和表达载体已得到广泛的应用。

37. 准性生殖（parasexual reproduction） 是指不经过减数分裂就能导致基因重组的生殖过程。在该过程中染色体的交换和染色体的减少不像有性生殖那样有规律，而且也是不协调的。

38. 诱变育种（mutation breeding） 是指利用各种诱变剂处理微生物细胞，提高基因的随机突变频率，通过一定的筛选方法（或特定的筛子）获得所需要的高产优质菌株。

39. 抗阻遏和抗反馈突变型（repression resistant and feedback resistant mutants） 突变型都是由于代谢失调所造成的，它们都有共同的表型，即在细胞中已经有大量最终代谢产物时仍然继续不断地合成这一产物。只是前者为调节基因发生了突变；后者是由于变构酶基因发生了突变。

40. 原生质体融合（protoplast fusion） 是将遗传性状不同的两种菌（包括种间、种内及属间）融合为一个新细胞的技术。主要包括原生质体的制备、原生质体的融合、原生质体再生和融合子选择等步骤。

41. 电融合技术（electrofusion） 是一项有效促成原生质体融合的手段。融合过程首先是原生质体在电场中极化成偶极子，并沿电力线方向排列成串，然后，在加直流脉冲后，原生质体膜被击穿，从而导致融合的发生。

42. DNA Shuffling 1994年，美国的Stemmer提出的一个全新的人工分子进化技术，该技术能模拟生物在数百万年间发生的分子进化过程，并可在短的实验循环中定向筛选出特定基因编码的酶蛋白活性提高几百倍甚至上千倍的功能性突变基因。

四、习题

填空题

1. ________是第一个发现转化现象的，并将引起转化的遗传物质称为________。
2. Avery和他的合作者分别用降解DNA、RNA和蛋白质的酶作用于有毒的S型细胞抽提物，然后分别与________混合，结果发现，只有DNA被酶解而遭到破坏的抽提物无转化活性，说明DNA是转化所必需的转化因子。
3. Alfred D.Hershey和Martha Chase用P^{32}标记T2噬菌体的DNA，用S^{35}标记的蛋白质外壳所进行的感染实验证实：DNA携带有T2的________。
4. H.Fraenkel Conrat用含RNA的烟草花叶病毒进行的拆分与重建实验证明，________也是遗传物质。
5. 细菌在一般情况下是一套基因，即________；真核微生物通常是有两套基因又称________。
6. 近年来对微生物基因组序列的测定表明，能进行独立生活的最小基因组是一种________，只含473个基因。
7. 大肠杆菌基因组为________的DNA分子，在细胞中以紧密缠绕成的较致密的不规则小体形式存在于细胞中，该小体被称为________。
8. 大肠杆菌基因组的主要特点是：遗传信息的________，功能相关的结构基因组成________，结构基因的单拷贝及rRNA基因的多拷贝，基因组的重复序列少而短。
9. 酵母菌基因组最显著的特点是________，酵母基因组全序列测定完成后，在其基因组上还发现了许多较高同源性的DNA重复序列，并称之为________。
10. 詹氏甲烷球菌全基因组序列分析结果完全证实了1977年由________等人提出的________。因此有人称之为“里程碑”的研究成果。
11. 詹氏甲烷球菌只有40%左右的基因与其他两界生物有同源性，其中有的类似于________，有的则类似于________，有的就是二者融合。
12. 质粒通常以共价闭合环状的超螺旋双链DNA分子形式存在于细胞中，但从细胞中分离的质粒大多是3种构型，即________型、________型和________型。
13. ________质粒因首先发现于大肠杆菌中而得名，该质粒含有编码大肠菌素的基因，大肠菌素是一种细菌蛋白，只杀死近缘且不含________质粒的菌株，而宿主不受其产生的细菌素的影响。
14. 用一定浓度的吖啶橙染料或其他能干扰质粒复制而对染色体复制影响较小的理化因子处理细胞，可________。
15. 原核生物中的转座因子有3种类型：________、________和________。

16. 当DNA的某一位置的结构发生改变时，并不意味着一定会产生突变，因为细胞内存在一系列的________，能清除或纠正不正常的DNA分子结构和损伤，从而阻止突变的发生。
17. 营养缺陷型是微生物遗传学研究中重要的选择标记和育种的重要手段，由于这类突变型在________上不生长，所以是一种负选择标记，需采用________的方法进行分离。
18. 两株多重营养缺陷型菌株只有在混合培养后才能在基本培养基上长出原养型菌落，而未混合的两亲菌均不能在基本培养基上生长，说明长出的原养型菌落是两菌株之间发生了遗传________和________所致。
19. 在________转导中，噬菌体可以转导给体细胞染色体的任何部分到受体细胞中；而在________转导中，噬菌体总是携带同样的片段到受体细胞中。
20. 根据感受态建立方式，可以分为________转化和________转化，前者感受态的出现是细胞一定生长阶段的生理特性；后者则是通过人为诱导的方法，使细胞具有摄取DNA的能力，或人为地将DNA导入细胞内。
21. 大多数酵母菌株含有一种称之为________的质粒，它们是封闭环状的双链DNA分子，周长约6 kb左右，以高拷贝数存在于酵母细胞中，每个单倍体基因组含60 ~ 100个拷贝，约占酵母细胞总DNA的30%。
22. 线粒体的核糖体在大小上类似于原核生物的核糖体，线粒体与细菌之间的近缘关系，支持真核的细胞器（线粒体、叶绿体）是由________演化出来的假设。
23. 丝状真菌遗传学研究主要是借助有性过程和________过程，并通过遗传分析进行的，而________是丝状真菌，特别是不产生有性孢子的丝状真菌特有的遗传现象。
24. 为了提高诱变效率，常用物理、化学两种诱变剂________，待诱变的菌株或孢子悬液一定要混匀，使其能均匀接触诱变剂。
25. 原生质体融合技术主要包括原生质体的________、原生质体的________、原生质体________和融合子选择等步骤。

❖ 选择题（4个答案选1）

1. Avery和他的合作者分别用降解DNA、RNA或蛋白质的酶作用于有毒的S型细胞抽提物，选择性地破坏这些细胞成分，然后分别与无毒的R型细胞混合，结果发现，只有（　　）被酶解而遭到破坏的抽提物无转化作用，说明DNA是转化所必需的转化因子。
（1）RNA　（2）蛋白质　（3）DNA　（4）毒素
2. 基因组通常是指全部一套基因。由于现在发现许多调控序列和非编码序列具有重要的功能，因此目前基因组的含义实际上包括编码蛋白质的结构基因以及目前功能还尚不清楚的（　　）。
（1）RNA序列　（2）DNA序列　（3）调控序列　（4）操纵子序列
3. 最小的遗传单位是（　　）。
（1）染色体　（2）基因　（3）密码子　（4）核苷酸
4. 大肠杆菌及其他原核细胞的遗传物质就是以（　　）形式在细胞中执行着诸如复制、重组、转录、翻译以及复杂的调节过程。
（1）环状　（2）核酸　（3）真核　（4）拟核
5. 大肠杆菌中，有些功能相关的RNA基因串联在一起，如构成核糖核蛋白体的3种RNA

基因转录在同一个转录产物中，它们依次是16S rRNA、23S rRNA、5S rRNA。这3种RNA在核糖体中的比例是（　　）。

（1）1∶1∶1　　（2）1∶2∶1　　（3）2∶1∶2　　（4）1∶2∶3

6. 原核生物基因组存在一定数量的重复序列，但比真核生物（　　），而且重复的序列比较短，一般为4～40个碱基，重复的程度有的是十多次，有的可达上千次。

（1）多得多　　（2）多几倍　　（3）多几千倍　　（4）少得多

7. 细胞在DNA复制过程中会出现差错，细菌细胞具有校正和修复功能，除了DNA聚合酶的纠错功能外，还有比较复杂的（　　）。

（1）光保护作用　　（2）调控系统　　（3）突变作用　　（4）修复系统

8. 酵母菌基因组结构最显著的特点是（　　），其tRNA基因在每个染色体上至少是4个，多则30多个，总共约有250个拷贝。

（1）高度重复　　（2）操纵子结构　　（3）少而短　　（4）连续性

9. 詹氏甲烷球菌只有40%左右的基因与其他两界生物有同源性，可以说古生菌是真细菌和真核生物特征的一种奇异的结合体。一般而言，古生菌的基因组在结构上类似于（　　）。

（1）酵母　　（2）丝状真菌　　（3）细菌　　（4）病毒

10. 琼脂糖凝胶电泳是根据（　　）和电泳呈现的带型将染色体DNA与质粒分开。

（1）数量　　（2）分子量大小　　（3）凝胶用量　　（4）线型结构

11. 插入顺序和转座子有两个重要的共同特征：它们都携带有编码转座酶的基因，该酶是转移位置，即转座所必需的；另一共同特征是它们的两端都有（　　）。

（1）反向末端重复序列　　（2）不同源序列

（3）同源序列　　（4）不重复序列

12. Mu噬菌体是一种以大肠杆菌为宿主的温和噬菌体，其基因组上除含有为噬菌体生长繁殖所必需的基因外，还有为转座所必需的基因，因此它也是最大的（　　）。

（1）噬菌体　　（2）插入顺序　　（3）转座子　　（4）转座因子

13. 某个碱基的改变，使代表某种氨基酸的密码子变为蛋白质合成的终止密码子（UAA，UAG，UGA）。蛋白质的合成提前终止，产生截短的蛋白质，这种基因突变是（　　）。

（1）同义突变　　（2）错义突变　　（3）无义突变　　（4）移码突变

14. F′是携带有宿主染色体基因的F因子，$F' \times F^-$的杂交与$F^+ \times F^-$不同的是给体细胞的部分染色体基因随F′一起转入受体细胞，并且不需要整合就可以表达，实际上是形成一种部分二倍体，此时的受体细胞也就变成了（　　）。

（1）F^+　　（2）F′　　（3）F^-　　（4）F

15. 形成转导颗粒的噬菌体可以是温和的也可以是烈性的，主要的要求是具有能偶尔识别宿主DNA的（　　），并在宿主基因组完全降解以前进行包装。

（1）裂解机制　　（2）包装机制　　（3）识别机制　　（4）侵入机制

16. 线粒体是真核细胞内重要的细胞器，是能量生成的场所，还参与脂肪酸和某些蛋白质的合成，由于线粒体遗传特征的遗传发生在核外和有丝分裂和减数分裂过程以外，因此它是一种（　　）。

（1）质粒遗传　　（2）细胞核遗传　　（3）染色体遗传　　（4）细胞质遗传

17. 丝状真菌遗传学研究主要是借助有性生殖过程和准性生殖过程，准性生殖的过程可出现很多新的（ ），因此可成为遗传育种的重要手段，其次，在遗传分析上也是十分有用的。

（1）减数分裂 （2）基因组合 （3）生殖现象 （4）有性生殖

18. 诱变育种是指利用各种诱变剂处理微生物细胞，提高基因的随机（ ），通过一定的筛选方法获得所需要的高产优质菌株。

（1）重组频率 （2）融合频率 （3）突变频率 （4）调控频率

19. 在营养缺陷型突变株中，生物合成途径中某一步发生酶缺陷，合成反应不能完成。通过外加限量的所要求的营养物，克服生长的障碍，而又使最终产物不至于积累到引起（ ）的浓度，从而有利于中间产物或某种最终产物的积累。

（1）反馈调节 （2）突变 （3）生长增加 （4）基因重组

20. 对氟苯丙氨酸是苯丙氨酸的结构类似物，因此对氟苯丙氨酸抗性菌株所产生的苯丙氨酸也不能与阻遏蛋白或变构酶结合，这样必然会在有苯丙氨酸存在的情况下，细胞仍然不断地合成苯丙氨酸，使其得到过量积累，这就是（ ）或抗反馈突变株。

（1）反馈 （2）抗阻遏 （3）阻遏 （4）抗药性

21. 采用接合、转化、转导和原生质体融合等遗传学方法和技术使微生物细胞内发生基因重组，以增加优良性状的组合或者导致多倍体的出现，从而获得优良菌株，这种育种方法被称为（ ）重组育种。

（1）诱变 （2）体内基因 （3）体外基因 （4）融合基因

❖ 是非题

1. 1952年，Alfred D.Hershey和Martha Chase为了证实T2噬菌体的DNA是遗传物质，他们用P^{32}标记病毒的DNA，用S^{35}标记病毒的蛋白质外壳。然后将这两种不同标记的病毒分别与其宿主大肠杆菌混合。结果发现决定蛋白质外壳的遗传信息是在DNA上，DNA携带有T2的全部遗传信息。
2. 1956年，H.Fraenkel Conrat用烟草花叶病毒所进行的拆分与重建实验，结果也证明DNA是遗传物质的基础。
3. 大肠杆菌及其他原核生物编码rRNA的基因*rrn*多拷贝及结构基因的单拷贝，也反映了它们基因组经济而有效的结构。
4. 酵母菌的DNA也是与4种主要的组蛋白（H_2A、H_2B、H_3和H_4）结合构成染色质的14 bp核小体核心DNA；染色体DNA上有着丝粒和端粒，也有明显的操纵子结构，没有间隔区或内含子序列。
5. 同时具有细菌和真核生物基因组结构特征的古生菌对研究生命的起源和进化无疑是十分重要的，而许多古生菌特有的基因将为开发新的药物和生物活性物质，或在工业中实施新的技术开拓广阔的前景。
6. 质粒作为细胞中的主要遗传因子，携带有在所有生长条件下必需的基因，为宿主细菌的生长繁殖所必需。
7. F质粒是最早发现的一种与大肠杆菌的有性生殖现象有关的质粒，携带F质粒的菌株称为Hfr，F质粒整合到宿主细胞染色体上的菌株称之为F^+。
8. 如果将一种类型的质粒通过接合或其他方式（如转化）导入某一合适的但已含一种质粒的宿主细胞，只经少数几代后，大多数子代细胞只含有其中一种质粒，那么这两种质粒便是亲和的。

9. Tn比IS分子大，与IS的主要差别是Tn携带有授予宿主某些遗传特性的基因，主要是抗生素和某些毒物抗性基因。
10. Mu噬菌体是一种以大肠杆菌为宿主的温和噬菌体，以裂解生长和溶源生长两种方式交替繁衍。其基因组上除含有为噬菌体生长繁殖所必需的基因外，还有为转座所必需的基因，因此它也是最大的转座因子，全长约39 kb。
11. 基因和可读框（ORF）是两个完全相同概念的不同表述。
12. 基因型和表型是遗传学中常用的两个概念，基因型是指可观察或可检测到的个体性状或特征；表型是指储存在遗传物质中的信息，也就是它的DNA碱基顺序。
13. 自然界的微生物可通过多种途径进行水平方向的基因转移，并通过基因的重新组合以适应随时改变的环境以求生存，这种转移不仅发生在不同的微生物细胞之间，而且也发生在微生物与高等动、植物之间，因此基因的转移和交换是普遍存在的，是生物进化的重要动力之一。
14. 在$F^+ \times F^-$的接合作用中，是F因子向F^-细胞转移，含F因子的宿主细胞的染色体DNA也被转移，杂交的结果仍是给体细胞为F^+细胞，受体细胞为F^-细胞。
15. F'是携带有宿主染色体基因的F因子，$F' \times F^-$的杂交与$F^+ \times F^-$不同的是给体细胞的部分染色体基因随F'一起转入受体细胞，而且需要整合才可以表达。
16. 转导可分为普遍性转导和局限性转导两种类型，在普遍性转导中，噬菌体可以转导给体细胞染色体的任何部分到受体细胞中；而在局限性转导中，噬菌体总是携带同样的片段到受体细胞中。
17. 自然感受态除了对线型染色体DNA分子的摄取外，也能摄取质粒DNA和噬菌体DNA，后者又称为转染。
18. 所谓结构类似物抗性菌株，即是那些在含有结构类似物的环境中，其生长不被抑制的菌株，这种抗性菌株是由于变构酶结构基因或调节基因发生突变的结果，使结构类似物不能与结构发生了变化的阻遏蛋白或变构酶结合，细菌生长不受抑制，但合成终产物被抑制。
19. 原生质体融合技术中，再生培养基以高渗培养基为主，其目的是增加高渗培养基的渗透压就可显著地增加再生率。
20. DNA Shuffling基本原理是先将来源不同但功能相同的一组同源基因，用DNA核酸酶I进行消化产生随机小片段，由这些小片段组成一个文库，使之互为引物和模板，进行PCR扩增，引起模板转换，重组因而发生。导入体内后，选择正突变体做新一轮的体外重组，一般通过2～3次循环，可获得产物大幅度提高的重组突变体。

❖ 问答题

1. 从遗传学角度谈谈你对朊病毒（prion）的理解和看法。
2. 在人类基因组计划的执行中，为什么要进行以微生物为主体的模式生物的全基因组序列测定？哪几种生物分别是已完成全基因组测序的第一个独立生活的生物，第一个真核生物，第一个自养生活的生物？
3. 在细菌细胞中，均有以环状形式存在的染色体DNA和质粒DNA，在质粒提取过程中发生了什么变化？这种变化对质粒的检测和分离有什么利用价值？

4. 根据你所学的关于诱发突变的知识，你认为能否找到一种仅对某一基因具有特异性诱变作用的化学诱变剂？为什么？
5. 何谓回复突变？在Ames实验中为什么检测回复突变而不是检测正向突变？Ames实验在预防癌症中有什么意义？
6. 为什么基因会由于转座因子的插入而失活（插入突变）？为什么被内含子插入（分割）的真核生物基因却是正常的？
7. 根据突变的光复活修复作用、原理，你认为在进行紫外线诱变处理时，应注意什么？为了使被诱变的细胞能均匀地受到紫外线照射，你将如何做？
8. 请设计实验来决定在一种特定的细菌中发生的遗传转移过程是转化、转导还是接合？说明每一种的预期结果。设想有下列条件和材料可以利用：（1）合适的突变株和选择培养基；（2）DNase（一种降解裸露DNA分子的酶）；（3）两种滤板：一种能够持留细菌和细菌病毒，但不能持留游离的DNA分子；另一种滤板只能持留细菌；（4）一种可以插入滤板使其分隔成两个空间的玻璃容器（如U型管）。
9. 在上一题的实验中，为什么用二重或三重营养缺陷型菌株？
10. Hfr × F^-和F^+ × F^-杂交得到的接合子都有性菌毛产生吗？它们是否都能被M13噬菌体感染呢？
11. 为什么导致蛋白质表面氨基酸变化的突变一般不会引起表型的变化？而蛋白质内部氨基酸的替换则会引起表型变化？
12. DNA链上发生的损伤是否一定发生表型的改变？尽你所能说出理由。
13. 根据自发突变的特性，环境中发生的药物抗性自发突变具有非对应性和稀有性，即突变的发生与环境因子无对应性，也就是说某抗生素抗性突变的发生与其环境中是否存在这种抗生素无对应性，而且发生的频率又极低（10^{-6}～10^{-10}），那么为什么说抗生素的滥用是导致当今药物抗性泛滥的元凶呢？请你从遗传学的角度予以解释。
14. 微生物育种的目的是什么？为了实现这一目的，可采用哪些方法？请简述这些方法的基本含意或原理。

五、习题解答

填空题

1. Griffith　转化因子　2. 无毒的R型细胞　3. 全部遗传信息　4. RNA　5. 单倍体　二倍体　6. 生殖道支原体　7. 双链环状　拟核　8. 连续性　操纵子结构　9. 高度重复　遗传丰余　10. Woese　三域学说　11. 真细菌　真核生物　12. CCC　OC　L　13. Col　Col　14. 消除质粒　15. 插入顺序　转座子　某些特殊病毒　16. 修复系统　17. 选择培养基（或基本培养基）　影印平板　18. 交换　重组　19. 普遍性　局限性　20. 自然遗传　人工　21. 2 μm　22. 内共生细菌　23. 准性生殖　准性生殖　24. 交替使用　25. 制备　融合　再生

选择题

1.（3）　2.（2）　3.（2）　4.（4）　5.（1）　6.（4）　7.（4）

8. (1) 9. (3) 10. (2) 11. (1) 12. (4) 13. (3) 14. (2)
15. (2) 16. (4) 17. (2) 18. (3) 19. (1) 20. (2) 21. (2)

❖ 是非题

1. √ 2. × 3. √ 4. × 5. √ 6. × 7. ×
8. × 9. √ 10. √ 11. × 12. × 13. √ 14. ×
15. × 16. √ 17. √ 18. × 19. √ 20. √

❖ 问答题

1. 朊病毒(或朊粒)是不含核酸的蛋白质传染颗粒，它不是传递遗传信息的载体，也不能自我复制而仍然是由基因编码的一种正常蛋白质(PrP)的两种异构体PrP^{c}(存在正常组织中)和PrP^{sc}(存在于病变组织中)，其氨基酸和线性排列顺序相同但是三维构象不同，因此由PrP^{sc}引起的疾病又称之为构象病。
2. 因为微生物基因组小，便于测定和分析，可从中获取经验改进技术方法，从而大大加快了人类基因组计划的进展。此外，微生物基因组包含着原核生物和真核生物，具有一定的代表性。第一个测序的独立生活的生物是流感嗜血杆菌，第一个测序的真核生物是酿酒酵母，第一个测序的自养生活的生物是詹氏甲烷球菌。
3. 染色体DNA分子比质粒DNA分子大得多，在提取过程中易于断裂成大小不同的分子片段，但一般情况下仍然比质粒大，因此在琼脂糖凝胶电泳过程中随机断裂的染色体DNA片段，泳动速度较慢且带型不整齐，而质粒DNA由于分子量小，在提取过程中一般不会断裂成小片段，分子量一致，因此，泳动速度较快，且带型整齐，与染色体DNA分开，从而有利于质粒DNA的检测和分离。
4. 理化诱变剂的作用主要是随机引起DNA链上碱基发生置换、颠换或其他损伤，虽然有突变热点，但并非针对某一基因，诱变剂无基因特异性，诱变作用主要是提高突变率，因此要获得某一基因的突变不是靠选用何种诱变剂，而是靠合适的筛选方法。
5. 能使突变型恢复为野生型表型的突变称为回复突变(reversional mutation)，这类突变也可因诱变作用而提高其回复突变率。而大多数诱变剂具有致癌性。Ames实验是利用一组组氨酸营养缺陷型(his^{-})菌株的回复突变率來检测各种不同环境和食品中是否具有致癌物。这种检测工作量巨大，故所用的技术和方法除具有准确性外，还应简便、迅速、廉价。而回复突变相对正向突变而言正好具有这些优点：正向突变(营养缺陷型)的检测需要较复杂的影印技术；而回复突变只需在基本培养基上检测经待测物处理his^{-}突变株后形成的回复突变子(菌落)即可。

   随着环境的恶化，致癌诱变剂种类和浓度呈增长趋势，患癌症的病人日益增加。在不采用昂贵费时的动物研究的情况下，Ames实验无疑为癌症的防治提供了极其重要、极有价值的方法。
6. 基因被转座因子插入后，基因的连续性被中断，失去了翻译成完整蛋白质的功能，即失活。而真核生物的基因虽然被内含子割裂成不连续的基因，但在转录过程中，内含子被剪接(splicing)，而不出现在mRNA分子中，翻译成蛋白质的mRNA含有完整连续的基因信息，所以其产物是正常的多肽或蛋白质。
7. 在进行紫外线诱变处理时应注意避光，以防光复活修复作用。一般在红光下操作，在黑暗中培养。在紫外线照射时，盛菌液的培养皿应置于磁力搅拌器上，边照射边搅拌，使细胞能均匀受到紫外线照射。

8.（1）将两种不同的二重或三重营养缺陷型菌株混合培养，在基本培养基上长出的菌落为重组菌株（发生了遗传交换）。（2）如果在混合培养期间加入DNase，在基本培养基上无重组菌落出现，这说明上述重组是因细胞间的接触转化所致；如果仍有重组菌落产生，说明可能是由于接合和转导所致。（3）利用只能持留细菌的滤板相隔的U型管进行实验，如果在基本培养基上不产生重组菌落，则判断为接合作用；如果产生重组菌落，则又有两种可能，即转化或转导。（4）利用能持留细菌和细菌病毒而不能持留DNA的滤板相隔的U型管实验，如果不产生重组菌落则为转导，如果仍产生重组菌落则为转化。

9. 为了排除在基本培养基上长出的原养型菌落是由于回复突变这一可能性。因为同时发生两个基因或三个基因的基因突变是不可能的。在大肠杆菌中，单营养缺陷型的回复突变率的大约是10^{-8}。

10. Hfr × F^-中，Hfr菌株的染色体在向F^-的转移过程中，整合在染色体上的F因子除先导区外，绝大部分处于转移染色体的末端。由于转移过程常被中断，因此F因子不易转移到受体细胞中，所以Hfr × F^-得到的接合子仍然是F^-，无性菌毛产生；F^+ × F^-得到的接合子有性菌毛产生，能被M13噬菌体感染，因为M13的侵染途径是性菌毛。

11. 蛋白质表面氨基酸的变化一般不影响蛋白质的功能，因此一般不会引起表型的变化，但如果突变引起蛋白质内部的氨基酸发生变化（包括酶的活性位点），就可能剧烈地改变蛋白质的三维结构，从而改变其功能，破坏酶的活性。

12. 不一定，如下列情况：①同义突变或沉默突变；②发生了基因内另一位点或是另一基因的抑制突变（一般指tRNA基因的突变）使突变得到校正；③即使是错义突变，但是否改变表型还视置换的氨基酸是否影响蛋白质的功能；④各种修复机制可清除DNA的各种损伤，使其表型不发生改变。

13. 虽然抗生素抗性突变的发生与其环境中是否存在相应的抗生素无对应关系，但是越来越多地大量使用抗生素，必然使敏感菌株在与抗性菌株的竞争中越来越处于劣势，而抗性菌株却越来越占优势，因此药物抗性菌株在不断地选择中迅速蔓延，使许多原来治疗效果很好的抗生素失效。另外，位于染色体，特别是位于质粒和转座因子上的抗药性基因，还可通过转化、转导以及接合等水平基因转移方式将抗药性基因向其他敏感菌株传播，形成更多的抗性菌株，这些抗性菌株又将会在人们滥用抗生素的选择优势中蔓延，有的还会形成多重药物抗性。因此滥用抗生素的危害极大，已成为极其严重的社会公共卫生问题，必须严格禁止。

14. 微生物育种的目的就是人为地使微生物的某种代谢产物过量积累，把生物合成的代谢途径朝人们所希望的方向加以引导，或者促使细胞内发生基因的突变或通过重新组合优化遗传性状，实现人为控制微生物，获得我们所需要的高产、优质和低耗的菌种。为了实现这一目的可采用下列4种方法：

（1）诱变育种　这是指利用各种诱变剂处理微生物细胞，提高基因的随机突变频率，再通过一定的筛选方法（或特定的筛子）获得所需要的高产优质菌株。

（2）代谢工程育种　这是一种利用基因工程技术对微生物代谢网络中特定代谢途径进行有精确目标的基因操作，改变微生物原有的调节系统，使目的代谢产物的活性或产量得到大幅度提高的一种育种技术（有关基因工程的原理和方法见第10章）。根据微生物不同代谢特征，一般采用改变代谢途径、扩展代谢途径以及构建新的代谢途径等方法来达到目的。

（3）体内基因重组　是指重组过程发生在细胞内，这是相对于体外DNA重组技术（或基因工程技术）而言。体内基因重组育种是指采用接合、转化、转导和原生质体融合等遗传学方法和技术使微生物细胞内发生基因重组，以增加优良性状的组合或者导致多倍体的出现，从而获得优良菌株的一种育种方法。

（4）DNA Shuffling技术　这是一种全新的人工分子进化技术。DNA Shuffling（又称洗牌技术）能模拟生物在数百万年间发生的分子进化过程，并可在短的实验循环中定向筛选出特定基因编码的酶蛋白活性提高几百倍甚至上万倍的功能性突变基因。其基本原理是先将来源不同但功能相同的一组同源基因，用DNA核酸酶I进行消化产生随机小片段，由这些随机小片段组成一个文库，使之互为引物和模板，进行PCR扩增。当一个基因拷贝片段作为另一基因拷贝的引物时，引起模板转换，重组因而发生。导入体内后，选择正突变体作新一轮的体外重组。一般通过2～3次循环，可获得产物大幅度提高的重组突变体。

六、主要参考书目

1. Prescott L M，Harley J P，Klein D A. 微生物学. 5版. 中文版. 沈萍，彭珍荣，译. 北京：高等教育出版社，2003
2. 沈萍. 微生物遗传学. 武汉：武汉大学出版社，1995
3. Talaro K P. Foundations in Microbiology. 5th ed. New York：McGraw-Hill Companies，2005
4. Krebs J E，Goldstein E S. kilpatrick S T. Lewin's GENES Ⅹ. Massachusetts: Jones and Bartlett Publisher，LLC，2009

（沈萍）

第 9 章

微生物基因表达的调控

一、要点提示

1. 基因表达是遗传信息表现为生物性状的过程，这一过程是通过基因产物的生物学功能来完成的。微生物在长期的进化中，已经形成了两种主要的代谢调节方式，即酶活性的调节和酶量的调节。酶活性的调节是酶蛋白合成之后即翻译后的调节，是酶化学水平上的调节。而酶量的调节是转录水平或翻译水平的调节。原核生物基因表达的调控主要在转录水平上，这是一种最经济的调控方式。但也有转录后的“微调”，使基因的表达更适应本身的需求和外界条件的变化。

2. 原核生物细胞中，功能相关的基因组成操纵子结构，由操纵区同一个或几个结构基因联合起来，形成一个在结构上、功能上协同作用的整体——操纵子，即作为表达的协同单位。操纵子转录调控是原核生物的主要调控机制，受同一调节基因和启动子的调控，并分为负转录调控和正转录调控。在负转录调控系统中，调节基因的产物是阻遏蛋白，在正转录调控系统中，调节基因的产物是激活蛋白。阻遏蛋白或激活蛋白与DNA分子的相互作用和特异性结合，从而控制结构基因的功能。启动子是RNA聚合酶和分解代谢物激活蛋白（CAP）的结合位点，控制着转录的起始。这样，这些基因形成了一整套调节控制机制，才使生命系统在功能上是有序和开放的。

3. 分解代谢物阻遏又被称为葡萄糖效应，这是因为葡萄糖是首先被发现具有这种阻遏效应的物质。当培养基含有多种能源物质时，微生物首先利用更易于分解利用的能源物质，而首先被利用的这种物质的分解对利用其他能源物质的酶的产生有阻遏作用，其原因是：分解代谢物阻遏中，只有当CAP与cAMP结合后构象发生变化，这时才能结合到启动子上游，并促进RNA聚合酶与启动子结合，而葡萄糖能抑制cAMP形成，并促进cAMP分泌到胞外，胞内的cAMP水平下降，RNA聚合酶不能与启动子结合，因此，分解代谢物阻遏实际上是cAMP缺少的结果。

4. 转录后调控主要包括如下几方面：①翻译起始的调控；②mRNA的稳定性；③稀有密码子和重叠基因调控；④反义RNA调控；⑤翻译的阻遏；⑥ppGpp对核糖体蛋白质合成的影响；⑦细菌蛋白的分泌调控。

5. 古生菌的转录系统具有细菌和真核生物的融合特征：它既具有类似真核生物的基本转录装置，又具有类似于细菌的转录调控机制。

二、重点、难点剖析

1. 微生物的基因产物是多种多样的，包括蛋白质、tRNA、rRNA等，其中酶蛋白是主要基因产物。微生物在长期的进化中，已经形成了两种主要的代谢调节方式，即酶活性的调节和酶量的调节。酶活性的调节是翻译后的调节；而酶量的调节是转录水平（即产生多少mRNA）或翻译水平（mRNA是否翻译为酶蛋白）的调节。原核生物的基因调控主要发生在转录水平上，并且是以操纵子结构形式进行，这是一种最为经济的调控方式。

2. 转录调控根据调节基因产物的不同分为负控和正控两种类型。在负控中，调节基因的产物是阻遏蛋白；在正控中，则是激活蛋白。阻遏蛋白在操纵子上结合部位是操纵区，起阻遏作用，激活蛋白的作用部位是离启动子很近的激活结合位点，对启动子起正的作用。

3. 在负转录调控中，又可分为负控诱导和负控阻遏。大肠杆菌乳糖操纵子的调控是典型负控诱导系统，其效应物是诱导物，但同时也受正调控因子cAMP-CAP的调节，所以乳糖操纵子的功能是在正、负两个相互独立的调控体系作用下实现的。大肠杆菌色氨酸操纵子则是进行负控阻遏调控，其效应物是辅阻遏物，但同时也受另一种调节功能——弱化作用进行精细调控；弱化作用只影响合成代谢途径。

4. 在正转录调控中，目前比较清楚的是正控诱导系统，其典型例子是大肠杆菌的麦芽糖操纵子。麦芽糖是诱导物，激活蛋白只有与麦芽糖结合时才能与激活蛋白结合位点结合，促使RNA聚合酶开始转录。操纵子转录调控模式见表9-1。

表9-1 操纵子转录调控模式

类型	调节基因产物	作用位点	效应分子	状况	结果	例子
负控诱导	R	O	I	R+I	转录	乳糖操纵子
负控阻遏	R	O	Cr	R+Cr	不转录	色氨酸操纵子
正控诱导（1）	A	Abs	I	Abs+I	转录	麦芽糖操纵子
正控诱导（2）	CAP	Abs	I	Abs+I	转录	降解物敏感操纵子

注：R：repressor，阻遏蛋白；A：activator protein，激活蛋白；
O：operator，操纵区；Abs：activator binding site，激活结合位点；
Cr：corepressor，辅阻遏物；I：inducer，诱导物；
CAP：catabolite activator protein，分解代谢物激活蛋白

5. 单一的操纵子虽然可以调节某代谢途径中相关基因的表达，但细菌细胞是生活在不断变化的环境中，它们必须应对诸如营养缺乏、温度和pH的变化等多种因素的挑战，因此它们还需要一种能同时迅速调控许多操纵子的调控系统，即全局调控系统（如细菌的应急反应，σ 因子更换调控）。在操纵子转录调控中，效应物（诱导物或阻遏物）直接与调节蛋白结合进行转录调控。但是在许多情况下，胞外的效应物（信号分子）并不是直接作用于调节蛋白，而是通过信号传导或磷酸接力系统将信号传递给调节蛋白，从而对操纵子进行调控。如细菌的趋化性调控。

6. 群体数量敏感信号系统（quorum-sensing system）是细菌细胞间进行信息交流的一种信号调控系统。在该系统中，信号分子随着菌体细胞密度的增加而增加，当达到一定的密度阈值时，才能被其受体蛋白感知，并与之结合，从而启动密度依赖性基因的表达。

7. λ 噬菌体操纵子转录调控，分早期转录调控、后早期转录调控和晚期转录调控，严格按时间顺序进行。裂解和溶源化途径之间的平衡在于调节蛋白CI和Cro与操纵区之间

的精巧的相互作用。

8. 在mRNA合成（转录）以后，在翻译或翻译后进行的调控，一般称之为转录后调控，这是对转录调控的一种补充。主要包括：

（1）翻译起始的调控　遗传信息翻译成多肽链起始于mRNA上的核糖体结合序列（RBS），在RBS中有SD序列，使核糖体结合到mRNA上，以利翻译的起始。RBS的结合强度取决于SD序列的结构及其与起始密码子AUG之间的距离，SD序列必须呈伸直状，如果形成二级结构则降低表达；SD与AUG之间相距一般以4～10核苷酸为佳，9核苷酸最佳。mRNA的二级结构也是翻译起始调控的重要因素。

（2）mRNA的稳定性也是影响翻译效率的一个很重要的因素，基因的表达量与mRNA的半衰期成正比例关系。

（3）稀有密码子和重叠基因调控　含稀有密码子多的基因必然表达效率低，微生物利用稀有密码子进行转录后调控主要反映在对同一操纵子中不同基因表达量的控制；色氨酸操纵子重叠的密码子保证了同一核糖体对两个连续基因进行不间断翻译的效率，这可能是保证两个基因产物在数量上相等的机制。

（4）反义RNA调节作用涉及的功能　包括质粒的复制、转座作用、渗透调节、噬菌体裂解和溶源性转化以及cAMP受体蛋白的基因的表达等。

（5）翻译的阻遏　在翻译水平上也发现了类似的蛋白质阻遏作用。

（6）ppGpp对核糖体蛋白质合成的影响　当rRNA短缺时，多余的核糖体蛋白质与本身的mRNA结合，从而阻断本身的翻译，同时也阻断同一多顺反子的mRNA下游其他核糖体蛋白质编码区的翻译，使核糖体蛋白质的合成和rRNA的合成几乎同时停止。

（7）细菌蛋白质的分泌调控在信号肽和SRP的共同作用下，使得分泌蛋白质能及时完成转运和分泌，避免在细胞内的积累。

9. 相对细菌和真核生物而言，古生菌的转录及其调控的研究目前还只有零星的结果，而且主要是来自基因组序列的分析比较。虽然如此，人们对古生菌的转录调控已有一个基本的共识，即：古生菌的转录系统具有细菌和真核生物的融合特征，它既具有类似真核生物的基本转录装置（RNA聚合酶、基本转录因子、启动子等），又具有类似于细菌的转录调控机制（如：类似于细菌的负调控机制－阻遏作用）。

三、术语或名词

1. 螺旋－转角－螺旋（helix-turn-helix）结构（简称HTH）　DNA结合蛋白的一种结构形式，HTH的一端是由氨基酸形成的α螺旋次级结构，又称为识别螺旋，它与一个由3个氨基酸组成的“转角”相连接，“转角”的另一端与第二个螺旋相接，第二个螺旋通过疏水相互作用稳定第一螺旋。

2. 锌指（zinc finger）　DNA结合蛋白的另一种结构形式，它是一种含锌离子的蛋白质亚结构。其特点是通过锌离子把4个氨基酸连在一起，利用锌离子相连的由氨基酸以α螺旋形式形成的“指”在大沟中与DNA相互作用，在蛋白质与DNA的结合作用中的蛋白质上至少存在两种这样的“指”。

3. 亮氨酸拉扣（leucine zipper）　DNA结合蛋白中常见的另一种亚结构形式，这一亚结构由每隔7个氨基酸就有一个亮氨酸残基的侧链形成。这个结构有点像拉链，不同于螺旋-转角-螺旋和锌指。“亮氨酸拉扣”本身不与DNA作用，而是保持另外两个α螺旋在正确的位置与DNA结合。

4. 操纵子（operon） 原核生物细胞中，功能相关的基因组成操纵子结构。由操纵区同一个或几个结构基因联合起来，形成一个在结构上、功能上协同作用的整体，作为表达的协同单位，受同一调节基因和启动子的调控。

5. 负转录调控（negative transcription control） 调节基因的产物是阻遏蛋白（repressor），起着阻止结构基因转录的作用。根据其作用性质又可分为负控诱导和负控阻遏两大类，在负控诱导系统中，阻遏蛋白不和效应物（诱导物）结合时，阻止结构基因转录；在负控阻遏系统中，阻遏蛋白和效应物（有阻遏作用的代谢产物，辅阻遏物）结合时阻止结构基因的转录。阻遏蛋白作用的部位是操纵区。

6. 正转录调控（positive transcription control） 调节基因的产物是激活蛋白（activator protein），根据激活蛋白的作用性质分为正控诱导系统和正控阻遏系统。在正控诱导系统中，效应物分子（诱导物）的存在使激活蛋白处于活动状态；在正控阻遏系统中，效应物分子（有阻遏作用的代谢产物，抑制物）的存在使激活蛋白处于不活动状态。

7. 启动子（promoter） 基因起始区的DNA区段，RNA聚合酶结合到这一区段后才开始转录。

8. 弱化作用（attenuation） 弱化作用是细菌辅助阻遏作用的一种精细调控。这一调控作用通过操纵子的前导区内类似于终止子结构的一段DNA序列而实现。它编码一条末端含有多个色氨酸的多肽链-先导肽，被称为弱化子。当细胞内某种氨基酰tRNA缺乏时，该弱化子不表现终止子功能；当细胞内某种氨酰tRNA足够时该弱化子表现终止功能，从而达到基因表达调控的目的，不过这种终止作用并不使正在转录中的mRNA全部都中途终止，而是仅有部分中途停止转录，所以称为弱化。

9. 分解代谢物阻遏（catabolite repression） 当培养基含有多种能源物质时，微生物首先利用更易于分解利用的能源物质，而首先被利用的这种物质的分解对利用其他能源物质的酶的产生有阻遏作用。由于葡萄糖是首先被发现具有这种阻遏效应的物质，因此又被称为葡萄糖效应（glucose effect）。

10. 鸟苷四磷酸（ppGpp）和鸟苷五磷酸（pppGpp） 当细菌处于氨基酸饥饿的紧急状态时，导致出现空载tRNA。这种空载tRNA会激活焦磷酸转移酶，使ppGpp和pppGpp大量合成，从而会关闭许多基因，也会打开一些合成氨基酸的基因，以应付这种紧急情况。ppGpp和pppGpp不是只影响一个或几个操纵子，而是影响一大批；也不只调控转录，而且调控翻译，所以它们可称为超级调控因子。

11. σ因子（sigma factor） 帮助RNA聚合酶核心酶识别基因起始区启动子的蛋白质，具有起始转录作用。σ因子自身并无催化活性，在转录之前与核心酶结合。

12. 热激应答（heat shock response） 生物体受热激诱导所进行的一种转录和翻译的调控。如大肠杆菌生长在较高的温度下（如42～50℃），某些基因则迅速表达，诱导产生热激蛋白，这种现象称为大肠杆菌的热激应答。

13. 信号传导（signal transduction） 通过信号途径在细胞内或细胞间传递信息的过程。例如：细菌生活在不断变化的环境中，必须随时作出相应的反应和调节以求生存，外部信号并不是直接传递给调节蛋白，而是首先通过传感器（senor）检测到信号，然后以变化的形式传到调节部位，这一过程称为细菌的信号传导。

14. 二组分调节系统（two-component regulatory systems） 原核生物的信号传导系统，由能检测环境信号的位于细胞质膜上的传感激酶蛋白质和位于细胞质中的应答调节蛋白组成。

15. 趋化性（chemotaxis） 细菌对某些特殊的化学药物具有“趋向”或“逃离”的行为，它是生物的一种趋（向）性。

16. 接受甲基趋化性蛋白（methyl accepting chemotaxis proteins，MCPs） 又被称为受体–转导蛋白，它是一些细菌的感受蛋白，也是跨膜蛋白质之一，负责传递化学感受信号穿过细胞膜，并在趋化反应中被甲基化。

17. 核糖体结合位点（ribosome binding site，RBS） 起始密码子AUG上游30～40核苷酸的一段非翻译区，它是遗传信息翻译成多肽链起始于mRNA上的核糖体结合序列。

18. SD（shine-dalgarno）序列 原核mRNA先导序列中的一段，长度一般为5个核苷酸，富含G、A，在RBS中。功能是与核糖体16S rRNA的3′端互补配对，使核糖体结合到mRNA上，以利翻译的起始。根据首次识别其功能、意义的科学家而命名。

19. 稀有密码子（rare codons） 在不同种类的生物中，各种tRNA在含量上的差异很大，产生了对密码子的偏爱性，对应的tRNA丰富或稀少的密码子，分别称为偏爱密码子（biased codons）或稀有密码子。含稀有密码子多的基因必然表达效率低。微生物利用稀有密码子进行转录后调控主要反映在对同一操纵子中不同基因表达量的控制。

20. 重叠基因（overlapping genes） 具有一些共用核苷酸序列的基因。重叠的序列可涉及到调控基因或结构基因。最早是在大肠杆菌噬菌体ΦX174中发现的，其许多不同蛋白质就是由重叠基因合成的。

21. 反义RNA（antisense RNA） 具有调节基因表达功能的RNA。它具有与另一“靶”RNA或DNA互补结合的碱基序列，能特异性地与“靶”结合而抑制其活性。它参与许多调节系统，调节基因的表达。调节作用主要在翻译水平，也包括少数在转录或DNA复制前引物加工水平。

22. 信号肽（signal peptide） 分泌蛋白质N末端一段由15～30个疏水氨基酸残基组成的肽。分泌蛋白质的分泌的信号肽假说认为：疏水性信号肽对于新生肽链跨越膜及把它固定在膜上起了一种拐棍作用，对分泌蛋白质能及时完成转运和分泌十分重要。

23. 信号识别颗粒（signal recognation particle，SRP） 由6种信号识别蛋白质与单个RNA分子形成的核糖核蛋白颗粒，其作用是能与核糖体结合，并停止蛋白质合成，对翻译起负调节作用，与分泌的启动和抑制的调控密切有关。

四、习题

填空题

1. 乳糖操纵子操纵区的核苷酸序列的反向重复结构是阻遏蛋白________的结合部位。
2. 无论原核还是真核生物中，DNA结合蛋白有几种共同的结构形式：________、________和________，这些形式对于蛋白质准确地与DNA相结合是非常关键的。
3. 原核生物的基因调控主要发生在转录水平上，根据调控机制的不同又可分为________和________。
4. 分解代谢物阻遏又被称为________，这是因为________是首先被发现具有这种阻遏效应的物质。

5. 分解代谢物阻遏实际上是________缺少的结果。如果在培养基中补充________，阻遏现象可以被抵消。
6. 当细菌处于一种氨基酸全面匮乏的“氨基酸饥饿”状态时，细菌会采取一种应急反应以求生存，实施这一应急反应的信号大量合成两种物质，它们是:________和________。
7. 如果让大肠杆菌生长在较高的温度下（如42～50℃），某些基因则迅速表达，诱导产生热激蛋白，这种现象称为________。
8. 传感激酶在与膜外环境的信号反应过程中，本身________，磷酰基团然后被转移到应答调节蛋白上。________的应答调节蛋白即成为阻遏蛋白。
9. λ噬菌体感染宿主后最先转录，并合成一些调节蛋白。通过调节蛋白的作用，其他基因的转录或被激活或被阻遏，从而使它进入________或________途径。
10. 遗传信息翻译成多肽链起始于mRNA上的________，它是指起始密码子AUG上游30～40核苷酸的一段非翻译区。
11. 微生物的某些胞外酶的mRNA半衰期比较________，可在转录终止后仍然能够继续翻译，从而增加基因的________。
12. 微生物利用稀有密码子进行转录后调控，主要反映在对同一操纵子中不同基因________的控制。
13. 大肠杆菌含有两种受渗透压调节的膜蛋白OmpC和OmpF。在高渗透压时，OmpC合成增多，OmpF的合成受到抑制；在低渗透压时则相反，但两种蛋白质的总量保持不变，其中起调节作用的就是________。
14. 微生物转录水平的调控一般都是蛋白质或某些小分子物质对基因转录的阻遏或激活，而在翻译水平上也发现了类似的________作用。
15. 某些核糖体蛋白质mRNA的部分二级结构和rRNA的部分二级结构相似。当rRNA短缺时，多余的核糖体蛋白质与本身的mRNA结合，从而阻断本身的翻译，同时也阻断同一多顺反子的mRNA下游其他核糖体蛋白质编码区的翻译，使________的合成和________的合成几乎同时停止。
16. 疏水性信号肽对于新生肽链跨越膜及把它固定在膜上起了一个拐棍作用，信号肽在完成功能后，随即被一种特异的________水解。

❖ 选择题（4个答案选1）

1. 无论原核还是真核生物的DNA结合蛋白的结构形式中，不同于螺旋–转角–螺旋和锌指，“亮氨酸拉扣”本身（　　）DNA作用，而是保持另外两个α螺旋在正确的位置与DNA结合。

（1）与　（2）不与　（3）可能与　（4）都与

2. 原核生物的基因调控主要发生在转录水平上，在负转录调控系统中，调节基因的产物是（　　），起着阻止结构基因转录的作用。

（1）效应物　（2）代谢产物　（3）辅阻遏物　（4）阻遏蛋白

3. 实验证实：降解物敏感型操纵子都是由（　　）调节的。

（1）cAMP–CAP　（2）代谢产物　（3）ATP　（4）阻遏物

4. 当细菌处于氨基酸缺乏时，导致出现空载tRNA，这种空载tRNA会激活焦磷酸转移酶，使（　　）大量合成，其浓度可增加10倍以上。

（1）ATP　（2）应急蛋白质　（3）cAMP　（4）ppGpp和pppGpp

5. 枯草杆菌通过有序的（　　）更换，使RNA聚合酶识别不同基因的启动子，使与孢子形成有关的基因有序地表达。

（1）基因　（2）信号肽　（3）σ因子　（4）调节蛋白

6. 接受甲基趋化性蛋白（MCPs）是一些细菌的感受蛋白，也是（　　）之一，负责传递化学感受信号穿过细胞膜。

（1）阻遏蛋白　（2）激活蛋白　（3）跨膜蛋白质　（4）酶蛋白

7. λ噬菌体的*cI*基因是一种自我调节基因。当细胞内CI蛋白含量过高时，可阻止*cI*基因表达，所以溶源化状态下的λ噬菌体在不经诱导的情况下，也会以极低的频率进入（　　）。

（1）细菌染色体上　（2）裂解循环　（3）突变循环　（4）溶源化状态

8. 遗传信息翻译成多肽链起始于mRNA上的RBS，在RBS中有SD序列，其功能是与核糖体16S rRNA的3′端互补配对，使核糖体结合到（　　）上，以利翻译的起始。

（1）mRNA　（2）多肽链　（3）氨基酸　（4）RNA

9. 在许多放线菌抗生素合成基因与该抗生素的抗性基因之间存在（　　）现象，有的可以采用抗性基因作为探针从基因文库中去分离抗生素合成基因。

（1）基因不重叠　（2）基因重组　（3）基因突变　（4）基因重叠

10. 革兰氏阴性菌的大多数分泌蛋白质中，包括质膜多肽、周质多肽和外膜多肽都有（　　）。

（1）短杆菌肽　（2）信号肽　（3）肽聚糖　（4）谷胱甘肽

❖ 是非题

1. 许多来自噬菌体、细菌的不同的DNA结合蛋白显示出螺旋–转角–螺旋结构，例如噬菌体λ阻遏蛋白、大肠杆菌Lac和Trp阻遏蛋白等。
2. 大肠杆菌的*lac* I基因与乳糖操纵子的作用是典型的负控阻遏系统，因为在这个系统中，I基因是调节基因，当它的产物——阻遏蛋白与操纵区结合时，RNA聚合酶便不能转录结构基因，即在环境中缺乏诱导物时，乳糖操纵子是受阻的。
3. 大肠杆菌色氨酸操纵子转录是通过操纵区和阻遏蛋白控制的。当色氨酸供应不足时，阻遏物失去了所结合的色氨酸，从操纵区上解离下来，*trp*操纵子的转录就此开始。这个系统是典型的负控诱导系统。
4. 大肠杆菌麦芽糖操纵子的调控是典型的正控阻遏系统。这里麦芽糖是诱导物，激活蛋白只有与麦芽糖结合时才能与DNA的特殊结合位点结合，促使RNA聚合酶开始转录。
5. 分解代谢物阻遏中，葡萄糖进入细胞后，胞内的cAMP水平下降，RNA聚合酶不能与启动子结合，操纵子就不表达。
6. 大肠杆菌的rRNA的操纵子上有两个启动子P1和P2。细菌在对数生长期时，P1起始的转录产物比P2大3～5倍，所以P1是强启动子。但是当细菌处于氨基酸饥饿的紧急状态时，细胞内ppGpp浓度增加，这时P1的作用被抑制，由P2启动少量的rRNA的合成，以维持生命的最低需要。
7. σ^{70}基因作为σ操纵子的一部分而转录多基因的mRNA，但σ^{70}基因本身还有一个热激应答启动子。σ^{70}基因在热激应答反应中大量表达，这一情况与细菌的热激应答反应需要σ^{70}密切相关。

8. 当MCP未与引诱物结合时，该复合物刺激CheA自身磷酸化，进而再使CheY和CheB两个细胞质蛋白也磷酸化，CheY-P与鞭毛传动器结合，启动鞭毛顺时针旋转，细菌作翻筋斗运动。如果引诱物结合到MCP上，则CheA的自身磷酸化被抑制，CheY不能与鞭毛传动器结合，此时鞭毛逆时针旋转，细菌则进行直线运动。
9. 当溶源菌受到紫外线等因素作用时，由于DNA上造成损伤，RecA蛋白具有切割阻遏蛋白的活性，使CI蛋白被切割，亚基被破坏，CI蛋白从DNA上脱落。于是RNA聚合酶便有机会与*cro*基因的启动子结合，表达Cro蛋白，使转录向裂解方向进行，即Cro蛋白阻止*cI*基因的表达，起负调控作用。
10. 同一种微生物细胞中不同蛋白质的mRNA的稳定性相差很大。mRNA的稳定性是影响翻译效率的一个很重要的因素，基因的表达量与mRNA的半衰期成反比例关系。
11. 大肠杆菌质粒ColEI的复制是受反义RNA调节的例证之一，因为RNA Ⅰ能够与质粒DNA复制时的引物RNA结合，所以DNA聚合酶不能与引物RNA结合，致使质粒复制受阻，这样，RNA Ⅰ通过调节RNA引物数目来对DNA的复制实行控制。
12. 分泌的启动和抑制调控与SRP有关，由于SRP暂时中止这些分泌蛋白质的转录，能确保这些蛋白质未达到细胞膜或内膜之前不能完成转录，这样，在信号肽和SRP的共同作用下，使得这些分泌蛋白质能及时完成转运和分泌。
13. 古生菌属于真核生物，因为它们的RNA聚合酶、基本转录因子和启动子都类似于真核生物。

❖ 问答题

1. 简述负控诱导和正控诱导两种操纵子转录调控的差异。
2. 为什么说乳糖操纵子的功能实际上是在正、负两个相互独立的调控体系作用下实现的？
3. 在负控系统中，如果操纵区缺失，将会发生什么情况？在正控系统中又将怎样呢？
4. 为什么弱化作用只影响合成代谢途径？而阻遏作用既影响合成代谢途径也能影响分解代谢途径？
5. 原核生物只有一种RNA聚合酶，通过什么途径识别不同的启动子并进行不同基因的转录？举例说明。
6. 解释为什么无义密码子在蛋白质的合成中为终止位点，而在mRNA的合成中就不能作为终止位点？
7. 古生菌的转录调控系统有何独特之处？
8. 什么是信号转导和二组分调节系统？该调控系统与诱导和阻遏转录调控系统有何不同？

五、习题解答

❖ 填空题

1. 二聚体 2. 螺旋-转角-螺旋结构 锌指结构 亮氨酸拉扣结构 3. 负转录调控 正转录调控 4. 葡萄糖效应 葡萄糖 5. cAMP cAMP 6. 鸟苷四磷酸（ppGpp） 鸟苷五

磷酸（pppGpp） 7. 热激应答反应 8. 磷酸化 磷酸化 9. 裂解 溶源 10. 核糖体结合序列（RBS） 11. 长 表达量 12. 表达量 13. 反义RNA 14. 蛋白质阻遏 15. 核糖体蛋白质 rRNA 16. 信号肽酶

❖ 选择题

1.（2） 2.（4） 3.（1） 4.（4） 5.（3） 6.（3） 7.（2）
8.（1） 9.（4） 10.（2）

❖ 是非题

1. √ 2. × 3. × 4. × 5. √ 6. √ 7. ×
8. √ 9. √ 10. × 11. √ 12. × 13. ×

❖ 问答题

1. 二者的主要差别在于：（1）调节基因的产物在负控诱导中是阻遏蛋白；在正控诱导中是激活蛋白。（2）阻遏蛋白的结合位点是操纵区；激活蛋白的结合位点是激活蛋白结合位点。
2. 虽然乳糖操纵子是典型的负控诱导系统，在环境中如果有乳糖或类似物，就可诱导转录，但是如果没有CAP-cAMP正调控因子与操纵子相应部位的结合，乳糖操纵子即使在有诱导物的存在下，也不能转录，所以它是受双重控制的。
3. 在负控诱导系统中，如果操纵区缺失，将发生组成型的合成利用乳糖的酶。在负控阻遏系统中，则实际上是形成了抗阻遏突变，无论阻遏物是否存在，细胞均能不断合成终产物（如色氨酸）。在正控诱导系统中，激活蛋白的作用部位不是操纵区，故不受影响。
4. 因为弱化作用是受氨酰-tRNA的控制，是氨基酸合成代谢途径中的一种调控作用；而阻遏作用中，操纵子是受阻遏蛋白的控制，是调节基因的产物，在分解代谢（乳糖的分解）和合成代谢（色氨酸的合成）中均存在。
5. 原核生物的RNA聚合酶通过与不同的σ因子结合组成全酶后才进行工作。不同的σ因子协助RNA聚合酶识别不同的启动子，并启动转录。例如：大肠杆菌在正常的条件下，σ^{70}因子指导RNA聚合酶的活化；如果大肠杆菌生长在较高的温度下，便产生σ^{32}，由σ^{32}参入构成的RNA聚合酶全酶能够识别热激应答基因的启动子，刺激产生大量的热休克蛋白质，保证细胞不受高温的伤害。此外，枯草芽孢杆菌中通过利用大量不同的σ因子识别不同的启动子从而控制芽孢的形成过程也是研究得比较详细的例子。
6. 这里涉及两个基本概念：转录和翻译。蛋白质的合成（即翻译）是以mRNA为模板，通过氨酰-tRNA将其遗传密码翻译成为多肽的复杂过程。当核糖体到达3种无义密码子（UAA、UAG和UGA）中的任何一个时，由于没有任何氨酰-tRNA与这些终子密码结合，所以不能将这些密码翻译成氨基酸，肽链的合成便被终止。在mRNA的合成（转录）中，是以DNA为模板，通过RNA聚合酶催化合成RNA的过程。即以一条DNA链为模板，按照碱基互补的原则进行转录，不涉及终止密码。转录的终止是通过终止子（terminator）而实现的。
7. 古生菌的转录系统具有细菌和真核生物的融合特征，它既具有类似真核生物的基本转录装置，又具有类似于细菌的转录调控机制。它们虽然和细菌一样，只有一种RNAP，但该酶却含有10～14个亚基，远远高于细菌，而且绝大部分亚基都与真核生物的RNAP Ⅱ的亚基高度同源。古生菌的RNAP与真核生物相似，也是不能直接与启动子DNA结合，而是通过与真核生物相类似的TATAbox结合蛋白（TBP）和转录因子B（TFB）形成复合物的形式起始转录。古生菌的启动子结构与真核生物RNA聚合酶Ⅱ型启动子相似。

古生菌由于它们的原核性质和相对简单的基本转录装置，因此总体上来看，其转录调控机制基本上采用了原核生物简单而经济的方式，即以操纵子为单位进行转录调控。古生菌中具有类似于细菌的负调控机制——阻遏作用。

有关古生菌的转录调控研究，目前还只有零星的结果。通过序列同源性分析和相关实验结果已提出古生菌的转录与细菌和真核生物都有类似性，但是还需要进一步功能上的证实，特别是古生菌含有高百分比的未知编码蛋白的基因，因此在今后的研究中，发现一些全新的机制是完全可能的。

8. 细胞生活在不断变化的环境中，包括温度、pH和渗透压的变化，氧的可利用性，营养的变化，乃至细胞浓度的变化等都使细菌必须随时作出相应的反应和调节以求生存。但是在较多情况下，外部信号并不是直接传递给调节蛋白，而是首先通过传感器（senor）检测到信号，然后以变化的形式传到调节部位，将这一过程称为信号转导（signal transduction）。所谓二组分调节系统（two-component systems）是目前已知的最简单的细胞信号转导系统，由两种不同的蛋白质组成:（1）位于细胞质膜上的传感蛋白（sensor protein），因该蛋白质具有激酶活性，所以又称传感激酶。（2）应答调节蛋白（response regulator protein），位于细胞质中。传感激酶在与膜外环境的信号反应过程中，本身磷酸化，磷酰基团然后被转移到应答调节蛋白上，磷酸化的应答调节蛋白即成为阻遏蛋白。该阻遏蛋白再通过其对操纵子的阻遏作用进行调控。

   该调控系统与诱导和阻遏转录调控系统的主要不同是，外部信号并不是直接传递给调节蛋白，而是首先通过传感器检测到信号，然后以变化的形式传到调节部位，诱导和阻遏转录调控系统中均是通过环境中的小分子效应物（诱导物或阻遏物）直接与调节蛋白结合进行转录调控。

六、主要参考书目

1. Prescott L M, Harley J P, Klein D A. 微生物学. 5版. 中文版. 沈萍，彭珍荣，译. 北京：高等教育出版社，2003
2. Madigan M T，Martinko J M，Duntap P V，et al. Brock Biology of Microorganisms.12th ed. San Francisco：Pearson education Inc，2009
3. Talaro K P.Foundations in Microbiology.5th ed.New York：McGraw-Hill Companies，2005

（沈萍）

第10章

微生物与基因工程

一、要点提示

1. 基因工程（gene engineering），又称基因操作或重组DNA技术，是体外对DNA分子进行分子操作或施工，即把分离到或合成的DNA片段重新组合构建载体后，导入宿主细胞内，使其扩增和表达，从而获得大量基因产物，或者使生物体表现出新的性状。基因工程是在分子生物学、微生物学基础上结合有关现代科学和工程学原理和方法而开拓的技术领域。它的出现改变了生物科学面貌，促使现代生物技术迅猛发展，并带动了现代生物技术产业的兴起。

2. 基因工程的基本过程：目的基因的获得→重组载体的构建→重组载体导入宿主细胞→阳性重组子的筛选→基因的测序和鉴定→基因的控制表达。基因工程的每一个环节都离不开微生物的参与，微生物在基因工程的产生和发展过程中起着不可替代的作用。

3. 基因工程给人类带来的正面影响是十分巨大的，基因工程产品及其技术在医学、工业、农业及其他领域的应用越来越广泛，并已经带来了令人可喜的结果。但是基因工程潜在的危害性也不容忽视，任何滥用和非和平的开发（生物战争）都会给人类带来毁灭性的灾难。

二、重点、难点剖析

1. 微生物与基因工程的关系

微生物和微生物学在基因工程的产生和发展中占据了十分重要的地位，可以说一切基因工程操作都离不开微生物。从以下6个方面加以说明：

（1）基因资源　微生物的多样性，尤其是抗高温、抗高盐、抗高碱、抗低温、分解有毒物质等基因，为基因工程提供了极其丰富而独特的基因资源；目的基因的获得可以通过构建基因文库或cDNA文库来筛选，也可以通过PCR技术进行基因的体外扩增，包括对活的不可培养微生物基因的体外扩增，并对基因进行定点突变和分子定向进化等。

（2）基因工程载体　基因工程所用的克隆载体主要是用病毒（噬菌体）和质粒等改造而成。

（3）基因工程工具酶　基因工程所用的千余种工具酶绝大多数来源于微生物。

（4）基因克隆的宿主　基因工程中最重要、最广泛应用的克隆载体宿主是原核生物的大肠杆菌及真核生物的酿酒酵母。即使植物基因工程和动物基因工程也要先构建穿梭载体，使外源基因或重组体DNA在大肠杆菌中得到克隆并进行拼接和改造，才能转移到植物和动物细胞中。

（5）基因表达的“细胞工厂” 通常将外源基因表达载体导入大肠杆菌、酵母菌中构建成工程菌，然后利用微生物发酵工程及其原理来实现大规模表达各种基因产物，进行商品化的生产。

（6）基因工程理论基础 有关基因结构、性质和表达调控的理论主要也是来自对微生物的研究，或者是将动、植物基因转移到微生物中后进行研究而取得的，因此微生物学不仅为基因工程提供了操作技术，同时也提供了理论指导。

2. 基因的分离、合成与改造

由于细菌和真核微生物基因结构不同，在进行微生物基因分离时，所采取的策略不同。细菌可以通过基因文库的构建进行目的基因的筛选；而真核微生物基因的编码序列被非编码序列（内含子）隔开，只有经过转录后的RNA加工，才能将内含子切去，因此，真核微生物的基因只有在构建的cDNA文库中筛选，才方便在各种宿主中表达和研究。

（1）从基因文库（genomic library）分离基因 基因文库是指包含某一生物基因组DNA片段的全部克隆。即将整个基因组DNA切成片段，并用合适的载体将全部DNA片段进行克隆。文库中每一个克隆只含基因组中某一特定的DNA片段。从文库中筛选出含目的基因的克隆，通常采用：①利用标记的基因探针与转印在滤膜上的待测菌落或噬菌斑进行DNA杂交；②用抗体与表达蛋白进行免疫反应；③检测表达蛋白活性。对于筛选到的阳性克隆还须作进一步的鉴定，以确定其是否含有目的基因。

（2）从cDNA文库分离基因 cDNA文库是指包含某一生物mRNA的全部cDNA克隆。cDNA文库中的每一个克隆只含一种mRNA信息。cDNA不含真核生物基因的启动子和内含子，因而其DNA序列比基因短。

（3）基因的化学合成 对于已知核苷酸序列的某种基因，可通过化学法合成。化学法合成目前广泛用于基因或基因的元件、核酸探针、DNA引物等的合成。

（4）PCR扩增基因 DNA的聚合酶链反应（PCR）是一种体外快速扩增特定DNA序列的技术。进行PCR时需合成一对寡核苷酸作为引物，它们各自与所要扩增靶DNA片段两条链的末端互补。对于未知核苷酸序列的某种靶DNA，必须已知或部分已知其末端序列。

（5）定点突变获得突变基因 定点突变技术具有重要应用价值，可用于基因和蛋白质的结构与功能的研究，还能进行分子重设计以改造天然蛋白质，从而获得有益的蛋白质突变体。对于已知核苷酸序列的基因进行定点突变，最常用的方法是通过PCR技术来进行。如果变异部位位于基因的末端，可以直接通过引物设计引入突变核苷酸；如果变异部位位于基因的中间，可以通过重组PCR（recombinant PCR）进行。在需要突变的位置合成一对含有变异序列的互补寡核苷酸，然后分别与5′引物和3′引物进行PCR，这样便可得到两个PCR产物，分别含有变异序列。由于二者中间有一段序列彼此互补重叠，在重叠部位经重组PCR就能得到变异的PCR产物。

3. 微生物与基因克隆载体

克隆载体（cloning vector）是指可插入外源DNA和负责将外源基因运送到宿主细胞中进行复制与扩增的运载工具。

（1）克隆载体的基本要求

① 载体在细胞中必须能够自主复制。

② 载体必须具有若干限制酶的单一切割位点，即多克隆位点，位于载体复制的非必需区，便于外源DNA的插入。

③ 载体必须具有可供选择的遗传标记，例如具有抗生素的抗性基因，便于对阳性克隆进行鉴别和筛选。

④ 载体DNA具有一定的安全性，在胞外不能自由扩散。

（2）基因工程中使用的主要载体　目前为止，基因工程中使用的载体基本上均来自微生物，主要包括：质粒载体、λ噬菌体载体、黏粒载体、M13噬菌体载体、噬菌粒、真核细胞的克隆载体、人工染色体等。主要克隆载体及其用途见表10–1。

表10–1　主要克隆载体及其用途

载体名称	来源	可插入外源DNA片段大小	主要用途
质粒载体	细菌质粒	<15 kb	原核生物克隆载体，外源基因的克隆和表达
λ噬菌体载体	λ噬菌体	<23 kb	原核生物克隆载体，构建基因文库及cDNA文库
黏粒（柯斯质粒载体）	λ噬菌体+细菌质粒	<49 kb	原核生物克隆载体，构建基因文库
M13噬菌体载体	M13噬菌体	300 ~ 400 bp	原核生物克隆载体，单链DNA制备、测序、定点突变和噬菌体展示
噬菌粒	M13噬菌体+细菌质粒	<10 kb	原核生物克隆载体，外源基因的克隆和表达
酵母质粒载体	酵母质粒+细菌质粒	<15 kb	真核基因的克隆和表达
酵母人工染色体（YAC）	酵母染色体元件（着丝粒、端粒、酵母自主复制序列）等	150 ~ 2 000 kb	大型基因研究，实现人类基因组计划和人类疾病相关基因研究
细菌人工染色体（BAC）	F因子等	120 ~ 300 kb	大型基因研究，实现人类基因组计划

4. 微生物与基因工程工具酶

基因工程操作的工具酶中，限制性内切酶和连接酶是两类关键的酶类，限制性内切酶可在目的基因或载体的限制性位点处对DNA进行准确切割，产生较小的DNA片段；DNA连接酶使目的基因的DNA片段与载体DNA进行连接，形成重组DNA分子。此外，*Taq*酶、*pfu*高保真聚合酶用于DNA的体外合成、测序用；反转录酶用于RNA反转录等。必须提出的是，基因工程所用到的绝大多数工具酶都是从不同微生物中分离和纯化而获得的。表10–2列出了部分常用限制性内切酶的微生物来源。限制性内切酶的命名是根据分离出此酶的微生物学名而定的，即取微生物属名的第一个字母和种名的头两个字母组成三个斜体字母加以表示，遇有株名，再加在后面。如果同一菌株先后发现几个不同的酶，则用罗马数字加以表示。

表10-2 部分常用限制性内切酶的微生物来源

限制性内切酶	微生物
Bal Ⅰ	乳白短杆菌（*Brevibacterium albidum*）
*Bam*H Ⅰ	解淀粉芽孢杆菌（*Bacillus amyloliquefaciens*）
Bgl Ⅱ	球芽孢杆菌（*Bacillus globigii*）
*Eco*R Ⅰ	大肠杆菌（*Escherichia coli* RY13）
Hae Ⅱ	埃及嗜血杆菌（*Haemophilus aegyptius*）
Hae Ⅲ	埃及嗜血杆菌（*Haemophilus aegyptius*）
Hind Ⅲ	流感嗜血杆菌（*Haemophilus influenzae* Rd）
Kpn Ⅰ	肺炎克氏杆菌（*Klebsiella pneumoniae* OK8）
Nco Ⅰ	珊瑚色诺卡氏菌（*Nocardia coralline*）
Pst Ⅰ	斯氏普罗威登斯菌（*Providencia stuartii*）
Sal Ⅰ	白色链霉菌（*Streptomyces albus* G）
Sma Ⅰ	黏质沙雷氏菌（*Serratia marcescens*）
Taq Ⅰ	水生栖热菌（*Thermus aquaticus*）
Xba Ⅰ	巴氏黄单胞菌（*Xanthomonas badrii*）

5. 基因克隆和表达的宿主

基因克隆和表达的宿主是外源基因能够在细胞中大量扩增和表达的基本条件。目前有大量的改造后的大肠杆菌和酿酒酵母菌株可以作为基因克隆宿主。

载体对克隆宿主的基本要求是:

① 能够高效吸收外源DNA。

② 不具有限制修饰系统，不降解导入的未经修饰的外源DNA。

③ 不具有DNA重组系统，常用重组缺陷型（*rec*A$^-$）菌株，使克隆载体DNA与宿主染色体DNA之间不发生同源重组。

④ 根据载体类型选择相应宿主，例如当用λ噬菌体载体或黏粒作为克隆载体，须选择λ的敏感宿主（*E.coli* K12菌株）。当选用M13噬菌体载体作为克隆载体，则应选择含有F因子的雄性大肠杆菌作为宿主。

⑤ 根据载体的标记选择合适的宿主，例如若载体携带氨苄青霉素抗性基因作为选择标记，应选择对氨苄青霉素敏感的菌株作为宿主。若载体携带β-半乳糖苷酶N端（α肽）的编码和调控序列*lacZ′*，则应选择大肠杆菌β-半乳糖苷酶基因的突变株*lac* ZΔM15作为宿主，以便形成α-互补，便于筛选。

⑥ 具有安全性。宿主细胞应该对人、畜、农作物无害或无致病性等。

6. 外源DNA导入微生物宿主细胞

不同的宿主细胞，外源DNA导入的方式不同。

（1）外源DNA导入原核细胞

① 转化：重组质粒载体+感受态细胞，效率较低。

② 转染：重组噬菌体DNA或重组噬菌质粒+感受态细胞，效率较低。

③ 感染：外源DNA被包装成λ噬菌体颗粒+宿主细胞，效率高。

④ 电转化法（电穿孔法）：电穿孔（electroporation）法是把宿主细胞与外源DNA混合并置于电击槽中。在高压电脉冲作用下，使细胞膜瞬时击穿出现微孔，外源DNA通过微孔进入细胞。电穿孔法的转化率比化学法提高10～20倍。

（2）外源DNA导入真核细胞

① 酵母细胞：一般利用蜗牛酶除去酵母细胞壁形成原生质体，再用$CaCl_2$和聚乙二醇处理，重组DNA以转化方式导入酵母细胞的原生质体，最后将转化后的原生质体置于再生培养基的平板中培养，使原生质体再生出细胞壁形成完整酵母细胞。也可用电转化法。

② 哺乳动物细胞：最简便的是微量注射法和电转化法。由于有些动物细胞体积较大，如受精卵用微量注射器可将外源DNA注入细胞内。电穿孔法十分成功地用于哺乳动物细胞和植物细胞。另外，脂质体法和利用病毒载体也可将DNA导入真核细胞。

③ 植物细胞：最简便的是微量注射法及电穿孔法。还有两种方法，一种是将含有重组Ti质粒（根瘤土壤杆菌的质粒）的土壤农杆菌与植物原生质体共培养（即共培养法）或与植物叶片共培养（即叶片培养法），多数双子叶植物转化常用此法；另一种是基因枪法或称微弹枪（particle gun）法，利用微弹把表面吸附有外源DNA的金属微粒高速射进植物细胞或组织，可直接将外源基因导入幼苗，此法简便、有效。

7. 重组体的筛选与鉴定

有3类方法用于目的基因的筛选，也可用于进一步的鉴定，它们分别基于载体的选择标记、目的基因的序列和基因的表达产物。

（1）载体选择标记的筛选和鉴定

① 抗生素平板法：如果外源DNA片段插入载体的位点位于抗生素抗性基因之外，则转化后的重组体细胞具有抗性。此外，还有一些自身环化的载体和未被酶解的载体，它们的转化细胞也能在含该抗生素平板上生长并形成菌落，而只有作为对照的受体细胞不能生长。此法缺点是假阳性率高。

② 插入失活法：外源DNA片段插入载体的位点位于抗生素抗性基因或酶基因之内，则转化后的重组体细胞没有抗性或没有酶的活性。

③ 插入表达法：在某些载体的标记基因（如抗生素抗性）前面连接一段负控制序列，当外源DNA片段插入该负控制序列中，使负控制序列失活，因而位于下游的抗性基因由于解除阻遏而得到表达，则转化后的重组体细胞具有抗性。

④ β–半乳糖苷酶显色反应法：利用α–互补作用，若将外源DNA插入到载体上*lacZ'*序列中，使α–肽基因失活，则转化后的重组体细胞失去α–互补作用，培养在含有X–gal–IPTG平板上的菌落无色。

（2）目的基因序列的筛选和鉴定

① 菌落（或噬菌斑）原位杂交：用硝酸纤维滤膜或尼龙膜转印菌落或噬菌斑后培养，滤膜上长出的菌落或噬菌斑用碱法释放DNA后，变性固定，与核酸探针进行分子杂交，筛选阳性克隆。通常影印的滤膜必须有双份，在一张滤膜上找到阳性克隆后，可在另一张滤膜的相应位置上找到活的细菌或噬菌体克隆。此法优点是可在短时间内从成千上万克隆

中快速筛选到阳性克隆。

② 限制性内切酶图谱鉴定：将初步筛选的阳性克隆少量培养后，提取重组质粒或重组噬菌体DNA，用1至2种内切酶酶切，然后进行凝胶电泳，检测插入DNA片段的大小。

③ PCR鉴定：通过插入片段两侧互补的引物，以重组质粒DNA作为模板进行PCR分析，可快速测出插入DNA片段的大小及鉴定其序列特异性。

④ DNA序列测定：最后为了确证目的基因序列的正确性，必须对重组体的DNA进行序列测定。

（3）外源基因表达产物的筛选和鉴定

① 表达产物免疫活性测定：如果表达产物是一种蛋白质或蛋白质的一部分，可用抗原–抗体的免疫反应快速检测转移到滤膜上的克隆。

② 表达产物生物活性检查：可根据表达产物不同的情况采用不同的方法检测其生物活性。若表达产物是一种酶，则可测定其酶活性；若所表达蛋白质是一种酶的抑制剂，则可测定其抑制酶活性能力的大小等。

③ 表达产物氨基酸序列测定：测定表达产物N端氨基酸序列，对表达产物的鉴定具有特别重要的意义。

8. 基因工程的应用及展望

基因工程开始并已经进入人类生活的各个领域，并即将使人们的某些梦想和希望变为现实。

（1）基因工程药物　基因工程药物包括一些在生物体内含量甚微但却具有重要生理功能的蛋白质，如激素、酶和酶的激活剂或抑制剂、细胞因子、抗原和抗体、反义核酸和疫苗等。此外，还可利用重组DNA技术改造蛋白质，设计和生产出自然界不存在的新型蛋白质药物。目前基因工程药物在多种生物体细胞中得到重组表达：大肠杆菌表达系统、酵母菌表达系统和哺乳动物细胞表达系统都可采用重组细胞通过微生物发酵罐的方式大量生产药物蛋白质。转基因动物和转基因植物，则相当于以活的动、植物整体代替发酵罐生产活性肽。

（2）基因治疗　向靶细胞中引入具有正常功能的基因，以纠正或补偿基因的缺陷，从而达到治疗的目的。如用正常基因去弥补有缺陷的基因可以治疗遗传性疾病；通过转基因产生特异的核酶、反义核酸、RNA干扰和抗体，用以消除不利的基因产物，杀死病原体和有害的细胞，可用于肿瘤和艾滋病的治疗；通过转移基因用于提高机体免疫力，配合细胞或药物的治疗，以增强疗效等。

（3）改造传统工业发酵菌种　对人类活动作出巨大贡献的抗生素、氨基酸、有机酸、酶制剂、维生素等传统发酵工业菌种都经过了长期的筛选和诱变育种，菌种的生产性能很难会大幅度的提高。基因工程技术为该领域打开了一个新的局面，并已经取得了成功。

（4）动、植物特性的基因工程改良　近年来，除了可用转基因植物生产药物（如人的干扰素）、抗体、疫苗等，将重组DNA导入植物细胞，成功培育了许多具有新的优良性状的转基因植物。主要包括抗病虫害、抗逆（抗盐、碱等）、耐除草剂、延长水果蔬菜的储存期等。将重组DNA导入受精卵，开辟了动物育种的新途径。转基因的瘦肉型猪、高产奶的奶牛、快速生长的家畜和鱼类等已进入实用阶段。

（5）基因工程菌在环境保护中的应用　微生物在自然界中的分布具有超乎想象的多样性，几乎所有的自然界和人工合成物质都可以为不同种类的微生物所分解，其降解基因也表现出多样性，为生物修复污染环境提供了大量的基因资源。把多种降解基因“合并”在同一种微生物细胞中，在污染物治理方面潜力巨大。

微生物产生的各种抑制其他生物生长的活性物质，可以用来防治植物病害、防霉变等。新型基因工程杀虫剂可以同时具备杀死两种以上害虫的效果。

（6）基因工程推动了微生物学的发展　这里重点强调的是微生物资源的开发。目前已经发现并研究的所有生物体中，从比例上来看，微生物物种的发现和确定是最少的。已发现并研究的细菌和真菌种类目前少于8万种，远远低于人们的估计。活的不可培养微生物（viable but nonculturable microorganisms）被证明在自然界环境中普遍存在。从环境中直接分离、克隆rRNA并分析其序列及其在分子进化树上的位置等方法发现了大量的目前尚不能在人工条件下获得培养的微生物。直接从环境样品中获得有用的基因，不考虑微生物的分离培养，利用重组技术生产不可培养微生物的代谢产物或新的酶和蛋白质正在成为国内外科学家研究的热点。

基因工程技术及其相关的应用领域中，微生物和微生物工程（发酵工程）都是必不可少的。

三、术语或名词

1. 基因工程（gene engineering）　又称重组DNA技术（recombinant DNA technology），是指对遗传信息的分子操作和施工，即把分离到或合成的基因经过改造，插入载体中，导入宿主细胞内，使其扩增和表达，从而获得大量基因产物，或者令生物表现出新的性状。

2. 基因文库（genomic library）　是指生物染色体基因组DNA片段的克隆总体。文库中的每一个克隆只含基因组中某一特定的DNA片段。一个理想的基因文库应包括该生物染色体基因组全部遗传信息（即全部DNA序列）。一般适用于原核微生物基因的分离。

3. cDNA文库（cDNA library）　是指生物体全部mRNA的cDNA克隆总体。cDNA文库中的每一个克隆只含一种mRNA信息。一般适用于真核微生物基因的分离。

4. 多克隆位点（multiple cloning site）　是克隆载体上一段带有不同限制性内切酶单一识别位点的短DNA片段，外源基因可随意插入任何一个切点。

5. 穿梭质粒载体（shuttle plasmid vector）　是一类同时含有两种细胞的复制起点（特别是同时含有原核与真核生物的复制起点），能在两种生物细胞中进行复制的质粒载体。

6. 附加体质粒（episomal plasmid）　酵母穿梭质粒载体的一种，载体含有来自细菌质粒pBR322的复制起点并携带作为大肠杆菌选择标记的氨苄青霉素抗性基因（amp^r）。此外还有来自酵母2 μm质粒的复制起点以及一个作为酵母选择标记的*URA3*基因（尿嘧啶核苷酸合成酶基因3），这种质粒既可在大肠杆菌中也可在酵母细胞中复制，当重组质粒导入酵母细胞中可进行自主复制，且具有较高拷贝数。

7. 复制质粒（replicating plasmid）　酵母穿梭质粒载体的一种，质粒含有来自细菌质粒pBR322的复制起点和作为大肠杆菌选择标记的氨苄青霉素抗性基因（amp^r）和四环素抗性基因（tet^r），还有来自酵母染色体的自主复制序列（ARS）以及作为酵母选择标记的*URA3*基因和*TRP1*基因（色氨酸合成酶基因1），能在大肠杆菌或酵母细胞中复制，重组质粒导入酵母细胞中可获得中等拷贝数的质粒。

8. 整合质粒（integrating plasmid）　酵母穿梭质粒载体的一种，质粒含有来自大肠杆菌质粒pBR322的复制起点和作为大肠杆菌选择标记的氨苄青霉素抗性基因（*amp*r）、四环素抗性基因（*tet*r）以及来自酵母的*URA3*基因，它既可以作为酵母细胞的选择标记，也可与酵母染色体DNA进行同源重组。这种质粒可在大肠杆菌中复制，但不能在酵母细胞中进行自主复制。一旦导入酵母细胞，可整合到酵母染色体上，成为染色体DNA的一个片段。

9. 人工染色体（artificial chromosome） 利用已知染色体结构和功能的必需元件，人工构建的小于天然染色体但能在宿主细胞中像正常染色体一样复制、分离和传递的DNA结构。酵母人工染色体（yeast artificial chromosome，YAC）是由酵母染色体端粒、着丝粒、自主复制序列以及选择标记基因（如*TRP1*和*URA3*等）构成的线状DNA，是一类目前能容纳最大外源DNA片段人工构建的载体。细菌人工染色体（bacteria artificial chromosome，BAC）是以F因子为基础的载体，容纳的插入片段可达300 kb。由于是低拷贝质粒，克隆DNA较稳定，没有酵母人工染色体的嵌合现象，易通过电击转移到大肠杆菌中。

10. 限制性核酸内切酶（restriction endonuclease） 简称限制性酶（restrition enzyme），是指能识别双链DNA分子的特定序列，并在识别位点或其附近切割DNA的一类内切酶。

四、习题

填空题

1. 基因工程的基本过程是________→________→________→阳性重组子的筛选→基因的测序和鉴定→基因的控制表达。目的基因的获得可以通过构建基因文库或cDNA文库来筛选目的基因片段，________文库一般适用于原核微生物基因筛选，________文库一般适用于真核生物基因筛选。此外，目的基因的获得还可以通过________、________和________等方法进行。
2. 原核生物克隆载体主要有________、________、________、________和________，能够容纳最大的外源DNA片段的载体是________；酵母质粒载体是利用酵母质粒与细菌质粒元件构建而成的，既可在________中也可在________中复制，因此属于________质粒载体。目前人工构建的能携带大片段DNA的克隆载体主要是________和________。
3. 基因工程操作需要用到一些基本的工具酶，大多数来源于各种微生物。如基因与载体的切割和连接要用各种________酶和________酶，DNA的体外合成、测序要用________酶、________酶；RNA反转录要用________酶等。
4. 克隆载体宿主是外源基因能够在细胞中大量扩增和表达的基本要素。宿主细胞非常重要的特性是不具有________，不能降解导入的未经修饰的外源DNA；不具有________，使克隆载体DNA与宿主染色体DNA之间不发生同源重组。目前最常用的原核克隆宿主是________，真核克隆宿主是________。
5. 外源DNA导入原核细胞可以采用________法，即重组质粒载体导入感受态细胞；________法，即重组噬菌体DNA或重组噬菌质粒导入感受态细胞；________法，即外源DNA被包装成λ噬菌体颗粒导入宿主细胞。
6. 外源DNA导入原核细胞可以采用________、________、________和________等方法。外源

DNA导入酵母细胞常采用________和________方法。

7. 限制性酶的命名是根据分离出此酶的________而定的，即取________的第一个字母和________的头两个字母组成三个斜体字母加以表示，遇有株名，再加在后面。如果同一菌株先后发现几个不同的酶，则用________加以表示。
8. 在构建基因文库之后，目的基因的筛选与鉴定可以基于3类方法进行，分别为________、________、和________。

❖ 选择题（4个答案选1）

1. 大肠杆菌的克隆载体中，常规使用的质粒载体可以克隆的最大DNA片段是（　　）。
（1）300 ~ 400 bp　（2）25 kb　（3）15 kb　（4）40 kb
2. 为了在酵母菌中表达外源基因的稳定性，通常使用的载体是（　　）。
（1）2 μm质粒　（2）附加体质粒　（3）复制质粒　（4）整合质粒
3. 下面哪个选项不适合作为基因工程克隆载体（　　）。
（1）转座子　（2）质粒　（3）柯斯质粒　（4）噬菌体
4. 人工染色体必须具有的元件是（　　）。
（1）染色体端粒　（2）着丝粒　（3）自主复制序列　（4）以上全部
5. 真核生物基因克隆和表达时，目的基因的获得不能采用的方式是（　　）。
（1）DNA文库筛选　（2）cDNA文库筛选
（3）PCR体外扩增　（4）DNA的合成
6. 外源DNA导入原核细胞可以采用转染法，即（　　）。
（1）重组质粒载体导入感受态细胞
（2）重组噬菌体DNA或重组噬菌质粒导入感受态细胞
（3）外源DNA被包装成λ噬菌体颗粒导入宿主细胞
（4）电转化法
7. 利用α–互补作用进行的重组体细胞的筛选中，含有外源DNA片段的重组体细胞在含有X–gal–IPTG平板中生长的菌落颜色是（　　）。
（1）蓝色　（2）白色　（3）红色　（4）黄色
8. 下列外源DNA导入宿主细胞的方法中，不是依据转化方式原理而进行的方法是（　　）。
（1）重组质粒载体+感受态细胞
（2）重组噬菌体DNA或重组噬菌质粒+感受态细胞
（3）外源DNA被包装成λ噬菌体颗粒+宿主细胞
（4）酵母质粒载体+酵母细胞的原生质体

❖ 是非题

1. 所有生物的目的基因的获得都可以从该种生物的DNA文库中直接进行筛选。
2. 所有基因工程中的工具酶都是微生物来源的。
3. 大肠杆菌是最常用的各种生物基因克隆载体构建的宿主菌。
4. 任何一种微生物的野生型菌株细胞都可以作为克隆宿主。
5. 所有微生物产生的限制性内切酶切割DNA后，都产生黏性末端。

6. 把重组DNA载体导入宿主细胞中，电转化法可以适合各类生物细胞。
7. 非电击条件下，把重组DNA载体导入大肠杆菌细胞中所依据的原理是转化和转导。
8. 如果外源DNA片段插入载体的位点位于抗生素抗性基因之外，则具有抗性的细胞肯定是重组体细胞。

问答题

1. 从基因工程的基本过程和基因工程的应用及展望两个方面来说明微生物与基因工程的关系。
2. 何谓基因文库？何谓cDNA文库，有何优点？建库对于分离目的基因有何重要作用？
3. 为什么DNA文库可以直接用于原核生物的目的基因筛选，而不用于真核生物的目的基因筛选？真核生物的目的基因筛选常用什么方法？
4. 何谓基因定点突变？利用PCR技术定位突变的原理是什么？
5. 克隆载体与表达载体有何不同？它们各起什么作用？各须具备哪些遗传元件？
6. λ噬菌体载体与黏粒载体有何不同？
7. M13噬菌体载体与噬菌质粒有何不同？
8. 何谓人工染色体？酵母人工染色体与细菌人工染色体有何不同？各有哪些优缺点？
9. 克隆载体对宿主的基本要求是什么？
10. 何谓抗生素抗性基因插入失活法？何谓β-半乳糖苷酶显色反应法？在筛选阳性克隆时，后者为何比前者更为简单有效？
11. 为什么真核生物基因不能在大肠杆菌中直接表达？在什么条件下才能表达？
12. 为了实现外源基因的高效表达，应如何处理菌体生长与外源基因表达的关系？为什么在表达载体上需要插入可诱导的启动子？

五、习题解答

填空题

1. 目的基因的获得　重组载体的构建　重组载体导入宿主细胞　基因　cDNA　基因的化学合成　PCR扩增基因　定点突变获得突变基因　2. 质粒载体　λ噬菌体载体　黏粒（柯斯质粒载体）　M13噬菌体载体　噬菌粒　黏粒（柯斯质粒载体）　酵母　细菌　穿梭　酵母人工染色体　细菌人工染色体　3. 限制性内切　连接　*Taq*　*pfu*DNA高保真聚合　反转录　4. 限制修饰系统　DNA重组系统　大肠杆菌　酿酒酵母　5. 转化　转染　感染　6. 转化　转染　感染　电转化法　电穿孔法　原生质体转化法　7. 微生物学名　微生物属名　种名　罗马数字　8. 载体的选择标记　目的基因序列　外源基因表达产物

选择题

1.（3）　2.（4）　3.（1）　4.（4）　5.（1）　6.（2）　7.（2）　8.（3）

❖ 是非题

1. × 2. × 3. √ 4. × 5. × 6. √ 7. √ 8. ×

❖ 问答题

1. 基因工程的基本过程：目的基因的获得→重组载体的构建→重组载体导入宿主细胞→阳性重组子的筛选→基因的测序和鉴定→基因的控制表达。每一个环节都离不开微生物的参与。微生物世界的多样性为人类的活动提供了取之不尽、用之不竭的基因来源；基因工程的克隆载体通常由病毒、噬菌体和细菌质粒DNA等改造而成；基因工程所用到的绝大多数工具酶都是从不同微生物中分离和纯化而获得的；基因工程中最重要、最广泛应用的克隆载体宿主是原核生物的大肠杆菌及真核生物的酿酒酵母；植物基因工程和动物基因工程也要先构建穿梭载体，在大肠杆菌中完成外源基因或重组体DNA的拼接和改造，才能再转移到植物和动物细胞中。大肠杆菌表达系统、酵母菌表达系统和哺乳动物细胞表达系统都是采用重组细胞通过微生物发酵罐的方式大量生产药物蛋白。

   基因工程的应用表现在基因工程药物、基因治疗、改造传统工业发酵菌种、动植物特性的基因工程改良、环境保护等各个方面，并已经取得了丰硕的成果。同时基因工程也推动了微生物学的发展，特别是对于开发新的微生物资源，认识和了解微生物世界中更多的微生物种类、微生物代谢、微生物遗传等将产生积极的影响。
2. 基因文库是指包含某一生物基因组DNA片段的全部克隆。即将整个基因组DNA切成片段，并用合适的载体将全部DNA片段进行克隆。文库中每一个克隆只含基因组中某一特定的DNA片段。cDNA文库是指包含某一生物mRNA的全部cDNA克隆。cDNA文库中的每一个克隆只含一种mRNA信息。cDNA文库的优点：①文库中只含表达基因的cDNA，种类数比基因数少得多，较易筛选到目的基因克隆。②真核生物基因由于含有内含子，在原核生物细胞中不能直接表达。cDNA文库中筛选到cDNA克隆，只要附上原核生物的调节和控制序列，就能在原核细胞内表达。③由于cDNA不含真核生物基因的启动子和内含子，因而其DNA序列比基因短，可选用质粒或噬菌体载体作为克隆载体。微生物的单个基因只占基因组DNA的很小部分，要从中分离某一目的基因，就好比大海捞针，是一项十分艰巨的工作。建库后，利用标记的基因探针进行DNA杂交，或者用抗体与表达蛋白进行免疫反应，或检测表达蛋白活性，从文库中较易筛选出含目的基因的克隆。
3. DNA文库是指包含某一生物基因组DNA片段的全部克隆。原核生物基因组相对较小，而且原核生物基因中不存在内含子，DNA分子操作比RNA分子更加粗放，故DNA文库一般直接用于原核生物的目的基因筛选。真核生物基因组十分庞大，而细胞中的mRNA分子数要比基因组的基因数小得多（通常大约仅有15%左右基因被表达），由mRNA反转录为cDNA后构建的cDNA文库的库容量相应比基因文库小；真核生物的基因含有内含子，在原核生物细胞中不能表达，而筛选到的cDNA克隆只要附上原核生物的调节和控制序列，就能在原核细胞内表达。真核生物的目的基因筛选常用方法：cDNA文库筛选，mRNA反转录后PCR体外扩增，DNA合成等。
4. 定点突变是在基因精确限定的位点引入突变，包括删除、插入和置换特定的碱基序列，从而得到含变异序列的突变基因。PCR技术广泛用于定点突变，如果变异部位位于基因的末端，只要在5′端或3′端引物设计时引入变异碱基，便可使目的基因的PCR产物发生变异。如果变异部位位于基因的中间，可以使用重组PCR进行，在需要诱变的位置合成一对含有变异序列的互补寡核苷酸，然后分别与5′引物和3′引物进行PCR，这样便可得到两个PCR产物，分别含有变异序列。由于二者中间有一段序列彼此互补重叠，在重叠部位经重组PCR就能得到目的基因的变异PCR产物。

5. 克隆载体是负责将外源基因运送到宿主细胞中进行复制与扩增的运载工具，可在细胞中自主复制；表达载体是负责将外源基因运送到宿主细胞中进行复制与扩增、转录和翻译，表达出基因产物的工具，可在细胞中自主复制、转录、翻译。克隆载体必须含有复制元件、若干限制性内切酶的单一切点和选择标记；表达载体必须含有复制元件、转录和翻译元件及其调控元件、若干限制性内切酶的单一切点和选择标记。
6. 这两种载体都常被用于构建基因文库。λ噬菌体载体是在在λ基因组近中部（约占基因组1/3的DNA是负责溶源和整合的基因）用外源DNA取代而形成的一种克隆载体，可克隆约23 kb外源DNA片段，其克隆能力大于质粒载体。此外，其对宿主细胞的感染率几乎可达100%，也大大高于质粒DNA的转化率（约0.1%）。黏粒载体是含有λ噬菌体cos位点的质粒。最简单的黏粒含有质粒的复制起点、抗生素抗性基因的选择标记、一个cos位点和用于克隆的多个限制性内切酶单一位点。黏粒本身大小只有5～7 kb，而它却比λ噬菌体载体可携带更大的DNA片段，克隆高达45 kb左右的外源DNA片段。常被用于构建基因文库。
7. M13噬菌体载体是基于大肠杆菌M13丝状噬菌体基因组构建的载体，在M13噬菌体基因组基因间隔区中插入β-半乳糖苷酶N端一小段编码序列（内插入若干限制性内切酶的单一切点）及其调控序列。M13载体一般只能克隆300～400 bp的外源DNA片段，常用于制备单链DNA探针、定位诱变模板，也可用于噬菌体展示。噬菌质粒是噬菌体M13的基因间隔区（内含有M13的复制起点）插入到细菌质粒载体中构建而成的质粒。噬菌粒在大肠杆菌细胞内以质粒的复制起点进行复制，产生双链DNA。当含噬菌粒的大肠杆菌被辅助噬菌体感染后，在辅助噬菌体基因产物作用下，噬菌粒基因间隔区特定位点被切开，然后以M13的复制起点进行复制，产生单链DNA，并利用辅助噬菌体提供的装配蛋白和外壳蛋白装配成重组噬菌体颗粒，释放至胞外。噬菌质粒载体本身分子小，约为3 kb，便于分离和操作；可克隆10 kb的外源DNA片段，克隆能力强于M13噬菌体载体。
8. 人工染色体是人工构建的一类能携带大片段DNA的克隆载体。

   酵母人工染色体（YAC）是一类目前能携带最大外源DNA片段的人工构建载体。含有着丝粒、端粒、酵母自主复制序列3个酵母染色体必要元件，还含有限制性内切酶位点和选择标记基因。YAC本身只有10 kb，但它却能携带150～2 000 kb的外源DNA片段，宿主为酿酒酵母细胞。

   细菌人工染色体（BAC）是继YAC之后的第二代人工染色体，以大肠杆菌质粒（F因子）为基本骨架，通常仅保留F因子的严紧型控制复制子，以及保证低拷贝质粒准确分配至子代细胞的基因位点（*par*基因）等基本功能的相关序列，同时也含有多克隆位点和选择性标记。它是专门为克隆大片段DNA而设计的简单质粒，可克隆长达300 kb以上的外源DNA片段，宿主为大肠杆菌。

YAC载体的缺陷是在YAC载体的插入片段中会出现缺失和基因重排的现象，容易形成嵌合体，与宿主细胞的染色体大小相近，很难分离。YAC的一个突出优点是，酵母细胞比大肠杆菌对不稳定的、重复的和极端的DNA有更强的容忍性。BAC不像YAC那样易发生再重组，遗传性稳定，重组DNA也易于分离。

9. 克隆载体对宿主的基本要求是：①能够高效吸收外源DNA；②不具有限制修饰系统；③不具有DNA重组系统；④根据载体类型和标记选择相应宿主；⑤具有安全性。宿主细胞应该对人、畜、农作物无害或无致病性等。

10. 抗生素抗性基因插入失活法是指将外源DNA插入到载体中任何一个抗生素抗性基因编码序列内，导致抗生素抗性基因"插入失活"。如在质粒中含有四环素抗性基因，四环素抗性基因内含*Bam*H Ⅰ位点，若将外源DNA插入此位点，然后转化大肠杆菌（tet^s）并培养在含四环素的平板上。那些含有外源DNA的转化细胞失去对四环素的抗性，所以不能在四环素平板上生长。而不含外源DNA的转化细胞，则可在四环素的平板上生长。这样通过四环素平板和非四环素平板得影印平板对照，就可以在非四环素平板上筛选到含有目的基因的细菌。

    β-半乳糖苷酶显色反应法：许多载体中含有β-半乳糖苷酶（*lacZ*）的调控序列和该酶N端氨基酸（α肽）的编码序列，并在这个编码区中插入一个多克隆位点，但没有破坏其可读框，也不影响其正常功能。大肠杆菌*lacZ*ΔM15突变株含有缺失N端编码序列的β-半乳糖苷酶基因（编码ω片段）。N端缺失的该酶单体不能形成有活性的四聚体，α肽可补足缺陷而恢复酶活性，称为α-互补。在含有IPTG和X-gal的培养基中，IPTG诱导产生有活性的β-半乳糖苷酶使培养基中的生色底物X-gal分解，产生半乳糖和深蓝色底物，故形成蓝色菌落。当外源DNA插入载体的多克隆位点中，破坏了α肽的可读框，α肽失活，失去互补能力，在同样的培养基上形成白色菌落，从而将二者区别开来。

    β-半乳糖苷酶显色反应法可以将重组菌和非重组菌在同一平板上区别开来，而抗生素抗性基因插入失活法必须对照含有抗生素和不含抗生素的影印实验中在非抗生素平板上才可以得到，易被其他非抗性菌株污染和干扰。

11. 真核生物基因的编码序列被非编码序列（内含子）隔开，真核生物基因转录后具有原核生物所没有的复杂的mRNA的加工和成熟过程。一般地，将真核生物成熟的mRNA反转录成cDNA，然后附上原核生物的调节和控制序列，就能在原核细胞内表达。

12. 外源基因在重组菌中高效表达，必然影响宿主的生长和代谢，而细胞代谢的损伤，又必然影响外源基因的表达。当重组菌生长到一定的阶段后（一般是对数生长期的前、中期），通过在表达载体上插入可诱导的启动子，开始人为诱导外源基因的表达，使外源基因在特异的时空进行表达不仅有利于细胞的生长代谢，而且能提高表达产物的产率。外源基因表达产物的总量取决于外源基因表达水平和菌体浓度。在保持单个细胞基因表达水平不变的前提下，提高菌体密度可望提高外源蛋白质合成的总量。合理地调节好宿主细胞的代谢负荷，可以进一步提高外源基因的表达水平。

六、主要参考书目

1. 周德庆. 微生物教程. 2版. 北京：高等教育出版社，2002
2. 沈萍，陈向东. 微生物学. 彩色版. 北京：高等教育出版社，2008
2. Prescott L M, Harley J P, Klein D A. 微生物学. 5版. 中文版. 沈萍，彭珍荣，译. 北京：高等教育出版社，2003
3. Perry J J，Staley J T，Lory S. Microbial Life. Sunderland：Sinauer Associates，2002

（肖敏）

第11章

微生物的生态

一、要点提示

本章可分为两大部分，其一是微生物的生态分布及其功能（主教材本章前3节）及微生物生态功能在环境保护中的应用（主教材本章第4节）。

（一）微生物在自然生境、动植物及人体中的生态分布、组织结构及功能

1. 微生物生存的微环境

微生物个体十分微小，因此对个体产生影响的生境也很小，微生物生存的生境被称为微环境。

2. 从宏观上说微生物所具有的个体微小、代谢营养类型多样、适应能力强、迁移能力强的特点使微生物空间分布得极其广泛。

（1）在自然环境水体、土壤、大气中的分布。

（2）在其他生物难于生存的极端环境中（高温、低温、低pH、高pH、高盐、高压、高辐射等）的分布。

（3）在动物体中的分布。

（4）在植物体中的分布。

（5）在工农业产品中的分布。

（6）在人体中的分布。

3. 生境中微生物的组织层次、结构及相互作用

（1）生态环境中的微生物存在着与动物、植物相似的个体、种群、群落和生态系统（以微生物为主体的生态系统）等组织层次。

（2）微生物具有明显的群体性。种群是一种重要的组织层次，种群的相互作用是理解微生物相互作用的基础，其作用包括中立生活、偏利作用、协同作用、互惠共生、寄生、捕食、偏害作用、竞争。

（3）群落结构、功能与相互作用。群落是一定区域内或一定生境中各种微生物种群相互松散结合的一种结构和功能单位。在一个生态系统中不同群落也存在着各种不同的相互作用。

4. 栖居微生物与生境的相互关系

（1）微生物与其栖居的自然环境存在着相互作用的关系。环境可以选择微生物，微生物可以适应环境，同时微生物在环境中的生长过程也会对环境产生影响。微生物在自然环境中的存在分布是历史传承、现实选择及微生物适应进化的结果，主要方面是生态位上生物和非生物环境对微生物的选择。

（2）动物体中微生物对动物是益害共存，但更主要的是互惠共生关系，研究其互惠共生关系，有助于对有益微生物的利用。

（3）植物体中微生物对植物也是益害共存，有些成为植物病原体，有些则可以促进植物的生长发育。抑害增益是利用这种相互关系的出发点。

（4）生物性霉腐是造成食品如粮食等霉变的重要原因，产生大量生物毒素是重要的食品公共健康问题。

（5）人体正常的微生物区系是个体防御病原微生物的一道屏障，但在特殊条件也可以成为病原微生物。

5. 极端环境微生物研究中最重要的3个方面是生态分布、适应机理及开发应用。

6. 自然环境中微生物的生理、代谢特点

大部分微生物生长在营养贫乏、环境条件不适的条件下，代谢活性低，生长速率极低，大部分都是活的不可培养微生物。

7. 聚焦生态系统，剖析微生物在系统中的特殊地位和重要作用。

（1）微生物主要作为分解者在生态系统中扮演重要角色。

① 微生物是有机物的主要分解者。

② 微生物是物质循环的重要成员。

③ 微生物是生态系统中的初级生产者。

④ 微生物是物质和能量的储存者。

⑤ 微生物是地球生物演化中的先锋种类。

（2）微生物在生物地球化学循环中所起的重要作用。

① 生物地球化学循环是生态系统乃至整个生物圈物质循环的一个重要组成部分。生命物质的主要组成元素、少量元素和痕量元素表现出从快到慢的不同的循环速率。

② 微生物参与的生物地球化学循环是总生物地球化学循环的一部分，主要是微生物对有机物的矿化作用。

③ 微生物对有机物的矿化作用推动微生物参与碳循环、氮循环、硫循环、磷循环及铁循环。

④ 微生物在C、N、S、P循环中具有不同方式与特点。

（3）微生物的生物修复　生态环境中的微生物对进入环境中的各种污染物（异生物源物质，xenobiotics）具有巨大的降解潜力，因而可以消除污染、净化环境。

（二）微生物与环境保护是微生物生物体及其机能在环境保护中的应用

微生物在环境保护中的应用是它们在自然环境中生态功能特别是其生物修复功能的模拟、强化和跃升。

1. 微生物对污染物的降解、转化是微生物消除污染、修复污染环境的基础和前提条件。

（1）生物降解是微生物对环境污染物的分解作用，是传统分解作用的拓展和延伸。可以认为是代谢基质的转换、能量来源的改变。

（2）质粒在微生物对污染物的降解中具有重要作用，对难降解化合物的前半部分的降解遗传信息主要分布在质粒上，或分布在质粒和染色体上。

2. 污染介质的微生物处理是通过微生物作用使废水、废气、固体废弃物中的污染物在反应器中得到降解，矿化成H_2O、CO_2及其他氧化性物质，以达到消除污染，无害化的目的。

3. 工、农业废弃物的资源化转化，转化成新的化学产品、能源及单细胞蛋白质。

4. 氮、磷去除技术是利用特定微生物类群在特定条件下去除污水中的氮和磷。

5. 污染环境的生物修复是利用微生物的降解作用修复较大面积的污染环境，特别是修复受难降解污染物污染的环境，如土壤、水体（包括地下水）、海滩等。

6. 生物强化是提高废水、废气、固体废弃物生物处理以及污染环境生物修复效率的重要方法。

7. 环境污染的微生物监测是利用在污染压迫下微生物群落结构、生理功能的变化来监测环境污染，微生物的特殊性使微生物在环境污染监测中有特殊作用。

二、重点、难点剖析

1. 微生物在生态系统中的作用是本章重点之一，却并非难点。理解这个问题首先要抓住生态系统，从生态系统的组成、结构和功能出发来理解微生物在生态系统中所扮演的重要角色（表11–1），微生物主要作为分解者，但也是生产者，以及其他方面的重要角色。

表11–1 生态系统的基本框架

组成			
非生物成份	无机元素和化合物	有机物质	其理化条件
生产者	植物、藻类	光能营养微生物	化能营养微生物
消费者	草食动物	肉食动物	
分解者	微生物	土生动物	
结构			
生产者亚系统	植物、藻类	光能营养微生物	化能营养微生物
消费者亚系统	草食动物	肉食动物	
分解者亚系统	微生物	土生动物	
功能			
能量流动	所有生物		
物质循环	所有生物（主要是合成作用的植物和分解作用的微生物）		
信息传递	所有生物		

注：在生态系统中分解有机碎屑的微生物一般被认为是碎屑食物链的起点，其作用等同于生产者。但从对储存于碎屑中能量的利用角度也可以认为是消费者

2. 微生物与生物地球化学循环是本章重点之一，但并非难点。生物地球化学循环主

要有两个基本过程，即光合生物对无机营养物的同化和异养生物对有机物的矿化。微生物参与的生物地球化学循环主要在于对有机物的矿化，这体现了微生物作为物质循环重要成员的作用。

（1）微生物参与的碳循环　微生物推动的碳循环可从4个方面加以理解。

① 宏观的碳循环主要是CO_2为绿色植物固定为有机碳，有机碳再为微生物分解矿化成可被利用的CO_2。

② 微观上微生物参与的碳循环是微生物在生境中分解生物多聚物，微观的生物降解是宏观碳循环的基础。

③ 微生物在好氧和厌氧两种条件下进行有机物的分解作用。

④ 微生物推动碳循环中的中心化合物是CO_2，此外还有CO、烃类物质等。

（2）微生物参与的氮循环　微生物参与的氮循环复杂多样，大多实际上是氧化还原反应。各种循环反应的比较如表11–2。

表11–2　微生物推动的多种氮循环反应比较

	微生物类群	反应酶	反应产物	反应性质	电子受体	环境条件	生境	产/耗能量	科学意义	环境影响
固氮作用	固N微生物	固氮酶系	NH_3	还原反应	N_2	好氧或厌氧	土壤水体	耗能	补充反硝化过程中损失的N_2	加大环境中氮的流通量
氨化作用	腐生微生物	蛋白酶、溶菌酶、核酸酶、脲酶等	NH_3			好氧或厌氧	土壤水体	耗能	为生物固定和进一步转化提供氨	释放到大气可造成大气污染和N损失
硝化作用	硝化（作用）细菌（多数自养，少数异养）	加单氧酶	NO^-_3	氧化反应	O_2	好氧	土壤水体	产能	提供植物生长的无机N源	造成环境（地下水）硝酸盐、亚硝酸盐污染
硝酸盐还原 同化硝酸盐还原	异养微生物（少数自养）	硝酸盐、亚硝酸盐还原酶	NH_3	还原反应	NO^-_3、NO^-_2	好氧或厌氧	土壤水体	耗能	提供N源	减缓硝酸盐造成的污染
异化硝酸盐还原 发酵性硝酸盐还原	异养微生物（少数自养）	硝酸盐、亚硝酸盐还原酶	NH_3	还原反应	NO_3^-作为附带电子受体	缺氧或厌氧	土壤水体	产能	产生氨	减缓硝酸盐造成的污染
反硝化作用（产N_2的呼吸性硝酸盐还原）	异养微生物（少数自养）	硝酸盐还原酶等多酶系统	NO_2 N_2	还原反应	NO^-_3作为末端电子受体	缺氧或厌氧	土壤水体	产能	去除环境中的NO^-_3，造成氮的损失	产N_2进入大气

3. 生态环境中微生物的生态分布是微生物生态学的基础，也是重点之一。特别要认识到微生物分布的广泛性和微生物无处不在的特点。

（1）微生物在生态环境中的分布是微生物与环境相互作用的结果。

其一是环境对微生物的选择。如极端环境中分布的是极端微生物。其二是微生物对环境的适应。一些环境污染物进入环境后，微生物能进化出新的降解能力而存活下来。其三是微生物也能改变环境。如一些氧化硫的微生物对硫的氧化产生硫酸可造成环境酸化。

（2）微生物在土壤、水体、大气等自然生境中的分布

① 土壤是微生物的合适生境，是微生物最大的储库，土壤微生物的数量和活性主要取决于有机物的含量。

② 水环境中的微生物主要来源于土壤，以悬浮和附着两种方式存在，水体中微生物的数量和分布主要受到营养物水平、温度、光照、溶解氧、盐等因素的影响。

③ 大气不是微生物生长的合适生境，但由于微生物能产生各种休眠体以适应不良环境，有些微生物可以在大气中存活相当长的时间而不死亡。大气中的微生物来源于土壤、水体和其他微生物源。

（3）极端环境下的微生物是那些生长在其他生物难于存活环境中的微生物。这些微生物开拓了微生物的生存空间，扩大了分布范围。极端环境下的微生物具有特殊的适应机理，有特异的遗传信息，这些都是极端环境微生物的重要资源价值。

（4）动、植物既是微生物的分布载体，也是展现微生物和动物、植物相互作用的生动舞台。

① 生长在动物体上的微生物是一个种类复杂、数量庞大、生理功能多样的群体。生态分布上有体内、体外之分，功能上分为有益和有害两个方面，对动物有益的互惠共生关系受到广泛的关注与深入研究，瘤胃共生是最重要的一种共生关系。瘤胃共生系统是大量微生物聚集，以微生物（包括细菌、真菌、噬菌体、原生动物、微型后生动物）为主体的高能量、多物质流通的类似一个生物反应器的生态系统。这种共生对充分利用植物资源，连接植物和草食动物的食物链，推动能量流动和物质循环具有重要的意义。

② 植物茎叶、根部是微生物生长的重要生境，部分微生物可以引起植物病害，更多微生物可以与植物形成互惠的共生关系，根际微生物、菌根真菌和共生固氮中的固氮菌都对植物的生长产生促进作用。微生物和植物根的相互作用是最重要的植物微生物相互关系。从根际、菌根到根瘤，微生物和植物根之间的互惠共生关系越来越密切，形态结构越来越复杂，生理功能越来越完备，遗传调节越来越严密。

（5）人体微生物和人类健康密切相关。皮肤、口腔和胃肠道一般为无侵袭力的“土著”微生物所占领，形成具不同生理功能的微生物群落。胃肠道是微生物密度最高的人体器官，人和微生物存在着对双方都有利的共生关系。

（6）许多工农业产品可以成为微生物生长利用的潜在基质。在大多数情况下，微生物对这些物质的利用可以导致酸败、腐烂及霉腐，食品及农产品霉腐产生微生物毒素是公众健康中的重要问题。

4. 微生物与环境保护所要阐述的是微生物在环境保护中的作用，是利用微生物有机体、生理机能、遗传基因处理污染介质、修复污染环境、监测环境污染。这是本章的重点和难点，之所以是难点是因为大部分师生对环境科学知识的陌生和缺乏感性认识。

（1）微生物在环境保护中所起的作用是微生物在生态环境中的生态功能特别是微生物

的修复功能的模拟、强化和跃升。微生物消除、降解污水、废气、固体废弃物中的污染物与利用自然环境中的有机质在本质上是一样的。

（2）微生物处理污染介质、修复污染环境与微生物工业发酵在基本原理上是相一致的，本质上都是微生物利用（分解）基质取得能量生长，产生微生物生物量的代谢过程，简单地说都是放大的摇瓶培养。这两种过程的异同比较（以污水处理与工业发酵为例）见表11–3。

表11–3　污水处理与工业发酵的异同比较

	基质	营养物	微生物	反应器	运行方式	氧需要	生物量	代谢产物	经济效益
工业发酵	发酵培养基	含C、N、P比例合理的农副产品，主要为糖类	经筛选的纯菌株或混合菌群（主要为单一的纯菌株）	工业发酵罐	一般分批发酵（也有连续的）	主要好氧，也有厌氧的	菌体（从菌体中提取有用代谢物）	从发酵液中提取所需的代谢产物	较高经济效益
污水处理	污水	污水中的有机污染物	筛选的菌群或混合菌群（主要是混合菌群）	反应器（反应池、槽）	一般连续的（也有分批的）	大多好氧，也有厌氧的	污泥（有些污水发酵回收单细胞蛋白质）	有时可回收代谢产物（如甲烷、甲醇、乙醇等）	主要是社会效益（有些资源化的过程可获较好经济效益）

（3）微生物处理污染介质、修复污染环境的基础——生物降解　微生物在环境保护中发挥作用的基础是微生物对有机污染物的生物降解，把各种易降解和难降解的有机污染物、有毒有害有机污染物转化成无毒无害的化学物质或彻底降解转化成CO_2、H_2O及其他氧化性物质。微生物对各种有机污染物的降解能力是微生物利用葡萄糖、淀粉、蛋白质作为基质能力的拓展，是常见的分解作用的扩展和伸延。

微生物的遗传信息集中在染色体（原核生物为拟核），也是降解污染物遗传信息的载体，而降解质粒则是微生物降解难降解有机物遗传信息的另一个重要载体，许多难降解有机物的重要降解步骤的降解酶都由降解质粒编码的，染色体和质粒共同编码有机污染物降解过程中的酶。

（4）污染介质的生物处理以及污染环境的生物修复是利用微生物降解污染物能力保护环境的最重要方式，但不同的处理方式也具有不同的特点，它们的比较列于表11–4。

（5）环境污染的微生物监测是利用污染压迫下微生物种群、代谢活性所发生的变化指示环境污染。粪便污染指示是利用粪便污染带到水体的大肠菌群细菌所造成的水体细菌群体变化指示水体的粪便污染。致突变物的微生物检测是基于微生物易变异的特点，利用微生物营养缺陷型回复突变的作用检测具致突变能力的环境污染物。发光细菌检测法、硝化细菌的相对代谢率实验都是利用污染压迫下微生物的代谢反应所发生的改变来检测环境污染物。

表 11-4　污水、固体废弃物、废气生物处理及污染环境生物修复比较

	污染介质	污染特点	处理目标	作用微生物	微生物存在状态	反应器	运行方式	需氧	能耗	资源化	经济/社会效益
污水处理											
好氧处理系统											
活性污泥法	污水	点污染	去除BOD、COD	一般为混合微生物群体（也可用单种、两种或菌群）	悬浮	曝气池（好氧生物反应器）	连续	好氧	耗能	一般直接排放（可中水回用）	社会效益
生物膜法	污水	点污染	去除BOD、COD	同上	主要是附着（也有悬浮）	生物滤池	连续	好氧	低能耗	同上	社会效益
厌氧处理系统	污水	点污染	去除BOD、COD	同上	悬浮或附着	厌氧生物反应器	连续	厌氧	低能耗	回收甲烷	回收能源
生态工程处理方法	污水	点污染	去除BOD、COD	混合微生物	悬浮或附着	自然生态系统	连续	好氧或厌氧	低能耗	污水灌溉等	利用污水肥力
氮磷去除技术	污水	点污染	去除BOD、COD及N、P	除有活性污泥法一样的微生物外，还有去除N、P的微生物类群	悬浮或附着固定	曝气池、缺氧池、厌氧池	连续	好氧、缺氧或厌氧	耗能	一般排放（中水回用）	社会效益
固体废弃物处理											
堆肥化处理	固体废弃物	点污染	降解废弃物中的有机物	混合微生物群体	附着	仓式容器	批式	好氧	耗能	可作肥料	有经济效益
生态工程处理	同上	点污染	降解废弃物中的有机物	同上	附着	自然堆放	批式	好氧	低能耗	恢复垃圾堆放场的景观性	社会效益
资源化回用技术	同上	点污染	利用废弃物中的有机物资源	特定微生物群体	悬浮或附着固定	工业发酵反应器	批式	好氧	耗能	回收废弃物中的资源	社会效益
气态污染物处理	废气	点污染	去除废气中的污染物	混合微生物	悬浮或附着固定	多种处理池	连续	好氧	耗能	净化后气体排入大气	社会效益
污染环境修复	多种介质	面污染	去除污染环境中的污染物	混合微生物	附着固定	不同类型的处理装置	批式	好氧或厌氧	低能耗	修复受污染环境	社会效益

三、术语或名词

1. 生态系统（ecosystem） 在一定的空间内生物的成分（即生物群落）和非生物的成分（环境）之间通过物质循环和能量流动过程相互作用、相互依存而形成的统一整体。

2. 生物地球化学循环（biogeochemical cycles） 生物圈中的各种生命物质的组成元素，经生物化学作用在生物圈中生命物质与非生命物质之间的转化和迁移。

3. 固氮作用（nitrogen fixation） 大气中氮被转化成氨（铵）的生化过程。

4. 氨化作用（ammonification） 有机氮化合物转化成氨（铵）的生化过程。

5. 硝化作用（nitrification） 好氧条件下在无机化能硝化细菌作用下氨被氧化成硝酸盐的过程。

6. 嗜热微生物（thermophilic microorganisms） 最适生长温度在45℃以上，中温条件下能生长（或不能生长）的微生物。

7. 嗜冷微生物（psychrophilic microorganisms） 最适生长温度在20℃以下，0℃或低于0℃可以生长，20℃以上生长或不生长的微生物。

8. 嗜酸微生物（acidophilic microorganisms） 生长最适pH在3～4以下，中性条件不能生长的微生物。

9. 嗜碱微生物（alkaliphilic microorganisms） 生长最适pH在9以上，中性条件不能生长的微生物。

10. 嗜盐微生物（halophilic microorganisms） 生长最适盐浓度在0.2～0.25 mol/L以上的微生物。

11. 嗜压微生物（barophilic microorganisms） 需要高压才能良好生长的微生物。

12. 根际微生物（rhizosphere microorganisms） 邻接植物根土壤区域中生长，受植物根系的活动影响的微生物。

13. 菌根（mycorrhiza） 一些真菌和植物根以互惠关系建立起来的共生体。

14. 共生固氮（symbiotic nitrogen fixation） 根瘤菌和植物根通过它们相互作用形成成熟根瘤固定大气中氮的复杂生理生化过程。

15. 生物气溶胶（bioaerosols） 悬浮在大气中的气溶胶、微生物、微生物副产物和花粉的集合体。

16. 生物降解（biodegradation） 微生物（也包括其他生物）对有机化合物（特别是环境污染物）的分解作用。

17. 降解性质粒（catabolic plasmids） 携带有能编码难降解有机化合物降解酶基因的细胞质遗传因子。

18. 污水处理（wastewater treatment） 利用微生物在特定生物反应器中降解有机污染物净化污水的生化过程。

19. 活性污泥法（activated sludge process） 利用由微生物与污水（废水）中的有机、无机固体物混凝交织、形成的活性污泥处理污水的过程。

20. 生物膜法（biofiltration process） 利用附着在滤料表面的生物膜净化污水的过程。

21. 堆肥化处理（composting treatment） 有控制地在反应器中利用微生物转化有机废弃物（生活垃圾及其他有机固体废弃物）向稳定的腐殖质转化的生物化学过程。

22. 生物修复（bioremediation） 用生物学介导的方法，主要利用微生物、植物从特殊环境中（尤其是原位）除去或降解污染物从而消除污染、修复污染环境的工程化处理过程。

四、习题

填空题

1. 从________、________、________、________生境中可以分离到嗜热微生物；从________、________生境中可以分离到嗜冷微生物；从________、________生境中可分离到嗜酸微生物；从________、________生境中可分离到嗜碱微生物；从________、________和________生境中可分离到嗜盐微生物。
2. 磷的生物地球化学循环包括3种基本过程：________、________、________。
3. 微生物种群相互作用的基本类型包括：________、________、________、________、________、________、________和________。
4. 嗜热细菌耐高温的________使DNA体外扩增技术得到突破，为________技术的广泛应用提供基础。
5. 微生物推动的氮循环实际上是氮化合物的氧化还原反应，其循环过程包括________、________、________和________。
6. 按耐热能力的不同，嗜热微生物可被分成5个不同类群：________、________、________、________和________。
7. 有机污染物生物降解过程中经历的主要反应包括________、________、________和________。
8. 在评价有机化合物生物降解性的基本实验中基于降解微生物选择及降解环境系统的测定方法是________和________；基于终点的测定方法是________、________、________、________、________、________和________。
9. 污水处理按程度可分为________、________和________。
10. 汞的微生物转化主要包括3个方面________、________和________。

选择题（4个答案选1）

1. 总大肠菌群中不包括（　　）。
   （1）克雷伯氏菌　（2）肠杆菌　（3）埃希氏菌　（4）芽孢杆菌
2. 下列有机物中最难被微生物降解的是（　　）。
   （1）纤维素　（2）木质素　（3）半纤维素　（4）淀粉
3. 同化硝酸盐还原的酶可被下列哪种化合物抑制？（　　）
   （1）氨　（2）氧　（3）N_2　（4）N_2O
4. 异化硝酸盐还原的酶可被下列哪种化合物抑制？（　　）
   （1）氨　（2）氧　（3）N_2　（4）N_2O
5. 活性污泥法处理污水的过程最类似于下面哪种微生物培养方式？（　　）
   （1）恒浊连续培养　（2）恒化连续培养
   （3）恒浊分批培养　（4）恒化分批培养

6. 和豆科植物共生固氮的微生物是（　　）。
（1）假单胞菌　（2）根瘤菌　（3）蓝细菌　（4）自生固氮菌
7. 许多霉菌在农副产品上生长时易于产生霉菌毒素，下列中哪些条件最适于产生霉菌毒素？（　　）
（1）高温高湿　（2）高温　（3）高湿　（4）低温
8. 适用于生物冶金的微生物类群主要是（　　）。
（1）嗜热微生物　（2）嗜冷微生物　（3）嗜酸微生物　（4）嗜压微生物
9. 超嗜热细菌主要是（　　）。
（1）古生菌　（2）真细菌　（3）真菌　（4）霉菌
10. 酸矿水的形成是微生物对某些金属和非金属元素转化的结合，下列哪种循环与酸矿水形成有关？（　　）。
（1）硫循环　（2）氮循环　（3）磷循环　（4）硅循环
11. 污水处理中的厌氧处理主要用来处理的污水是（　　）。
（1）焦化厂污水　（2）城市生活、工业混合污水
（3）农药厂污水　（4）高浓度有机污水

是非题

1. 氨化作用只能在好氧环境下才能进行。
2. 反硝化作用完全等同于硝化作用的逆过程。
3. 一般情况下土壤表层的微生物数量高于土壤下层。
4. 嗜冷微生物适应环境的生化机理之一是其细胞膜组成中有大量的不饱和、低熔点脂肪酸。
5. 嗜酸微生物之所以具有在酸性条件下生长的能力是因为其胞内物质及酶是嗜酸的。
6. 嗜碱微生物具有在碱性条件下生长能力的根本原因是其胞内物质及酶是偏碱（嗜碱）的。
7. 草食动物大部分都能分泌纤维素酶来消化所食用的纤维素。
8. 共生固氮和游离固氮都在固氮过程中发挥重要作用。
9. 大量服用抗生素的病人同时要服用维生素，这是为了补充因肠道微生物受抑制减少的维生素的合成。
10. 降解性质粒携带有编码环境污染物降解酶的全部遗传信息。
11. 污水及固体废弃物的厌氧处理的生化过程及产物完全不同。
12. 污水处理中氮去除的基本过程是硝化–反硝化作用，这和发生在生态环境中的硝化–反硝化在本质上是相同的。

问答题

1. 简述微生物作为重要成员在生态系统中所起到的重要作用。
2. 简述碳在生物圈中的总体循环。
3. 详述微生物参与的氮循环。
4. 简述微生物种群之间的相互作用。
5. 比较陆生、水生及大气生境中微生物在生态分布、存在状态、生理活性等方面的异同点。

6. 简述嗜热微生物的生境及其生态分布。
7. 简述嗜冷微生物的生境及其生态分布。
8. 简述嗜酸微生物的生境及其生态分布。
9. 简述嗜碱微生物的生境及其生态分布。
10. 简述嗜盐微生物的生境及其生态分布。
11. 举例说明微生物与动物的互惠共生关系。
12. 微生物在从绿色植物到草食动物的能量流动中起重要作用，请指出这样说的理由？
13. 以根际、菌根和根瘤说明微生物和植物根的互惠共生关系。
14. 微生物与动、植物相互关系中益害共存，怎样才能增益减害？
15. 微生物的分布比动、植物更广泛，其生态学意义在哪里？
16. 从病原微生物的传播途径说明人类预防传染病的基本方法。
17. 我们可以从哪些方面说明微生物具有降解环境污染物的巨大潜力？
18. 微生物降解环境污染物是降解自然有机物能力的扩展和延伸，这样说的道理何在？
19. 某一化学农药厂合成一种化学农药，请你提一种实验方法来评价这种农药的生物降解性。
20. 请对细菌遗传转化的概念作出解释，并说明如何利用人工转化技术获得高效、高竞争能力的降解菌。
21. 请设计一系列实验来分离获得对某一特定有机污染物具高效降解能力的降解菌株。
22. 具有甲基化无机汞能力的匙形梭菌的维生素 B_{12} 的缺陷型菌株不能进行汞的甲基化，而且对无机汞比亲株（野生型）要敏感得多，这说明什么？
23. 在污染介质的微生物处理中我们主要利用微生物的哪些生理功能，这些利用是如何实现的？
24. 在含有难降解污染物污水的生物处理中，向污水处理系统加一定量高效降解菌的生物强化（过去称为投菌法）可以提高处理效果，请从微生物群落组成和功能的角度作出理论解释。
25. 活性污泥法处理污水的过程非常类似于恒浊的连续培养，那么两者是如何实现恒浊，其不同点在哪里？
26. 试设计一种用微生物处理废水或废渣，变废为可用资源的方案。
27. 污水处理也可以说是一种微生物培养过程，试从微生物的基质利用、培养方式和培养目的与微生物的工业发酵进行对比。
28. 简述生物修复中的强化措施。
29. 为什么说生物强化可以在生物修复中发挥重要的作用？
30. 微生物对环境污染物的生物降解是污水处理、固体废弃物处理、污染环境生物修复的基础，从生物降解角度思考，怎样才能有效提高污水处理、固废处理处理、污染环境修复的效率。
31. 微生物分子生物学技术可以在哪些方面给环境保护带来新的发展和应用。

五、习题解答

填空题

1. 热泉 高强度太阳辐射土壤及岩石表面 堆肥 煤堆 极地 深海 酸矿水 酸热泉 碳酸盐湖 石灰水 盐湖 盐场 盐矿 2. 有机磷转化成溶解性无机磷（有机磷矿化） 不溶性无机磷变成溶解性无机磷（磷的有效化） 溶解性无机磷变有机磷（磷的同化） 3. 中立生活 偏利作用 协同作用 互惠共生 寄生 捕食 偏害作用 竞争 4. DNA多聚酶 PCR 5. 固氮 氨化作用 硝化作用 硝酸盐还原（反硝化作用） 6. 耐热菌 兼性嗜热菌 专性嗜热菌 极端嗜热菌 超嗜热菌 7. 氧化反应 还原反应 水解反应 聚合反应 8. 微生物学方法 环境学方法 母体化合物的消失测定 氧消耗测定 脱氢酶活性测定 ATP量测定 总有机碳测定 CO_2产生量测定 活性污泥中挥发性物质测定 专一性$^{14}CO_2$测定 9. 一级处理 二级处理 三级处理 10. 无机汞（Hg^{2+}）的甲基化 无机汞（Hg^{2+}）还原成Hg^0 甲基汞和其他有机汞化合物裂解并还原成Hg^0

选择题

1.（4） 2.（2） 3.（1） 4.（2） 5.（1） 6.（2） 7.（1）
8.（3） 9.（1） 10.（1） 11.（4）

是非题

1. × 2. × 3. √ 4. √ 5. × 6. × 7. ×
8. √ 9. √ 10. × 11. × 12. √

问答题

1. 微生物在生态系统中可以在多个方面起重要作用，但主要作为分解者。其重要作用可以概括如下：①微生物是有机物的主要分解者，微生物分解存在于生物圈内存在的动物、植物和微生物残体等复杂有机物质，并转化成最简单的无机物，供初级生产者利用。②微生物是物质循环中的重要成员，微生物参与所有的物质循环，大部分元素及其化合物都受到微生物的作用。③微生物是生态系统中的初级生产者，光能营养和化能营养微生物具有固定太阳能和化学能的能力，成为生态系统的初级生产者。④微生物是物质和能量的储存者，生态环境中的微生物储存着大量的物质和能量。⑤微生物是地球生物演化中的先锋种类，微生物是地球上最早出现的生物体，微生物的活动为后来的生物进化打下基础。
2. 碳在生物圈中的总体循环可以概括为包括3个方面的一个耦合的过程。
（1）初级生产者把CO_2转化成有机碳（糖类、脂肪等含C有机物）。
（2）初级生产所合成固定的有机物为异养消费者利用，并在食物链、食物网中进一步迁移，部分有机物经呼吸作用转化为CO_2。
（3）初级生产者和其他营养级（消费者及更高级消费者）的生物残体以及生物生理过程中所产生的有机物被分解者转化、分解成CO_2，CO_2又可被生产者利用固定为有机碳化合物。

3. 氮是生物有机体的主要组成元素，氮循环是重要的生物地球化学循环。微生物是氮循环重要推动生物，有的氮循环过程只有微生物才能完成。微生物参与的氮循环过程主要有固氮、铵同化、氨化（脱氨）、硝化作用、硝酸盐还原和反硝化作用。

（1）固氮　固氮是大气中氮被转化成氨（铵）的生化过程，这是只有微生物或有微生物参与才能完成的生化过程，游离的固氮微生物主要有固氮菌、梭菌、克雷伯氏菌和蓝细菌，共生的主要是根瘤菌和弗兰克氏菌。

（2）铵同化　铵被同化成氨基酸形成蛋白质等氮素物质的过程，所有的微生物都具有同化铵的能力。

（3）氨化作用　氨化作用是有机氮化合物转化成氨（铵）的过程。微生物在好氧、厌氧环境条件下都具有氨化能力。

（4）硝化作用　硝化作用是氨被分两步氧化成硝酸盐的过程，这一过程主要由无机化能硝化细菌完成，主要的微生物包括氨氧化菌和亚硝酸盐氧化菌。但近年的研究说明一些异养微生物也具有硝化能力。

（5）硝酸盐还原　硝酸盐还原是硝酸盐被还原成NO^{-}_{2}、NH^{+}_{4}、N_2O、N_2的过程，包括同化硝酸盐还原和异化硝酸盐还原。很多微生物都可完成这个过程。

4. 微生物种群之间的相互作用包括：（1）中立生活：两种群之间在一起彼此没有影响或仅有无关紧要的影响。（2）偏利作用：一个种群因另一个种群的存在或生命活动而得利，而后者没有从前者受益或受害。（3）协同作用：相互作用的两个种群相互有利，二者之间是一种非专性的松散的联合。（4）互惠共生：相互作用的两个种群相互有利，二者之间是一种专性的和紧密的结合。（5）寄生：一个种群对另一个种群的直接侵入，寄生者从寄主生活细胞或生活组织获得营养，而对寄主产生不利影响。（6）捕食：一个种群被另一个种群完全吞食，捕食者种群从被食者种群得到营养。（7）偏害作用：一个种群阻碍另一个种群的生长，而对第一个种群无影响。（8）竞争：两个种群因需要相同的生长基质或其他环境因子而相互竞争，其结果对两个种群都是不利的。

5. 总体上陆生、水生、大气中的微生物的生态分布、存在状态以及活性都是环境的选择以及微生物的适应结果。

在生态分布上，三大类微生物都具有分布广泛、无处不在的特点，但陆生微生物在分布上更具异质性，一些营养丰富的土壤环境含有数量巨大的微生物，而一些营养贫乏的位置则数量极低。水体、大气中微生物分布较为均一。

在存在状态上，三大类微生物都主要以附着方式存在，但附着的颗粒物完全不同，陆生微生物主要附着在土壤团粒上，水生微生物主要附着在水体中的悬浮颗粒或固体表面上，而大气微生物则主要附着在各种悬浮颗粒上，形成生物气溶胶。

在活性上，总体上自然生境中的微生物一般都处于营养贫乏的状态，活性较低。但在陆生生境、水生生境中某些局部位置也会有营养丰富的局部区域，那里会有高活性、数量巨大的微生物群落，而大气中微生物的数量、活性均较低。

6. 嗜热微生物的生境主要是地球表面如热泉这样的高温环境。主要分布于热泉、高强度太阳辐射的土壤、岩石表面、堆肥、厩肥、干草、锯屑及煤渣堆。

7. 嗜冷微生物的生境主要是地球表面像极地、深海这样的低温环境。主要分布于极地、深海、寒冷水体、冷冻土壤、阴冷洞穴和保藏食品的低温环境。

8. 嗜酸微生物的生境主要是酸热泉这样的自然酸性环境。主要分布于酸矿水、酸热泉、火山湖和地热泉。

9. 嗜碱微生物的生境主要是碳酸盐湖这样的自然碱性环境。主要分布于碳酸盐湖、碳酸盐荒漠、极端碱性湖。

10. 嗜盐微生物的生境主要是盐湖、盐场等高盐自然环境。主要分布于盐湖、盐场、盐矿。

11. 微生物和许多动物都可建立互惠共生的关系，如微生物和昆虫的共生、瘤胃共生、发光细菌和海洋鱼类的共生。其中最重要的例子是草食动物和微生物建立的瘤胃共生关系。草食动物（如牛等反刍动物）直接食用大量富含纤维素的绿色植物，而动物缺乏能降解这些纤维素的酶。进入瘤胃的这些食物则被其中的微生物分解产生有机酸，这些有机酸则被动物消化利用。从这个例子中可以看出微生物与动物的共生关系一般是动物可以为微生物提供良好的生存环境和食物来源，而微生物产生的代谢产物又可为动物所利用而有益于动物。

12. 大部分草食动物都缺乏分解绿色植物的纤维素酶，而草食动物对植物食料的利用依靠的是生长在它们胃肠道中的微生物，微生物分泌的纤维素酶把纤维素分解成脂肪酸及其他营养物质，这些营养物质为动物吸收利用，草食动物（如牛）的瘤胃共生就是微生物帮助草食动物利用绿色植物的明显例证。

13. 微生物和植物根的互惠共生关系最重要的例子是根际、菌根和根瘤的互惠共生。

（1）根际互惠共生　根际是邻接植物根的土壤区域，根际互惠共生体现在植物根在生长过程中不断和土壤进行频繁的物质交换，使根际形成特殊的微环境，一般情况下可为微生物提供更多的营养基质和更良好的生存环境。根际环境中微生物数量明显高于非根际环境。而微生物则可以去除H_2S降低其对根的毒性，增加矿质营养、合成维生素，提供给植物而有利于植物生长。

（2）菌根互惠共生　菌根是真菌和植物根以互惠关系建立起来的共生体。菌根共生体可以促进磷、氮和其他矿物质的吸收，促进植物的生长。植物根为真菌的生长提供能源；菌根菌为植物提供矿物质和水，产生的某些代谢产物可以抑制外来植物的竞争。

（3）根瘤互惠共生　根瘤是根瘤菌和豆科植物根结合成根瘤进行共生固氮的共生体。共生固氮是一个十分复杂的生理、生化过程。简单地说根瘤菌提供固氮过程所需的由自身固氮基因表达的各种酶，而植物根则提供固氮所需的微环境，合成的氨由微生物和植物分享。

从根际、菌根和根瘤的互惠共生关系中我们可以看到：（1）植物在这些相互关系中占有主导地位。（2）植物（根）主要为微生物提供营养及生长、繁殖的生态环境。（3）微生物通过自身的生长、代谢过程为植物根提供更好更多的营养物质，促进植物的生长。

14. 微生物与动、植物相互关系中的益害共存是一种正常的自然过程，是客观的自然过程的表现形式。人类要增益减害要从下述的3个方面进行。

（1）深入研究、弄清在微生物与动、植物相互关系中益害发生的环境条件，努力创造能增益减害的环境条件。

（2）对增益过程实行强化，如接种根际有益的优势微生物，接种外源的能形成良好根瘤的根瘤菌。

（3）抑制产生有害作用的过程，如对根际中的病原真菌可接入抑制病原真菌的菌剂或其他抑菌剂。

15. 微生物的分布比动、植物更加广泛的生态意义主要体现在能使地球生物圈中的能量流动、物质循环更加通畅，不致出现阻滞。微生物的生态功能主要在于其分解者的分解功能，主要分解动物、植物、微生物的残体及相关的代谢产物。而实际上在生物圈中动、植物残体及其代谢产物由于自然力的原因可以迁移到远离原来生活的地点，这样微生物要完成分解者的功能，其分布范围就必须比动、植物更加广远。

16. 病原微生物通过介质的传播而进入人体导致疾病的发生，通过水体、食物、空气的传播可视为直接传播致病，而通过土壤传播可视为间接传播致病。预防这些传染病的根本方法在于切断传播途径，对饮水、食品要做到卫生安全，不带病原菌，对生活环境中的空气要维持洁净，尽量减少尘埃，到可导致传染病的场所要戴口罩。而对于来自受污染的土壤的瓜果、产品要进行严格的消毒灭菌后方可食用。

17. 微生物对环境污染物具有巨大降解潜力是微生物生理、遗传、生态分布等多方面的特点的综合结果，这些方面包括：

(1) 经过漫长的地球生物演化，现存的微生物已经具有对已存在的各种有机物的强大降解能力。

(2) 对大量目前微生物不能降解的污染物（现存降解酶不能以之为底物），微生物可以通过适应进化（主要是基因突变、基因转移、基因重组）而获得新的降解能力。

(3) 对不能进化出新降解能力的污染物，微生物还能通过共代谢或生理过程中产生氧化性物质（氧自由基）来间接氧化分解污染物。

(4) 微生物具有体积小、比表面大、生长繁殖快、分布广泛等形态、生理、生态多方面的优势，有助于其发挥分解作用。

18. 微生物对环境污染物的降解实际上是微生物对其营养基质的一种新的扩展。而微生物对所有基质的分解利用从原理上是一致的，都是通过代谢过程获得合成新材料的物质与能量。基于这一点我们可以把对污染物的降解看成是对原有基质利用能力的延伸与扩展。

19. 化学农药主要用于防治农作物的病虫害，农药的生物降解主要体现在土壤中的生物降解。因此生物降解可以在土壤-植物组成的微生境中进行。把农药按标准使用量溶解后洒入微生境，即时测定土壤中的农药的含量，以后按一定时间间隔取样分析测定土壤中农药的浓度，这样即可测出农药在自然土壤中的生物降解速率，从而知道这种农药的生物降解性。

20. 遗传转化是指同源或异源的游离DNA分子（质粒和染色体DNA）被自然或人工感受态细胞摄取，并得到表达的水平方向的基因转移过程。要获得高效、高竞争能力的降解菌，可以先筛选到对污染物的高效降解菌。要使这些菌株是有竞争力，主要的办法是使它们获得系统中的土生菌的竞争能力。因此一般的方法是把处理系统的优势土生菌的DNA提取出来，而后处理高效降解菌达到感受态吸收土生菌的DNA，这样就可获得高效、高竞争能力的降解菌。

21. 分离获取对特定有机C污染物高效降解菌的系列实验包括下列实验过程。(1) 采样：采集受特定污染物污染区域内的污泥、淤泥作为分离高效降解菌株的微生物源。(2) 富集培养：配制营养培养基，接入一定量的样品，富集培养，使具有分解特定污染物的微生物得到良好生长，数量达到较高水平。(3) 驯化选择培养：把上述培养液接到加入污染物的培养液中继续培养，污染物的浓度逐次提高，最后达到以污染物作为唯一C源，最后取得以污染物为唯一C源的培养液。(4) 分离纯化降解菌株：最终培养液在以污染物为唯一C源的平板上作多次分离纯化得到生长良好的纯菌株，即是所需的具有一定降解能力的菌株。（5）遗传改造：把得到的菌株作进一步的遗传改造、提高降解能力，最后可得到高效降解菌株。

22. 一方面说明维生素B_{12}在汞的甲基化中起重要作用，维生素B_{12}（钴胺素）和甲基形成一种甲基钴胺素复合物，而Hg^{2+}可以夺取甲基钴胺素中的甲基形成甲基汞。另一个方面说明甲基汞对梭菌的毒性比无机汞要低，所以不能形成甲基汞的缺陷型菌株对无机汞更加敏感。

23. 在污染介质的微生物处理中，我们主要利用微生物转化、分解利用基质或者说是利用微生物分泌的各种降解酶酶促分解转化污染物的生理功能。微生物这些功能的利用是通过生物反应器（污染介质处理装置）使微生物与污染介质中的污染物充分接触，交互作用实现的。

24. 向处理系统投加高效降解菌从而提高了高效降解菌在整个降解菌群中的比例，改变了整个降解菌群的群落结构，结构决定功能，随之整个群落的降解功能也就得到提高。

25. 活性污泥法处理污水过程的恒浊主要是维持曝气池中活性污泥有相对稳定的浓度，实现的方法是回流二次沉淀池沉降的污泥。恒浊连续培养实现恒浊的方法是调控培养器中流入、流出液的流速，使培养液中的微生物浓度基本恒定。其不同点在于前者靠回流维持污泥浓度恒定，后者则靠调控流速维持。

26. 许多废水、废渣具有巨大的资源潜力，许多污水、废渣的生物处理都可以充分利用这种资源潜力，变废为宝。例如生活垃圾（废渣的一种）的堆肥处理就是其中的一种代表性的处理方法。其处理过程如下：生活垃圾→清检去除各种金属、塑料、玻璃等无机杂物→高温堆肥→腐熟堆肥。堆肥过程可以杀灭各种病原微生物，堆肥可以成为良好的农家有机肥。

27. 污水处理和微生物工业发酵的基质从根本上来说是一样的，工业发酵的基质是人工配制的易于为微生物利用的营养物，而污水处理中的营养物则是污水中各种有机物，有的易于利用，而有的是难降解的。从培养方式来说，工业发酵一般是不连续的批式培养，而污水处理是连续进行的。就培养目的而言，工业发酵的目的是收获有用的代谢产物，产物可以存在于发酵液或菌体中，而污水处理的目的一般是使微生物降解污水中的各种有机物，降低其中的有机物含量，其目的主要在净化方面。

28. 强化措施主要包括：①接种外源微生物，通过接种外源高效的降解微生物，改变降解微生物结构、数量，提高降解能力。②添加微生物营养盐，为降解微生物提供充足均衡的营养，提高微生物活性。③提供电子受体，提供充足的氧和硝酸盐等作为好氧、厌氧条件下的电子受体。④提供共代谢底物，为难降解有机物污染的降解提供代谢底物，促进降解。⑤提高生物可利用性，利用表面活性剂、分散剂提高污染物的溶解度，促进生物降解。⑥添加生物降解促进剂，一般加入各种氧化剂推动污染物的降解过程。

29. 生物修复的本质是生物降解消除污染环境中的污染物，是一种生物降解过程，这种降解过程的主导因子是具有降解能力的微生物。生物强化是向降解系统接入具有强大降解能力的外源微生物，它们的接入可以补充或替代原有的降解生物土生微生物，从而优化降解微生物的群落结构，增加具有降解作用生物的生物量，提高降解活性，加速污染环境中污染物的降解反应，达到缩短修复时间，降低处理成本的目的。

30. 从生物角度思考，提高效率的方法主要是提高微生物的生物降解能力，就是要提高微生物的降解效率。降解效率的提高应从两个方面着手，一要提高微生物自身所具有的降解能力，二要为微生物的降解过程提供有利于生物降解的良好环境条件。

微生物自身能力提高的方法包括生理层面的驯化适应，遗传层面的遗传基因的修饰和改造，酶层面的降解酶的工程改造、扩大底物范围，从而获高效降解菌株、进而获得高降解能力的菌群。提供利于生物降解的环境条件包括：①补足微生物生长繁殖所需的营养盐（污染介质不能提供的），使系统中营养相对充足、均衡。②提供电子受体，使降解途径更加畅通，为好氧分解提供氧。③调控环境条件（pH、温度、水活度等）达到或接近最适微生物生长、最适生物降解条件。④提高待降解污染物的生物可利用性，如提高其水溶性。

31. 微生物分子生物学技术可以给环境保护带来多个方面的发展和应用，主要包括：①构建具有更强的降解能力的遗传工程菌降解各种环境污染物，特别是难降解的环境污染物。②利用分子标记技术跟踪监测降解微生物在环境中的行为。③利用分子生物技术监测环境中的有害微生物。④从分子水平上研究环境污染物对生物大分子（特别是DNA、RNA）的作用。⑤选育转基因的优良动、植物品种，减少农药、化肥用量，减缓环境污染。

六、主要参考书目

1. Maier R M，Pepper I L，Gerba C P. Environmental Microbiology.San Diego：Academic press，2000
2. 杨柳燕，等.环境微生物技术.北京：科学出版社，2003
3. 沈德中.污染环境的生物修复.北京：化学工业出版社，2002
4. 张甲耀，等.环境微生物学.武汉：武汉大学出版社，2008

（张甲耀）

第12章

微生物的进化、系统发育和分类鉴定

一、要点提示

1. 微生物在生命起源和生物进化过程中的重要地位。我们生存的地球已有46亿年的历史。迄今，发现最早出现的细菌化石距今有37~38亿年；现代系统发育进化树表明，最原始的生物是原核生物。微生物个体微小、适应能力强，虽然目前人类认识的微生物物种仅42万种左右，但它们在生物的进化过程中起着十分重要的作用。正是因为微生物在生物圈中的地位，人们正在不断地寻找其他星球上是否存在生物（主要是肉眼看不见的微小生物）的证据，这将有助于人们进一步探讨生物的进化，了解和认识生命的起源。

2. 20世纪60—70年代以前，主要是根据表型特征推测微生物的亲缘关系进行分类。尔后，随着分子生物学技术的建立与发展（逐渐以核酸分子为基础），可通过分子系统学确定微生物亲缘关系而进行系统分类。多相分类学则是将微生物经典分类、化学分类和分子分类所获得的全部信息综合起来，最后确定微生物的分类地位。

3. 16S rRNA（18S rRNA）基因序列分析是现代微生物分类学的基础，但不是唯一标准。获得可靠的测序结果后，将其序列在指定的数据库中进行比对，通过该序列与已有菌株序列的相似性初步确定待鉴定菌株的分类位置。

4. 系统发育树是直观表示生物间亲缘关系与进化过程的谱系，它可建立不同分类层次的发育树。主教材图12-3所引用的全生命系统树就是Woese等用16S rRNA（18S rRNA）基因序列信息构建的进化树。这是一颗有根的树，它试图让人们看到生物由共同祖先沿着3条主干线最后演化成今天三域生物的大致轮廓。将所有生物分成细菌、古生菌和真核生物三个域的理论虽然最初是根据16S rRNA（18S rRNA）基因序列分析提出的，其他遗传学、生理生化学和形态学特征的研究也在一定程度上支持这一思想。虽三域概念受到一定挑战，但至今仍得到生物学家，特别是微生物学家和生物进化学家的广泛认同。

5. 微生物分类学包括3个互相依存又有区别的组成部分：分类、命名与鉴定。系统分类所划分的类群称为分类单元或分类等级。“域”是生物分类的最高等级，以下依次分为界、门、纲、目、科、属、种；需要时还可增加“亚”等级，例如：“亚目”、“亚科”等；在种或亚种之下还可分不同的型。

6. 为了确保分类单元名称的统一性、科学性和实用性，微生物分类单元名称的命名由国际相关的生物学术组织制定的命名法规予以规范。所有生物学名均用拉丁词（或拉丁化的词）命名，每一生物名称要求指定相应的模式。例如：一个科指定一个模式属；一个属指定一个模式种；一个种指定一个模式菌株。微生物新名称的发表必须是合格发表或有效发表后合格化才能得到国际认可。

7. 20世纪70年代后国际上对原核生物进行系统描述的专著主要是《伯杰氏鉴定细菌学手册》，实际上它已成为国际上权威的原核生物分类与鉴定的工具书。《伯杰氏鉴定细菌学手册》系统地介绍了各分类单元的分类特征与特性。1984—1989年，它已将书名改为《伯杰氏系统细菌学手册》(第1版)，共分4卷；第2版共分5卷，已从2001年陆续出版，于2011年完成。

8. 任何能够稳定区分不同种或类群的特征都可以作为微生物分类或鉴定的特征，为了检测这些特征就需建立相应的检测方法与技术。微生物分类鉴定的特征与特性主要分为：①表型特征；②细胞化学组分特性；③遗传特性。不同的特征与特性其分类学意义不同。表型特征由于易于测定，数百种生理生化特性应用成熟的商业化检测系统短时间内便可得到有效的结果，所以无论是在实验室研究还是临床检验中均已得到广泛应用。随着基因序列分析技术的提高、费用的下降和时间的缩短，16S rRNA（18S rRNA）基因序列分析已是普通生物学实验室用于分类与鉴定的常规方法与技术，微生物"基因组种"的概念已有人提出。

9. 微生物鉴定不仅是微生物分类学的重要组成部分，也是微生物学理论研究与实际应用的基础。随着科学技术的发展，鉴定方法与技术也在不断地改进和完善，特别是近20年发展起来的许多快速鉴定系统与自动分析的方法与技术正在发挥越来越重要的作用。例如微量多项实验鉴定系统、快速自动微生物检测仪器与设备、现代分子生物学技术、免疫学技术以及计算机分析软件与数据库等。

二、重点、难点剖析

学习本章的目的是：1.掌握有关微生物分类学的基本概念，了解分类学的发展及其趋势与其他学科的联系；2.认识生物大分子被用作系统发育研究的原理，尤其是选择16S rRNA（18S rRNA）基因作为研究对象的原因；3.掌握分类命名的基本常识，认识分类鉴定特征的分类学意义；4.了解《伯杰氏系统细菌学手册》的分类概况，重点学习从中获取有用的信息，应用包括"手册"在内的分类学信息，选择适当的特征测定方法进行微生物的分类与鉴定。

1. rRNA基因序列与微生物的系统发育以及三域概念的提出

仅仅根据表型特征来推测微生物的进化谱系和进行系统分类其结果往往是不够准确的。通过分析和比较核酸分子的结构特征（即RNA或DNA分子序列），确定微生物进化谱系和分类地位。

16S rRNA（18S rRNA）基因作为Woese研究生物进化计时器的主要理由是这类大分子与生物进化密切相关：①16S rRNA基因在生物中具有高度的稳定性，其二级结构中含有9个高度保守区和15个中度保守区；②在不同的生物中，16S rRNA基因以不同的速率发生变化，这样可以测定生物的进化距离；③16S rRNA基因分子大小适中，原核生物的16S rRNA约1 540 bp，真核生物的18S rRNA近1 680 bp；④16S rRNA基因可以进行测定；⑤它在生物细胞中的含量高，而且很容易分离纯化。

构建系统发育树是系统分类学的重要任务。Woese等根据16S rRNA（18S rRNA）基因序列比对绘制的、涵盖生物各大门类的"全生命"系统发育树是近代生物系统学和生物进化领域具有重要影响的成就。我们不仅要认识这个树状谱，还应知道如何利用生物软件构建系统发育树。因为现有谱系中包括生物物种的类群与数量还很有限，它将不断地延伸与扩展，有的尚需进一步修正。生物的系统发生较目前我们所认识的要复杂得多，生物系统发育的进程更需在今后长时期的研究中予以不断地完善。

古生菌与细菌为原核生物。Woese等将古生菌与细菌分开，划归为两个不同的域，除因为它们的16S rRNA基因序列差异明显外，古生菌还具有以下突出特征区别于细菌：①细胞壁无胞壁酸；②有醚键分支链的膜脂；③tRNA的T或TψC臂没有胸腺嘧啶；④特殊的RNA聚合酶；⑤核糖体的组成和形状不同。从主教材表12-2中可以看出，古生菌具有与细菌和真核生物相似的特征又具有显著的区别，但距真核生物近些。因此，在系统发育树上古生菌与真核生物在同一进化分支上，尔后再形成另一分支。也就是说，它们是根源深远的一支进化主干。

2. 菌株、种及命名模式

在涉及微生物菌种的工作中，操作实体不是“种”而是菌株。同一种不同菌株的某些生物学性状（其中有的性状可能对生产或研究十分重要）往往有重要区别。所以，我们不仅仅要注意种名，还应注意菌株号。种作为分类的基本单元是应用极其广泛的概念，对于缺乏有性生殖的原核生物而言，其物种的定义不能用高等生物所用的“生殖隔离”的标准来界定。种的学名采用双名法命名，即由属名+种加词两个词组成，这就决定了任何一个种在系统分类中一定归属于某一个属。亚种学名为三元式组合，由种的学名加上亚种加词构成。按照生物命名法规，每个种都应指定一个模式菌株。所以，最初被鉴定为该种的菌株通常就被指定为种的模式菌株，后来可能有许多菌株经鉴定后划归于这个种，使用已有的种名。因此，“模式菌株”并不一定是该种中最典型、最有代表性的菌株；属内指定的模式种也是如此。

3. “伯杰氏手册”是目前原核生物分类学最权威的专著

《伯杰氏鉴定细菌学手册》（Bergey’s Manual of Determinative Bacteriology）自1923年第1版问世后至1974年的第8版（有中译本）。1984—1989年间陆续发行新版本，并将书名改为《伯杰氏系统细菌学手册》（第1版）（Bergey’s Manual of Systematic Bacteriology），分4卷出版。1994年将该版本4卷中有关属以上分类单元的分类鉴定资料经少量修改补充后汇集成一册，仍用原书名出版，亦称《伯杰氏鉴定细菌学手册》（第9版），其出版宗旨是供鉴定细菌用。2001年开始，《伯杰氏系统细菌学手册》（以下简称“系统手册”）（第2版）分5卷陆续出版，至2011年完成。

“系统手册”第1版将细菌分33组，在4卷中的安排是：

第1卷1—11组，包括一般的、医学、工农业上重要的革兰氏阴性菌。

第2卷12—17组，包括放线菌以外的革兰氏阳性菌。

第3卷18—25组，包括光合菌、蓝细菌、古生菌及其他革兰氏阴性菌。

第4卷26—33组，包括能形成菌丝体的放线菌。

“系统手册”第2版与其第1版比较，最大的变化是在很大程度上根据系统发育资料而不是表型特征对分类单元进行了相当大的调整，将细菌分成两个域共25门39纲，纲以下通常也都进行了系统分类。其分类在5卷中的安排如下：

第1卷　古生菌、蓝细菌、光合细菌以及最早分支的细菌。

第2卷　变形杆菌（包括形态与生理学特征极其多样的革兰氏阴性菌）。

第3卷　低G+C含量（50 mol %以下）的革兰氏阳性菌。

第4卷　高G+C含量（50 mol %以上）的革兰氏阳性菌（包括放线菌及其相关的革兰氏阳性菌）。

第5卷　浮霉状菌、螺旋体、丝杆菌、拟杆菌和衣原体等（属革兰氏阴性菌）。

请注意各大类群细菌的分类在“系统手册”中的安排，以便在需要时查阅。

4. 分类鉴定的特征及其方法与技术

微生物分类鉴定特征特性可分表型特征和遗传特性等，应了解这些特征特性以及相关的检测方法与技术，明确其分类学意义。

（1）传统分类鉴定常用的表型特征及抗原特性

- ① 形态学特征
  - 群体生长（培养）特征：最重要的是菌落特征
  - 个体形态特征：形状、大小、排列、特殊细胞结构及内含物、
  - 革兰氏与抗酸性染色、运动性等
- ② 生理生化特性
  - 营养类型，对碳、氮源的利用，对生长因素的需要
  - 需氧性，对温度、pH 和盐浓度的耐受性，对抗菌剂敏感性
  - 特殊的代谢产物
  - 产生某些酶，如氧化酶、过氧化氢酶等
  - 与宿主的关系：寄生、共生、致病性

（①②）作为鉴定和表型分类的主要依据；也作为系统分类的参考特性

③ 抗原特性——血清学反应——主要用于种内血清型的划分，在医学上有重要意义。

④ 对噬菌体敏感性——噬菌体裂解实验——主要用于种内噬菌体分型，鉴定中应用相对较少。

（2）现代分类鉴定常用的遗传特性（表12-1）

表12-1　现代分类鉴定常用的遗传特性

特　性	测定方法	分类学意义
DNA碱基组成（G+C mol%）	常用：HPLC法和热变性温度法	亲缘关系近的生物G+C含量应相近，作为建立分类单元的一项基本特性，将G+C含量差别大的成员结合其他特性划归为其他分类单元
核酸杂交：DNA-DNA	常用：固相杂交法 复性速率法	主要用于种、属水平的分类鉴定。通常认为同源值≥70%为同一个种，同源性在20%～30%为同一个属
DNA-rRNA	类似DNA-DNA杂交测定	主要用于亲缘关系较远（属和属以上）分类单元的分类鉴定
核酸探针	菌落原位杂交 荧光原位杂交（FISH） 基因芯片检测技术	根据探针的特异性可用于不同等级分类单元或菌株的分类鉴定
遗传重组	通过转化、转导或接合实验	发生同源重组说明亲缘关系密切，但若不发生则无定论
DNA指纹图谱	常用：RAPD ARDRA RFLPs	应用PCR技术和限制性内切酶将DNA片段降解成大小不同的片段，琼脂糖凝胶电泳后根据DNA条带谱图确定生物的亲缘关系
看家基因	特异性基因序列的比较	特定的进化较为保守的基因同源性比较，辅助确定生物的亲缘关系
蛋白质：氨基酸序列	蛋白质序列测定	主要用于系统发育研究，同源程度越高亲缘关系越近
指纹图	电泳图谱分析	蛋白质指纹图谱相似、亲缘关系近。主要用于种和种以下的分类鉴定

现代微生物快速鉴定技术的发展，除了在有关章节介绍的微生物学及现代免疫学分析鉴定技术外，较突出的还有几方面：一是微量多项实验鉴定系统，实际上这是经过加工并商品化的各种简易微量生理生化实验系统。其主要优点是快速、简便、经济，且不需要复杂技术条件和昂贵的仪器设备，已被广泛使用。二是用建立在现代化学分析基础上的分析仪器进行微生物检测与鉴定，这些方法与技术的主要分析原理基于：①不同种类的微生物其细胞化学结构与组成存在的差异；②不同的微生物其代谢过程和代谢产物不尽相同；③不同类群对生存环境产生不同的影响。现代仪器设备虽然可能具有快速准确、自动化等优点，但通常技术要求高，价格昂贵。三是计算机科学技术在微生物分类鉴定中的应用。除了用于数值分类之外，计算机科学技术对于大量分类鉴定信息的储存、分析、相关数据库以及分析软件等生物信息学的贡献，才使微生物鉴定方法与技术达到快速、准确。

现代分类鉴定常用的微生物快速检测仪的原理及其主要用途见表12–2。

表12–2　现代分类鉴定常用的微生物快速检测仪的原理及其主要用途

名　称	测量的原理	主要用途
阻抗测定仪（impedance）	微生物代谢中将培养基的电惰性底物代谢成电活性产物，从而导电性增大，电阻抗降低。不同微生物代谢活性各不相同，因而阻抗变化也不相同	微生物的快速鉴定，尤其是菌血症、菌尿症诊检，细菌的快速计数，药敏感性的快速测定
放射测量仪（radiometric）	微生物生长繁殖过程中可利用培养基中加有^{14}C标记的底物，代谢产生$^{14}CO_2$，测量$^{14}CO_2$的含量，确定微生物的状况	食物和水中微生物的快速检查，微生物代谢的研究，菌种鉴定
微量量热仪（microcalorimeter）	微生物生命活动过程中均能产生代谢热，不同的微生物或不同的底物产生可重复的特征性热“指纹图”	微生物的快速鉴定，临床标本的诊检，培养基最适成分的评价
生物发光测量仪（bioluminescence）	荧光素酶与还原荧光素，在一定条件下，与微生物的ATP作用，则会产生光。光量的多少与各微生物的特性和数量有关	微生物数量的快速测定，环境污染生物量的测定，药敏检测
药敏自动测定（pharmaceutical sensitivity）	微生物悬液中所含菌量与照射光产生的光散射值成正比，它可作为微生物群体对药物敏感性的特征指数	抗菌药物敏感性的快速测定，微生物的快速鉴定
自动微生物检测仪（auto microbic system，AMS）	利用光电扫描装置测量微生物生理生化反应特性和药敏状况。根据数码分类鉴定法的原理，进行计算机处理，快速地全自动打印出检测的结果	快速、全自动对微生物同时或分别进行鉴定、计数和药敏实验，而且可以直接用样品检测，不用分离出微生物再用来鉴定

三、术语或名词

1. 进化（evolution）　是生物在与生存环境相互作用的过程中，其遗传系统随时间发生一系列不可逆的改变，在大多数情况下，导致生物表型改变和对生存环境的相对适应。

2. 系统发育（或系统发育学）（phylogeny）　指研究各种（类）生物间的亲缘关系及

它们进化的历史。

3. 分类学（taxonomy） 研究生物分类的科学，它主要涉及分类、命名和鉴定。

4. 系统细菌学（systematic bacteriology） 以研究细菌的亲缘关系为目的，按系统发育谱系对细菌进行有序分类的科学。

5. 表型特征（phenetic characteristics） 主要指形态学（包括结构）、生理生化学、生态学及行为习性等特征。

6. 遗传特性（genetic characteristics） 指反映基因及基因产物分子结构的特性。

7. 印迹序列（signature sequence） 在rRNA分子中，通常为某一特定系统发育类群所特有的寡核苷酸序列。

8. 分子系统发育树（molecular phylogenetic tree） 系统发育学常用一种类似树状分枝的谱图来表示各种（类）生物之间的亲缘关系，这种谱图称之为系统发育树或树状谱。通过比较生物大分子序列信息构建的系统树称为分子系统树。

9. 分类（classification） 根据相似性水平或亲缘关系的远近对生物进行分群归类。

10. 鉴定（identification或determination） 借助于现有的分类系统，通过特征测定，确定未明确分类地位的生物所应归属分类单元的过程。

11. 分类单元（taxon，复数taxa） 指任何一个具体的分类群，可以是某一个种，也可以指某一个属等。

12. 菌株（strain） 从自然界中分离得到的任何一种微生物的纯培养物都可以称为微生物的一个菌株，用实验方法获得的某一菌株的变异型，也可以称为一个新的菌株，以便与原有菌株相区别。

13. 模式菌株（type strain） 按照命名法规的要求，当命名一个新种（或亚种）时，需要指定一个菌株作为这个种（或亚种）的模式，这个被指定的菌株称为模式菌株。

14. 种（微生物）（species） 具有高度特征相似性的菌株群，这个菌株群与其他类群的菌株有明显区别。

15. 核酸杂交（nucleic acid hybridization） 将来自两种不同菌株的DNA分子加热变性成单链，在复性条件下进行结合实验，两菌株同源程度越高，它们DNA单链互补结合率就越高。这种比较不同菌株核酸碱基序列同源程度的方法称为核酸杂交。

16. 核酸探针（nucleic acid probe） 能识别特异核苷酸序列的、带标记的一段单链DNA或RNA分子。

17. 数值分类法（numerical taxonomy） 通过比较分类单位的性状特征，然后计算它们之间的相似性，根据相似性的数值划分类群的一种分类方法。

18. 培养物（culture） 一定时间一定空间内人工培养的生物细胞群或生长物。如：微生物的斜面培养物、摇瓶培养物等。如果某一培养物是由单一微生物细胞繁殖产生的，就称之为该微生物的纯培养物（pure culture）。

19. 种群（population） 亦称居群、群体，是指一定空间中同种个体的组合。每一个物种在自然界中的存在都有一定的空间结构，在其分散的、不连续的居住场所或分布区域内，形成不同的群体单元，这些群体单元就称居群。

20. 型（form或type） 常指亚种以下的细分。当同种或同亚种不同菌株之间的性状差异，不足以分为新的亚种时，可以细分为不同的型。

21. 多相分类学（polyphasic taxonomy） 指综合各方面有用的数据，包括遗传型、表观遗传型和系统发育等信息对细菌进行分类学研究。

四、习题

填空题

1. 以进化论为指导思想的分类学，其目的已不仅是物种的识别和归类，而主要是通过分类追溯系统发生，推断进化谱系，这种分类学又称________。
2. 大量资料表明：功能重要的分子或功能重要的分子区域比功能不重要的大分子或大分子区域进化变化的________。
3. 微量多项实验鉴定系统，实际上是一类专门设计制作的________特征检测卡。
4. 《伯杰氏系统细菌学手册》（第1版）分________卷出版，它将原核生物分成________组。
5. 微生物种的学名由________和________两部分构成。
6. 分类学的内容涉及3个互相依存又有区别的组成部分，即________、命名和________。
7. 如果相似性系数（S_{AB}）等于1，说明所比较的两菌株rRNA序列________；若S_{AB}值小于0.1，则表明两菌株亲缘关系________。
8. API/ATB是微量多项实验鉴定系统，它包括众多的________，共计有几百种生理生化反应，可鉴定几乎所有常见的________。
9. 微孔滤膜菌落计数板是一种可携带的检测水中大肠菌数的大肠菌测试卡，适于________工作和________使用，因可以放在人体内衣口袋中培养。
10. Woese等根据16S rRNA（18S rRNA）基因序列分析提出将所有生物分成为：________、和________3个域，并建立了生物三域系统发育树。
11. 在分子系统学中，DNA指纹图谱主要包括：________、________和________。

选择题（4个答案选1）

1. 《伯杰氏系统细菌学手册》（第2版）把葡萄球菌属和微球菌属分别放在不同的门中，最可能的原因是（　　）。
   （1）生理生化特性不同　（2）DNA-DNA杂交同源性不同
   （3）革兰氏染色反应不同　（4）G+C含量和rDNA序列不同
2. 如果需要查阅枯草芽孢杆菌及相关种的分类学资料，并且《伯杰氏系统细菌学手册》（第2版）已经全部出版，你将选择该书的（　　）。
   （1）第1卷　（2）第3卷　（3）第4卷　（4）第5卷
3. 血清学实验，尤其在医学细菌的分类鉴定中有重要意义，但它主要用于划分（　　）。
   （1）种内血清型　（2）种间血清型　（3）属间血清型　（4）属以上血清型
4. 根据你所掌握的知识，你认为形态学特征在以下几类微生物中的哪一类分类鉴定中显得更加重要（　　）。
   （1）病毒　（2）细菌　（3）酵母菌　（4）霉菌
5. 在下列4种细菌中，哪一种最有可能属于《伯杰氏系统细菌学手册》（第1版）第5组“兼性厌氧的革兰氏阴性杆菌”？（　　）
   （1）梅毒密螺旋体　（2）枯草芽孢杆菌

（3）大肠杆菌　　（4）金黄色葡萄球菌

6. 如果你在实验室用牛肉膏-蛋白胨培养基和常规平板法分离到一株不产芽孢、始终呈杆状的细菌，只要进行以下哪一组实验就可以确定它属于“系统手册”第1版33组中的某一组（　　）。
（1）革兰氏染色和厌氧生长实验
（2）革兰氏染色、光能和化能自养生长实验
（3）革兰氏染色和运动性实验
（4）革兰氏染色、好氧、厌氧和兼性厌氧生长实验
7. 现在自动化程度最高、功能最多的微生物专用检测仪是（　　）。
（1）气相色谱仪　　（2）高效液相色谱仪
（3）自动微生物检测仪　　（4）激光拉曼光谱仪
8. 目前微生物的快速检测和自动化分析中，广泛采用的免疫学技术是（　　）。
（1）DNA探针　　（2）聚合酶链反应技术
（3）DNA芯片　　（4）酶联免疫吸附测定法
9. 第一个古生菌的全基因组序列测定结果初步证实了它是独立于细菌和真核生物的第3种生命形式。该菌是（　　）。
（1）螺旋体　　（2）淋病奈瑟氏菌　　（3）变形杆菌　　（4）詹氏甲烷球菌
10. 细菌的种名也用双名法命名，即种的学名由属名和种名加词两部分组合而成。第一个词的首字母要大写，该词是（　　）。
（1）种名　　（2）属名　　（3）人名　　（4）科名
11. 根据林奈双命名法，*Planotetraspora thailandica*表示（　　）。
（1）一个种名
（2）第一个词为种名，第二个词为属名
（3）第一个词为属名，第二个词为种名
（4）第一个词为属名，第二个词为种的加词
12. 细胞壁肽聚糖是细菌化学分类的重要指征之一。在微生物分类鉴定时，适宜胞壁组分分析的细菌是（　　）。
（1）革兰氏阴性菌　　（2）革兰氏阳性菌
（3）革兰氏阴性、阳性菌均可　　（4）革兰氏阴性、阳性菌均不可

❖ 是非题

1. “大肠埃希氏菌”才是俗称“大肠杆菌”的学名。
2. 所谓“模式菌株”通常是指一个细菌的种内最具代表性的菌株。
3. 两种细菌的G+C含量相近，说明它们亲缘关系近，反之，G+C含量差别大说明它们亲缘关系远。
4. DNA-DNA杂交主要用于种、属水平上的分类研究，而进行亲缘关系更远（属以上等级）分类单元的比较，则需进行DNA-rRNA杂交。
5. 数值分类由于采用了先进的计算机技术，减少了大量的特征测定的实验操作，所以它是比较科学的现代微生物系统分类方法。
6. 物理、化学、材料、电子信息等科学和技术领域通常使用的分析、测量物质成分、结

构、性能和各种信息的自动化的精密仪器和设备，几乎都能用于微生物的快速鉴定和自动化分析。

7. “吹口气查胃病”的原理是：幽门螺杆菌具有人体不具有的尿素酶，受检者口服^{13}C标记的尿素，如有该菌感染，则尿素被尿素酶分解生成NH_3和$^{13}CO_2$，用质谱仪能快速灵敏地测出受检者呼气中$^{13}CO_2$的量，准确地鉴定是否被幽门螺杆菌感染。
8. 亚种名为三元式组合，即由科名、属名加词和亚种加词构成。
9. 现代微生物分类中，任何能稳定地反映微生物种类特性的信息，都有分类学意义，都可以作为分类鉴定的依据。
10. 对微生物生理生化特性的比较也是对微生物基因组的间接比较，加上测定生理生化特性比直接分析基因组要容易得多，因此生理生化特性对于微生物的系统分类仍然是有意义的。
11. 微生物新名称或新组合只要发表在正式的期刊上就得到了国际承认。

❖ 问答题

1. 蛋白质和核酸分子被用作微生物进化谱系分析所依据的原理是什么？
2. 为什么16S rRNA（18S rRNA）基因作为研究生物进化的主要对象？
3. 试述古生菌和细菌的主要区别。
4. 为什么在从事微生物的工作中不仅要注意种名还要注意菌株名称？
5. 外单位送来一个细菌培养物要求鉴定，你如何将其鉴定到种？（拟定实验方案）
6. 如果以*Escherichia coli* DH5α（△*proB*）/pUC18为研究材料，怎样检测其基本特性？

五、习题解答

❖ 填空题

1. 系统学 2. 速率低 3. 生理生化 4. 4 33 5. 属名 种名加词 6. 分类 鉴定 7. 相同 很远 8. 鉴定系统 细菌 9. 野外 家庭 10. 细菌 古生菌 真核生物 11. RAPD（随机扩增多型性DNA） ARDRA（扩增rDNA限制性片段分析） RFLPs（限制性片段长度多态性）

❖ 选择题

1.（4） 2.（2） 3.（1） 4.（4） 5.（3） 6.（1） 7.（3）
8.（4） 9.（4） 10.（2） 11.（4） 12.（2）

❖ 是非题

1. × 2. × 3. × 4. √ 5. × 6. √ 7. √
8. × 9. √ 10. √ 11. ×

❖ 问答题

1. 蛋白质、核酸分子序列进化的显著特点是进化速率相对恒定，也就是说分子序列进化的改变量（氨基酸或核苷酸替换数）与分子进化的时间成正比。因此，可以通过比较不同类群的生物分子序列的改变量来确定它们之间的进化关系和推测它们的分歧时间。

2. 主要是因为：①16S rRNA（18S rRNA）基因普遍存在于各类原核和真核生物中，在进化历程中功能重要而稳定，而且分子中存在高度保守、中度保守和高变化的序列区域，因此适用于对亲缘关系远近不同的各类生物的比较；②分子量大小适中，既含有适当的信息量，在技术上又便于序列测定和序列资料的分析比较。
3. 主要区别是：古生菌的16S rRNA基因缺乏作为细菌特征的印迹序列；细胞壁无胞壁酸；有醚键分支链的膜脂；tRNA的T或TΨC臂没有胸腺嘧啶；特殊的RNA聚合酶；核糖体的组成和形状也不相同。
4. 同种不同菌株的微生物虽然它们主要的鉴别特征相同，但其他非鉴别特征，如某些生化性状（产生某些酶、抗生素、有机酸的种类和产量等）及是否具有某种质粒等不同，而这些性状或许正是我们所需要的。
5. 大致步骤是：①检查是否是纯培养，若不纯则需纯化；②测定一些最基本的形态和生理生化特征，确定菌株属于哪一大类；③根据待鉴定菌株所属类群，进行16S rRNA或18S rRNA基因序列分析，可知其与相关数据库中已知微生物的相似性，初步确定其分类位置；④检测待鉴定菌株表型特征、生理生化特征及相关化学组分，必要时进行看家基因序列等分析；⑤确定待鉴定菌株的分类地位。
6. 应检测其表型特征和遗传特性：①菌株的表型特征，包括平板菌落与细胞个体形态特征，对抗生素的耐受性等，同时也确定其纯度；②营养缺陷型检测，确定该菌株是否为脯氨酸缺陷型；③分子生物学检测，检测是否含有质粒pUC18。

六、主要参考书目

1. 卢振祖.细菌分类学.武汉：武汉大学出版社，1994
2. Prescott L M，Harley J P，Klein D A.微生物学.5版.中文版.沈萍，彭珍荣，译.北京：高等教育出版社，2003
3. 张昀.生物进化.北京：北京大学出版社，1998
4. Madigan M T，Martinko J M.Brock Biology of Microorganisms.11th ed.New Jersey：Prentice Hall，2006
5. Boone D R，Castenholz R W.Bergey's Manual of Systematic Bacteriology.2nd ed.New York：Springer，2001
6. Tindall B J，Rosselló-Móra R，Busse H J，et al.Notes on the characterization of prokaryote strains for taxonomic purposes.Int J Syst Evol Microbiol，2010，60：249-266

（方呈祥 卢振祖）

第 13 章

微生物物种的多样性

一、要点提示

1. 生物的多样性系指遗传多样性、物种多样性和生态系统多样性。由于微生物具有与高等动、植物迥然不同的特点，使微生物在营养类型、呼吸类型、代谢类型3方面也呈现出丰富的多样性。

2. 长期以来人们对细菌的认识仅从形态结构、生理生化、免疫学特性、生态分布进行区分。后来随着分子生物学方法的发展，特别是16S rRNA作为微生物进化的指征，使得目前细菌的种群依据它们的外形、生理学和系统发育特点的不同，显示了极大的多样性。按照Woese的观点，细菌占据自然界生物三大域中的一个域，即：细菌域。在确认了16S rRNA中标志性的寡核苷酸保守序列后，细菌可划分为12个独特的类群。每个类群可以看成是独立的门，它包括了《伯杰氏系统细菌学手册》中所描述的23个门的细菌。腐生型的细菌在自然界碳、氮、硫、磷4种元素的循环和能量流动中起着不可替代的作用；一些种是动、植物和人的致病菌，与动、植物的生长和人体健康密切相关；一些具有特殊形态，如具附属物或鞘的细菌，产子实体的黏细菌等，它们的存在丰富了微生物物种的多样性。

3. 古生菌是极端环境微生物，它们在形态结构、营养代谢、生理特性、遗传物质及生态分布等方面与细菌具有十分明显的差异。16S rRNA寡核苷酸序列分析表明它们是生物总系统发育中一个重要的域，即古生菌域，包括：产甲烷古生菌、极端嗜热S^0代谢菌、极端嗜盐古生菌、无细胞壁的热原体和还原硫酸盐古生菌5个类群。古生菌的发现为人们利用古生菌中的嗜热酶（例如：*Taq*、*Pfu* DNA聚合酶）、产甲烷辅酶及其他参与碳、氮物质代谢的酶类，进行分子生物学研究和进行酶法水解、酶法转化制取有用产品提供了丰富的微生物资源。另外，对古生菌嗜热、嗜酸、厌氧、耐高盐、产甲烷、还原硫酸盐及光介导ATP合成的研究，为探索地球上早期原始生命的起源，提供了有力的佐证。

4. 生物的共同祖先沿着细菌、古生菌、真核生物3条路线进化。目前认为：真核生物是由原始的原核细胞间的内共生演化而来。由于真核微生物类群之间遗传物质的明显差异，18S rRNA序列分析结果显示出真核微生物在系统发育进化路线上的异质性。真核微生物的系统发育沿着：双滴虫和微孢子虫，鞭毛虫、锥形虫、眼虫，黏菌，纤毛虫、腰鞭毛虫、原生动物、真菌和藻类4条路线进行。藻类、真菌、黏菌和原生动物构成了庞大而又多样的真核微生物类群。

5. 微生物同动、植物一样是地球上重要的生物资源。微生物的生长繁衍和代谢活动参与自然界中碳、氮、硫、磷四大元素的循环和能量流动，是人类赖以生存的物质基础，与人类的生产、生活密切相关。人类一直在开发和利用微生物资源，使微生物能更好地为人类服务。正如目前由于人们有意或无意无节制地破坏动、植物资源，导致许多动、植物灭绝一样，一些有用的微生物资源，也处于濒危状态。为了经济的可持续发展和人类的生存，应该主动自觉地积极开展迁地和就地保护微生物资源。

二、重点、难点剖析

（一）微生物多样性的内涵

微生物形体微小、结构简单，是自然界中生物的重要组成部分。同自然界中的动、植物一样，微生物也呈现出丰富的多样性，包括：微生物遗传多样性、物种多样性和生态系统多样性。

1. 遗传多样性

细菌是原核微生物，核DNA裸露，基因组的碱基数为10^3 kb。尽管细菌DNA的相对分子质量比真核微生物要小，但其功能仍与真核生物一样。如大肠杆菌的DNA为4.7×10^3 kb，具4 100个基因，编码2 100种蛋白。功能相关的结构基因紧密相邻，与操纵基因、调节基因连在一起（操纵基因–调节基因–结构基因），形成结构与功能协同的整体，即操纵子。大肠杆菌染色体则由许多操纵子和一些单独的基因组成。真核微生物DNA的碱基数比原核微生物要多，组成也复杂。以酿酒酵母为例，其基因组为13.5×10^3 kb，分布于16个不连续的与组蛋白结合的染色体中。基因组高度重复，可补偿少数基因突变后所失去的功能。古生菌是独立于细菌（原核生物）和真核生物（真菌、藻类、动物、植物）之外的一个域（domain）。1996年对古生菌中詹氏甲烷球菌基因组测序结果表明，詹氏甲烷球菌只有40%左右的基因与其他两界具有同源性。古生菌的基因组结构类似于细菌，但负责复制、转录和翻译等遗传信息的功能类似于真核微生物。以上所述表明，微生物遗传信息的多种多样，丰富了微生物遗传的多样性。

2. 物种多样性

从地球形成10亿年后开始出现生命，最早期的原始生命是能适应当时地球表面无氧、高热、低pH、充满还原性气体等极端环境的原核生物。氧化H_2还原硫的超嗜热古生菌、氧化H_2还原CO_2生成甲烷的产甲烷古生菌，在它们的厌氧、自养代谢过程中，驱动ATP的合成供生长所需要的能量。目前已发现的具球形、裂片状、螺旋形、方盒形、三角形、丝状和聚集体状等不同形态的古生球菌、热棒菌、热变形菌、热原体、极端嗜盐菌及产甲烷菌等是能适应早期地球极端环境的各类古生菌，成为早期地球生命的主体，并繁衍至今，占据着生物中的古生菌域。遍及土壤、水体、高空、地下和人体、动物、植物体表、体内的各种细菌是从早期的类似简单杆状细菌的原始生物发育演化而来。适应不同的环境条件繁育出大量以O_2作为H^+受体，行好氧呼吸进行产能供生长需要的好氧性细菌（如：大肠杆菌、金黄色葡萄球菌、芽孢杆菌等）；以葡萄糖代谢的中间产物为H^+受体，行厌氧呼吸进行产能供生长需要的厌氧性细菌、兼性厌氧性细菌（如：丙酮丁醇梭状芽孢杆菌、拟杆菌、韦荣氏球菌和乳酸菌等）；以NO_3^-、NO_2^-、SO_4^{2-}中的结合态O原子为H^+受体，行厌氧性呼吸的硝化细菌、硫化细菌；氧化H_2、Fe^{2+}产能的氢细菌、铁细菌，以及具有叶绿素，以H_2O为供氢体的蓝细菌，具有菌绿素以H_2S为供氢体的光合细菌，具附属物、具胶鞘、产子实体的柄细菌、球衣细菌、黏细菌等形态各异、代谢迥然不同的2 000多种细菌，

500多种放线菌，7万多种真菌以及黏菌、单细胞藻类和原生动物，极大地丰富了微生物物种的多样性。

3. 生态系统多样性

在有动、植物生长的地球表层、水体、空间，微生物可以生长繁衍；在没有高等生物存活的地球极端环境，例如高盐地区（死海、盐湖、盐碱湖、晒盐场及腌制品）、高热地区（地面火山、海底火山、海底热流喷发口及沸腾的热泉）、高硫地区（冒硫黄蒸气的温泉）、高压地区（深油井、地层2 000 m钻井处、6 000 m深海海底）、高辐射地区、厌氧地区（地层、瘤胃、肠道、沼气池）、高酸地区（酸性矿水、酸性热泉、酸性土壤）、高碱地区（pH 11 ~ 12的碱土）、高寒地区（南北极、高山、冰窖、深海）和万米以上高空，均有不同类别的微生物生长，形成群落，构成特定的生态系统。微生物在常态和极端环境中传递后代是其他生物所不可比拟的。

（二）细菌的多样性

1. 细菌的系统发育

根据16S rRNA的序列分析，目前认为：不同细菌本身保守的16S rRNA核苷酸序列是识别系统发育的标记，据此可以将细菌的系统发育分成12个独特的类群（或称为门）。

类群1，紫色光合细菌及有关细菌：目前称类群1为变形细菌（Proteobacterium），包括多个属的细菌，生理特性最具多样性，分为：α、β、γ、δ和ε 5个纲（表13-1）。

表13-1　变形细菌主要的属

纲	所包括的代表属	遗传标记
α	红螺菌属、红假单胞菌属、红细菌属、红微菌属、红球菌属、根瘤菌属、硝化杆菌属、土壤杆菌属、甲基杆菌属、生丝微菌属、醋杆菌属、拜叶林克氏菌属、副球菌属	AAAUUGG
β	红环菌属、红育菌属、红长命菌属、螺菌属、亚硝化单胞菌属、球衣菌属、硫杆菌属、产碱杆菌属、伯克霍尔德氏菌属及奈瑟氏球菌属	CYUUACACAUG（Y为任意一个嘧啶）
γ	着色菌属、硫红螺菌属、贝日阿托氏菌属、沙门氏菌属、志贺氏菌属、巴斯德氏菌属、埃希氏菌属、军团菌属、固氮菌属、假单胞菌属及弧菌属	未发现
δ	黏球菌属、蛭弧菌属、脱硫弧菌属、脱硫单胞菌属、孢囊杆菌属、脱硫叶菌属	ACUAAAACUCAAAG
ε	卵硫菌属、沃林氏菌属、弯曲杆菌属、螺杆菌	未发现

类群2，绿菌门，代表属为绿菌属和绿滑菌属。自养代谢与其他细菌之间缺乏密切的系统发育关系。遗传标记为：AUACAAUG。

类群3，绿屈挠菌门，代表属为滑柱菌属和绿屈挠菌属。细菌中独特和古老的谱系。遗传标记为：CCUAAUG。

类群4，蓝细菌门，包括丝状和单细胞的蓝细菌。单细胞蓝细菌系统发育呈多样性。遗传标记为：AAUUUYGG。

类群5，浮霉状菌门，具柄和附着器，包括芽生细菌。是与其他细菌十分不同的分支。

遗传标记为：CUUAAUUGG。

类群6，螺旋体门，包括无致病性的螺旋体属、寄生致病的疏螺旋体（如回归热疏螺旋体）、密螺旋体（如引起梅毒病的苍白螺旋体）。本门中的钩端螺旋体为独立的分支。遗传标记为：AAUCUUG，一个亚群的特异性序列；UCACACYAYCYG大多数螺旋体的序列。

类群7，拟杆菌门，分为两个亚系：拟杆菌亚系，遗传标记为：UUACAAUG；噬纤维菌－黄杆菌亚系（包括噬纤维菌属、屈挠杆菌属、生孢噬纤维菌属及腐败螺旋菌属）。遗传标记为：CCCCCACAUG。

类群8，衣原体门，专性细胞内寄生的种，包括引起性病和沙眼的病原菌。

类群9，异常球菌－栖热菌门，包括：G^+高度抗辐射的异常球菌属、G^-的栖热菌属。遗传标记为：CUUAAG。

类群10，G^+菌，包括：芽孢杆菌属、乳酸菌属、棒杆菌属、球菌（厌氧和好氧）放线菌。遗传标记为：（G+C%）高类别，CUAAAACUCAAAG；（G+C%）低类别，未发现遗传标记。

类群11，栖热袍菌门，包括：栖热袍菌属、栖热腔菌属。极端嗜热，形态有差异，支持地球早期生物嗜热假说。

类群12，产液菌门，包括：产液菌属、氢杆菌属，嗜热，支持地球早期生物嗜热假说。

2. 细菌的主要类型

（1）G^-菌

① 螺旋体。

② 螺旋状或弧状的G^-菌。

③ G^-的杆菌和球菌：a. 假单胞菌属；b. 黄单胞菌属；c. 固氮菌属；d. 根瘤菌属；e. 甲基球菌属；f. 醋杆菌属；g. 埃希氏菌属；h. 其他：志贺氏菌属、沙门氏菌属、肠杆菌属、沙雷氏菌属、变形菌属、耶尔森氏菌属、欧文氏菌属、奈瑟氏球菌属、莫拉氏菌属、弧菌属、发光杆菌属、气单胞菌属、嗜血菌属、发酵单胞菌属、拟杆菌属和脱硫弧菌属。

④ 支原体、立克次氏体和衣原体。

（2）G^+菌

① G^+球菌：微球菌属、葡萄球菌属、明串珠菌属。

② 产芽孢的G^+杆菌和球菌：芽孢杆菌属、梭状芽孢杆菌属、芽孢八叠球菌属。

③ G^+杆菌：乳酸杆菌属、棒杆菌属、丙酸杆菌属、双歧杆菌属、分枝杆菌属。

（3）光合细菌　蓝细菌、紫色硫细菌。

（4）化能无机营养细菌　硝化细菌、无色硫细菌、氢细菌。

（5）有附属物、无附属物芽殖和非芽殖的细菌。

（6）鞘细菌、滑行细菌和黏细菌。

3. 放线菌的主要类型

放线菌是具有菌丝、以孢子进行繁殖、G^+的一类原核生物。从系统发育上看，放线菌（除高温放线菌外）与G^+菌同属于高G+C含量（62 ~ 72）类群。包括：多腔孢囊放线菌、孢囊放线菌、链霉菌、小单胞菌、高温放线菌、诺卡氏菌及马杜拉放线菌等。

（三）古生菌的多样性

1. 古生菌的系统发育

1990年，Woese根据rRNA（原核生物16S rRNA、真核生物18S rRNA）序列分析

结果提出趋向生物自然分类的三域（domain）学说，即细菌域（Bacteria）、古生菌域（Archaea）和真核生物域（Eukarya）。古生菌分为5个类群：

第1类群：极端嗜热S^0代谢菌，包括：硫还原球菌、硫化叶菌、热变形菌、热网菌及火球菌等超嗜热古生菌，列入泉古生菌门，遗传标记：UAACACCAG，CACCACAAG。

第2类群：产甲烷古生菌，包括：甲烷杆菌、甲烷球菌、甲烷微菌及甲烷八叠球菌等，列入广古生菌门，遗传标记：AYUAAG。

第3类群：极端嗜盐古生菌，包括：盐杆菌、盐球菌、嗜盐碱杆菌，列入广古生菌门，遗传标记：AAUUAG。

第4类群：热原体，广古生菌门，遗传标记：AAAACUG，ACCCCA。

第5类群：还原硫酸盐古生菌，古生球菌，列入广古生菌门。

2. 古生菌的主要类型

（1）极端嗜盐古生菌　目前有18个属，主要代表属有：盐杆菌属（*Halobacterium*）、盐深红菌属（*Halorubrum*）、盐棒杆菌属（*Halobaculum*）、富盐菌属（*Haloferax*）、盐盒菌属（*Haloarcula*）、盐球菌属（*Halococcus*）、嗜盐碱杆菌属（*Natronobacterium*）和嗜盐碱球菌属（*Natronococcus*）。

具方盒形、三角形菌体形态，盐杆菌、盐球菌细胞内含有多拷贝大质粒，G+C含量为57%～60%，占DNA总量的25%～30%。生长需高Na^+环境，糖蛋白细胞壁，低钠使细胞壁裂解，光介导合成ATP，是将光能转化成化学能的一种产能方式。

（2）产甲烷古生菌　严格厌氧，在将CO_2+H_2还原成甲烷的过程中产生ATP，能利用NH_4^+，以氨基酸、酵母膏和酪素水解物为生长因子。形成甲烷时，需要特殊的甲烷辅酶F_{430}（镍四吡咯）、甲烷蝶呤、辅酶M（2–巯基乙烷磺酸）、辅酶HS–HTP（7–巯基庚酰苏氨酸磷酸盐）。

（3）超嗜热S^0代谢古生菌　嗜热，100℃以上生存，最适为80℃，热网菌在110℃生长，热叶菌最高生长温度为113℃。菌体内的一种蛋白质既具有催化ATP合成的酶活性，又可保护其他蛋白质和核酸对高热具有稳定性。菌体内的环式2，3–二磷酸甘油酸对胞内蛋白质和核酸也具有抗热保护性作用。呼吸类型呈高度多样性，硫在呼吸过程中起关键作用。无氧时，S^0被还原成H_2S；有氧时，H_2S和S^0氧化成H_2SO_4。

（4）热原体　以葡萄糖–甘露糖–四醚脂的脂多糖为质膜主要成分，对渗透压、酸、热稳定，无细胞壁，嗜热、嗜酸，好氧化能有机营养。含1 100 kb极小的DNA基因组，核酸外裹以与真核生物具同源性的蛋白质。

（5）还原硫酸盐古生菌　嗜热，最适生长温度为83℃，分离自海底热水流火山口，以H_2、乳酸、葡萄糖作为电子供体，硫酸盐、亚硫酸盐、硫代硫酸盐作为电子受体，被还原成H_2S。具甲烷辅酶F_{430}和甲烷蝶呤。

3. 古生菌的特性

（1）主要生存于地球的极端环境。

（2）产甲烷古生菌具有辅酶F_{430}、辅酶M和HS–HTP。

（3）极端嗜盐菌需高盐环境，以细菌视紫红质介导ATP的合成。

（4）极端嗜热菌耐高热，分子伴侣和环式2，3–二磷酸甘油酸使菌体内的蛋白质和核酸在高热环境中受到保护。从嗜热菌对高温的适应性可以推测微生物生存的温度极限低于120℃，113℃是超嗜热古生菌——热叶菌生存的最高温度。

（5）S^0作为电子供体或电子受体，氧化或还原元素硫和硫酸盐的硫代谢、氢代谢出现在超嗜热古生菌中，产甲烷古生菌利用H_2还原CO_2生成甲烷，这反映出H_2作为电子供体在地球早期生命发育和进化中的作用，并显示出古生菌物种丰富的多样性。为原始生物始祖于地球早期极端环境提供了有力的佐证。

（四）真核微生物的多样性

1. 真核微生物的系统发育

真核微生物是由原核微生物内共生演化而来。通过18S rRNA序列分析可以推测真核生物沿着4条进化路线演化而来。

路线1，双滴虫和微孢子虫。古老的真核生物，具细胞核、无线粒体，系统发育为两个独立分支，无近缘关系。

路线2，鞭毛虫、锥形虫、眼虫。近缘。

路线3，黏菌。非光合作用的真核微生物，与真菌、原生动物在表型上有相似之处，但更为古老。

路线4，纤毛虫、腰鞭毛虫、原生动物、真菌、藻类、动物和植物。纤毛虫和腰鞭毛虫较近缘，是进化的旁支；绿藻与植物近缘，红藻独树一帜；硅藻、褐藻、卵菌为较古老的近缘；真核生物中的动、植物是进化的后者。

2. 真菌的特性及多样性

真菌是不含叶绿素、化能有机营养、具真正细胞核、以孢子进行繁殖、不运动（少数种类的游动孢子具1～2根鞭毛）的真核微生物。类群庞大、种类繁多，估计约150万种，目前已被人类认识的近7万种。真菌在自然界的碳素、氮素循环中起主要作用。真菌产生的淀粉酶、糖化酶、蛋白酶、纤维素酶、半纤维素酶、果胶酶、葡聚糖酶、木聚糖酶、甘露聚糖酶、脂肪酶、葡萄糖氧化酶、α-乙酰脱羧酶和植酸酶等多种酶类与人类的生产、生活密切相关。

大型真菌——蕈菌，有许多种是美味的营养食品。致病性真菌与动、植物的生长和人类的健康有关系。

目前，真菌分类为：壶菌门、接合菌门、子囊菌门、担子菌门和半知菌门。

三、术语或名词

1. 变形细菌（proteobacterium） 形态特征、生理代谢、生态分布最具有特性，与人类和动、植物关系密切，呈现丰富多样性的一大类细菌，主要是革兰氏阴性菌，16S rRNA序列比较表明它们具有系统发育的亲缘关系，包括紫色光合细菌及其亲缘细菌，由α、β、γ、δ和ε 5个纲组成。

2. 甲基营养菌（methylotroph） 在好氧和微好氧条件下，以甲烷、甲醇、甲醛和其他还原性一碳化合物作为唯一碳源和能源的一类细菌，称为甲基营养菌。如果只利用甲烷作为碳源和能源的细菌，称为甲烷营养菌（methanotroph）。

3. 类菌体周膜（periobacterial membrane） 包裹根瘤中只生长不分裂的类菌体（bacteroids）的外膜，形成良好的固氮环境。

4. 蓝细菌（cyanobacteria） 是一类含有叶绿素a、以水作为供氢体和电子供体，通过光合作用将光能转变成化学能，同化CO_2为有机物的产氧光合细菌。

5. 泉古生菌（crenarchaeota） 古生菌的一个门，包括许多超嗜热的古生菌。

6. 广古生菌（euryarcheota） 古生菌的一个门，包括产甲烷古生菌、极端嗜盐古生菌、还原硫酸盐古生菌和热原体。

7. 极端嗜盐菌（exterme halophile） 生长依赖于高浓度NaCl（>1.5 mol/L）的古生菌。

8. 紫膜（purple membrane） 极端嗜盐菌细胞嵌有细菌视紫红质的细胞质膜，参与ATP合成。

9. 光介导ATP合成（light-mediated ATP synthesis） 极端嗜盐菌紫膜中细菌视紫红质的视觉色基受光激发，发生全-反式和顺式转换，形成H^+梯度差，在ATP酶催化下，进行ATP合成。

10. 产甲烷菌（methanogen） 能利用H_2和CO_2产生甲烷或由某些有机物（如甲酸、甲醇、乙酸等）产生甲烷的一类严格厌氧的古生菌。

11. 乙酸盐呼吸（acetate respiration） 以乙酸盐为底物，通过裂解乙酸产生甲烷和CO_2。

12. 超嗜热菌（hyperthermophile） 一类最适生长温度为80℃，或在更高温度下生长的微生物，这类菌在低于55℃以下生长不好。

13. 硫磺热泉（solfataras） 高热、高酸、高硫的水体环境，通常是超嗜热古生菌的栖息地。

14. 分子伴侣（molecular chapernin） 超嗜热古生菌（如热网菌）产生的具有催化ATP合成酶活性和使菌体内蛋白质对高热具有稳定性的蛋白质。

15. 环式2，3-二磷酸甘油酸（cyclic 2，3-diphosphoglycerate） 嗜热菌细胞内对蛋白质和核酸具有抗热保护性作用的物质。

16. 单细胞藻类（single cell algae） 含叶绿素等光合色素、放氧的光合营养型真核微生物。

17. 真菌（fungus，复fungi） 具有坚硬的细胞壁和真正的细胞核，不含叶绿体，以吸收营养方式进行化能有机营养代谢，以有性或无性孢子方式进行繁殖的真核微生物。

18. 霉菌（mold） 指丝状真菌，由长的、具分支的有隔或无隔菌丝组成。菌丝相互缠绕在一起形成的团块，称菌丝体。

19. 假菌丝（pseudohypha） 有些酵母菌在出芽繁殖过程中，芽体往往不与母体脱落而又出芽，依此下去，许多酵母细胞首尾相接而形成假的菌丝链，称为假菌丝，以区别霉菌的菌丝。假菌丝的形态是酵母分类中的一项指标。

20. 蕈菌（mushroom） 俗称蘑菇，通常指能形成大型可见的子实体结构的丝状真菌，很多种味美可食。

21. 子实体（fruiting body） 能够产生有性或无性孢子的特化结构，如真菌的子囊菌和担子菌由菌丝组织构成的各种形状的子囊果和担子果；黏菌由变形体形成的原质果、黏菌体及柄孢子囊群等。

22. 黏菌（slime mold） 非光合作用、无细胞壁、产子实体结构（细胞黏菌）或者为原质团（非细胞黏菌）的真核生物。

23. 原质团（plasmodium） 亦称变形体，是由膜包围的多核原生质群集，为非细胞黏菌大小和形状不固定的营养体。

24. 假原质团（pseudoplasmodium） 由饥饿状态的细胞黏菌聚集后所形成的结构。

四、习题

填空题

1. ________菌属是具附属物、芽殖的细菌，________菌属是具附属物、非芽殖的细菌。
2. ________杆菌属是无附属物、非芽殖的细菌，________菌属是无附属物、芽殖的细菌。
3. 球衣菌属外观上呈丝状，其多个细菌个体呈________状，排列于管状的________内。
4. 黏细菌产生黏液，将________包裹，形成颜色鲜艳、形态各异的________。可产生多种胞外酶，能溶解________生物和________生物。
5. 放线菌是革兰氏染色________性的原核微生物，其中________属是产生抗生素最多的一属。
6. 超嗜热古生菌中的________菌，其最高生长温度可达________℃。
7. 产甲烷古生菌在将________和________还原成甲烷的过程中，________是重要的产甲烷辅酶。
8. 紫色硫细菌含菌绿素和类胡萝卜素，能进行________作用，以________或________作为电子供体，并在胞内沉积________，其营养类型属于________。
9. 蓝细菌进行光合作用的部位是________，内含叶绿素a、________、________和藻胆素。
10. 真菌是不含有________素、________营养，以________进行繁殖的真核微生物。
11. 原生动物是________色、无________，能________运动的单细胞真核生物。
12. 原生动物具有________方式运动、________运动、________运动等运动方式。

选择题（4个答案选1）

1. 盐沼盐杆菌利用（　　）进行光合作用。
（1）叶绿素　（2）细菌叶绿素　（3）细菌视紫红质　（4）视紫红质
2. 甲烷营养菌是只利用甲烷作为碳源和能源的（　　）。
（1）真菌　（2）细菌　（3）古生菌　（4）放线菌
3. （　　）的细胞是具有细胞壁的。
（1）热原体属　（2）支原体属　（3）铁原体属　（4）嗜酸菌属
4. 噬纤维菌属的一些种和黏细菌以（　　）而著名。
（1）能产生致病的毒素　（2）倾向于产生吸收光的色素
（3）能够滑行　（4）能形成芽孢
5. 在根瘤中根瘤菌以只生长不分裂的（　　）形式存在，并能有效地进行根瘤菌与豆科植物的共生固氮。
（1）类菌体　（2）类囊体　（3）异形胞　（4）载色体
6. 氧化硫硫杆菌在营养类型上属于（　　）。
（1）化能自养型　（2）化能异养型　（3）光能自养型　（4）光能异养型
7. 广泛用于科学研究中的单细胞绿藻是（　　）。
（1）衣藻属　（2）角甲藻属　（3）绿藻门　（4）水霉属
8. 对蕈菌描述不正确的是（　　）。
（1）属于大型真菌　（2）属于丝状真菌　（3）属于食用菌　（4）属于中草药

9. 人类中引起鹅口疮、酵母菌感染和其他病症是真菌的（　　）。
（1）新型隐球酵母　（2）粗糙脉胞菌　（3）白色假丝酵母　（4）葡枝根霉
10. 对青霉素不敏感的菌是（　　）。
（1）细菌　（2）支原体　（3）立克次氏体　（4）衣原体

是非题

1. 金黄色葡萄球菌是引起医院内感染的主要病原菌，主要引起泌尿生殖道和呼吸道及烧伤、创伤面的感染，严重时会引起全身感染，而导致败血症。
2. 在地球的最早年代生活的菌属于古生菌。
3. 固氮菌属和根瘤菌属的共同特征是都能固氮。
4. 紫色硫细菌和绿色硫细菌属于光合细菌，能利用水作为电子供体，并在光合作用过程中产生氧气，并分别在细胞内或细胞外沉积硫颗粒。
5. 衣原体是介于立克次氏体和病毒之间，能通过细菌滤器，在活细胞内繁殖，其发育周期具原体和始体形式的，能引起落基山斑疹热和斑疹伤寒的一类原核微生物。
6. 所有蘑菇的子实体不仅是传统的美食佳品，而且具有提高机体免疫力的功能。
7. 所有藻类都是真核生物。
8. 原生动物将外界物质带入细胞质内是通过胞饮作用和吞噬作用进行的。
9. 根霉属和酵母菌属属于真菌的接合菌门，脉孢菌属和毛霉属属于子囊菌门。
10. 真菌半知菌门的得名是因为它们缺少已知的有性生殖过程。

问答题

1. 简述假单胞菌属的生理特性及经济意义。
2. 简述黄单胞菌的形态、生理特性及经济意义。
3. 简述大肠杆菌的生物学特性。
4. 作为条件致病菌的葡萄球菌可引发哪些疾病?
5. 试述芽孢杆菌属中有代表性种的经济意义。
6. 试写出有代表性的光合细菌并简述其生理特性。
7. 试说明古生菌物种的多样性及应用潜力。
8. 极端嗜盐古生菌为何需要高钠环境?
9. 极端嗜盐古生菌细菌视紫红质的功能是什么？它们如何利用光能产生 ATP ?
10. 产甲烷古生菌属于何种呼吸类型，如何获取能量？哪种辅酶参与甲烷形成?
11. 试述超嗜热古生菌抗热的物质基础及对热稳定性的机制。
12. 古生菌是地球上早期的生命形式吗?
13. 简述酵母菌的形态、生理特性及经济意义。
14. 保护微生物资源的意义是什么？为什么说保护生物多样性就是保护人类自己?
15. 举例阐述可利用的微生物资源有哪些?
16. 试从细胞形态、营养类型、生理特性和系统发育比较主要的细菌的特征，说明其物种的多样性。

五、习题答案

填空题

1. 生丝微　柄杆　2. 着色铁柄　浮霉状　3. 直线　鞘　4. 菌体　子实体　真核　原核　5. 阳　链霉菌　6. 热叶　113　7. CO_2　H_2　F_{430}　8. 光合　硫化物　硫酸盐　硫颗粒　光能自养型　9. 类囊体　β–胡萝卜素　类胡萝卜素　10. 叶绿（或光合色）　化能有机　孢子　11. 无　细胞壁　自由　12. 变形虫　鞭毛　纤毛

选择题

1.（3）　2.（2）　3.（4）　4.（3）　5.（1）　6.（1）　7.（1）　8.（4）　9.（3）　10.（2）

是非题

1. ×　2. √　3. √　4. ×　5. ×　6. ×　7. √　8. √　9. ×　10. √

问答题

1.（1）营养要求简单，多数种可利用100多种，少数种可利用20多种不同的化合物作为生长的碳源和能源。（2）是土壤和水体中重要的细菌，有氧时分解动、植物体。（3）少数种是人、动物、植物的病原菌。铜绿假单胞菌感染泌尿生殖道和呼吸道及烧伤、创伤面，严重时全身感染，导致败血症。该菌的反硝化作用参与自然界中的氮素循环。（4）鼻疽、类鼻疽假单胞菌引起人或动物的鼻疽病；假单胞菌属中的许多种是植物病原菌，引起植物斑点病和条纹病；嗜冷的种可造成冷藏食品、冷藏血浆污染。（5）多数种在工农业、污水处理、净化环境中起作用。

2. 直杆状、极生鞭毛、专性好氧，产溴芳基多烯黄色色素。所有的黄单胞菌都是植物病原菌，引起植物病害。水稻黄单胞菌引起水稻白叶枯病，野油菜黄单胞菌导致甘蓝黑腐病，其荚膜多糖，即黄原胶，在纺织、造纸、搪瓷、采油及食品等工业有广泛用途。

3.（1）大肠杆菌是埃希氏菌属的模式种。（2）化能有机营养，兼顾呼吸和发酵两种产能系统。（3）肠道内正常菌群，合成维生素B、维生素K供人体利用；产大肠杆菌素，可抑制肠道内痢疾杆菌等致病菌和腐生菌的孳生。大肠杆菌是条件致病菌，可引起肾、膀胱等泌尿系统的肠外感染。（4）卫生细菌学以“大肠菌群数”和“细菌总数”作为饮用水、牛奶、食品、饮料等卫生学检测指标。（5）大肠杆菌是进行微生物学、分子生物学、遗传学和基因工程研究的材料。

4.（1）葡萄球菌主要存在于恒温动物和人体的皮肤、皮肤腺体和黏膜部位。（2）引起化脓性感染，如丘疹、肺炎、骨髓炎、心肌炎、脑膜炎及关节炎等。（3）产肠毒素，造成食物中毒。

5.（1）枯草芽孢杆菌：芽孢杆菌属的模式种，工业生产蛋白酶、淀粉酶的菌株，微生物学、基因工程研究的材料。（2）地衣芽孢杆菌：产碱性蛋白酶、甘露聚糖酶和杆菌肽（畜用抗生素，杀灭肠道内G^+致病菌）的发酵用菌种。（3）炭疽芽孢杆菌：人和动物的致病菌，可引起皮肤炭疽、肺炭疽、肠炭疽等炭疽病。（4）苏云金芽孢杆菌：产伴胞晶体，作为生物农药可杀灭玉米螟虫、菜青虫、棉铃虫等农业害虫。（5）幼虫芽孢杆菌、日本甲虫芽孢杆菌、球形芽孢杆菌：昆虫致病菌。（6）蜡状芽孢杆菌：工业发酵中常见的污染菌，产肠毒素，引起人的肠胃炎。

6.（1）放氧型光合细菌：蓝细菌：含叶绿素、藻蓝素，光能自养，以H_2O为供氢体，将CO_2还原成葡萄糖，有单细胞和丝状之分，有的可固氮。（2）非放氧型光合细菌：含菌绿素和类胡萝卜素，光能自养或光能异养，以H_2S或硫酸盐为电子供体和氢供体，还原CO_2构成细胞物质，沉积硫。如红螺菌、红微菌、红假单胞菌等。

7. 古生菌的多样性体现在独特的细胞形态，不同成分的细胞壁组成，有别于细菌的细胞质膜，对氧的不同需求和不同的营养类型，16S rRNA独特的序列，以及极端嗜盐、超嗜热和厌氧条件下产生甲烷等生理特性。古生菌包括5个类群。类群1，甲烷嗜热菌和极端嗜热的S^0代谢菌；类群2，产甲烷古生菌；类群3，极端嗜盐的古生菌；类群4，嗜热、嗜酸的热原体；类群5，还原硫酸盐的古生菌。古生菌应用潜力在于它们是获取特殊酶（热稳定、酸稳定、盐稳定）的理想来源，另外在环境保护中具有巨大潜力，同时是研究生物进化和在极端环境下生命生存机理的绝好材料。

8.（1）极端嗜盐古生菌的细胞具有吸钾排钠功能；（2）细胞壁由含高量酸性氨基酸的糖蛋白构成，其中由天冬氨酸和谷氨酸形成的负电荷区域，吸引正电荷的Na^+，形成钠束，维持细胞壁的稳定性；（3）将极端嗜盐古生菌从高钠环境转至低钠溶液中，Na^+浓度降低，细胞壁将受到破坏，脱落，细胞死亡。

9. 在厌氧光照条件下极端嗜盐古生菌产生细菌视紫红质，可强烈吸收570 nm的绿色光谱区，参与光介导的ATP合成。极端嗜盐古生菌细胞内细菌视紫红质的视觉色基，通常以一种全－反式结构存在于细胞内侧，受光激发可转换成顺式状态，转型可使胞内H^+转移至膜外，随着细菌视紫红质分子松弛，无光时吸收细胞质中的H^+，顺式又转换成稳定的全－反式，经全－反式与顺式的反复循环，造成膜上H^+的梯度差，产生电化势，在ATP酶的催化下，进行ATP的合成，为菌体储备能量。

10. 严格厌氧菌，通过H_2和CO_2生成甲烷的过程或乙酸盐呼吸获取能量。F_{430}（镍四吡咯）是甲烷形成重要的辅酶。

11. 抗热物质基础：（1）环式2，3－二磷酸甘油酸。（2）分子伴侣。对热稳定性机制：（1）嗜热菌菌体内蛋白质的氨基酸序列、肽链折叠及耐热蛋白的酶活性可以保证蛋白质的热稳定性；（2）环式2，3－二磷酸甘油酸和与真核生物组蛋白相似的结合蛋白，可以防止、保护高热条件下蛋白质、核酸的变性及核酸的解链；（3）通过分子伴侣的重折叠，保护菌体内蛋白质分子对高热的热稳定性。

12. 早期地球高热、高盐、高湿、低pH及无氧并充满还原性的气体，是一种极端环境。而超嗜热的古生菌具有厌氧、化能有机或化能无机的营养代谢等表型特征，符合所推测的早期地球地质化学条件下原始生物的表型特征。能氧化H_2、还原硫的超嗜热古生菌、类似于甲烷嗜热菌的产甲烷微生物都属于地球上早期的细胞类型。在超嗜热古生菌中出现了具有氢代谢途径的物种，古生球菌以H_2作为电子供体，将硫酸盐还原成H_2S，甲烷球菌和嗜热甲烷菌利用H_2还原CO_2生成甲烷，这显示出H_2作为电子供体在地球早期生命发育和进化中的作用。因此认为，具有嗜热、厌氧、低pH、氧化H_2、还原硫及硫酸盐、产甲烷等特性的各类古生菌，可以适应早期地球的环境，是地球上早期的生命形式。

13.（1）单细胞真菌，圆形、卵圆形或圆柱形。（2）细胞个体比细菌大[（1～5）μm×（5～30）μm]。（3）多数以出芽、少数以裂殖进行无性繁殖；有的种可进行有性生殖，产子囊和子囊孢子。（4）行芽殖的酵母菌可以形成由单个细胞排列而成的群体，称为假菌丝。（5）腐生型的酵母菌分布在自然界含糖的环境，如水果、花、树皮上。（6）是酿造工业（如制酒、制醋）、食品工业（如面包制作）、酶制剂（如脂肪酶、石油脱蜡、长链脂肪酸）制取的菌种。（7）分子生物学研究的实验材料。

14. 保护微生物资源的意义在于（1）微生物代谢类型多样、遗传资源丰富，具有潜在用途和价值；（2）微生物分布广、种类多，繁殖快、代谢强，易变异、利生产，是进行大规模工业化生产，获取高收率产物的理想资源；（3）对微生物可利用资源的探索尚存在很大空间，具有开发、挖掘新资源的巨大潜力。

 生物多样性是指一定范围内多种多样活的有机体（动物、植物、微生物）有规律地结合所构成稳定的生态综合体。对人类来讲，生物多样性具有直接使用价值、间接使用价值和潜在使用价值。生物物种一旦减少，生态系统的稳定性就要遭到破坏，人类的生存环境也要受到影响。保护生物多样性已经成为全球的联合行动计划。只有合理开发和利用生物多样性，才能使人类延续生存和健康生活。

15.（1）微生物菌体：如活性酵母、单细胞蛋白、微生物杀虫剂、细菌肥料、食用菌等；（2）微生物的代谢产物：氨基酸、有机酸、醇、酮、多糖、核酸、维生素、酶制剂等；（3）微生物的代谢活动：甾体转化、湿法冶金、石油勘探等；（4）微生物基因：以苏云金芽孢杆菌毒蛋白基因构建抗虫转基因植物；聚β-羟基丁酸基因转入拟南芥，产生可降解生物塑料PHB等。

16. 可以通过列表的方式，对G^-菌，G^+菌，光合细菌，化能无机营养细菌，有附属物、无附属物芽殖和非芽殖细菌，鞘细菌、滑行细菌和黏细菌的细胞形态、营养类型、生理特性和系统发育进行比较，从而说明细菌物种的多样性。

六、主要参考书目

1. 杨苏声.细菌分类学.北京：中国农业大学出版社，1997
2. 邢来君，李明春.普通真菌学.2版.北京：高等教育出版社，2010
3. 沈萍，陈向东.微生物学.彩色版.北京：高等教育出版社，2009
4. Madigan M T，Martinko J M.Brock微生物生物学.11版.中文版.李明春，杨文博，译.北京：科学出版社，2009
5. Prescott L M，Harley J P，Klein D A.Microbiology.6th ed.New York：McGraw-Hill Companies Inc，2005

（李明春　杨文博）

第 14 章

感染与免疫

一、要点提示

1. 我们生存的环境中遍布着各种各样的微生物，其中绝大部分为无害微生物，在机体存在免疫缺陷时，无害微生物能够造成机会性感染。此外，某些微生物能够寄生于生物体内并引起疾病，这些微生物被称为病原微生物。与此同时，在长期的进化过程中，生物体获得了能够识别并消灭病原微生物的免疫系统，以防御感染，维护机体自身的健康。

2. 宿主的免疫系统包含非特异性免疫和特异性免疫两大分支。

非特异性免疫又被称为天然免疫（innate immunity），是机体与生俱来的对病原微生物的防御能力，由于其在病原感染后能够迅速做出反应，因此也被视为免疫系统的先锋部队。非特异性免疫主要包括生理屏障、细胞组分和体液组分。

特异性免疫又被称为获得性免疫（acquired immunity），是机体出生后接受抗原性异物刺激之后而获得的，具有多样性、特异性和记忆性。

3. 特异性免疫应答主要依靠淋巴细胞，即T细胞和B细胞进行，可大体分为识别、活化和效应3个阶段。

特异性免疫对抗原性异物的识别是由淋巴细胞表面的抗原受体，即T细胞受体（TCR）和B细胞受体（BCR）介导的。淋巴细胞通过自身的特异性抗原受体与抗原结合，从而特异性识别不同抗原。T细胞对抗原的识别需要抗原提呈细胞（antigen presenting cell，APC）的协助。抗原提呈细胞将抗原加工为适当片段并由MHC分子递呈给T细胞，供后者识别。B细胞则与T细胞不同，可以直接识别完整抗原。

活化阶段是T细胞、B细胞特异性识别抗原后自身激活、增殖并分化为效应细胞的过程。

在效应阶段，免疫系统启动多种机制消灭病原微生物，最终恢复正常生理平衡。B细胞的免疫学功能主要通过抗体介导。由B细胞分化而来的浆细胞（plasma cell）分泌大量抗体，抗体主要通过4种途径发挥其免疫学效应：①抗体具有中和作用，可直接与抗原结合使之失活；②抗体具有调理作用，抗体结合抗原后能够显著增强吞噬细胞对抗原的吞噬作用；③抗体可以激活补体；④抗体还可以通过介导抗体依赖的细胞毒作用（antibody dependent cellular cytotoxicity，ADCC）造成靶细胞的杀伤。由B细胞介导的免疫称为体液免疫。

T细胞活化后可分化为杀伤型T细胞（cytotoxic lymphocyte，CTL）或辅助型T细胞（helper T cell，TH）。杀伤型T细胞可直接杀伤靶细胞。辅助型T细胞可通过分泌细胞因子对其他免疫细胞起调节作用，协助杀伤型T细胞、B细胞的激活，并进一步活化巨噬细胞、粒细胞等，促进炎症反应。由T细胞介导的免疫称为细胞免疫。

在实施免疫效应的同时，活化的T、B淋巴细胞还分化为记忆细胞，使机体免疫系统长期保持对该抗原的免疫记忆。

4. 免疫应答是机体的一种保护性反应，但某些情况下也会引起疾病。

免疫应答过强或反应异常而造成的机体损伤或功能障碍，称为超敏反应。超敏反应通常分为4类，其中I型超敏反应最为常见，约占正常人群的1/3。

当免疫系统的自身耐受被打破而对自身成分产生免疫应答时，会引发自身免疫疾病。一些最顽固而棘手的疾病即属此类，如系统性红斑狼疮和青少年糖尿病等。

5. 免疫系统将移植的组织器官当做抗原性异物加以排斥，是器官移植的最大难题。目前已有多种将转基因动物及克隆器官用于移植的尝试，可望于不久的将来有突破性进展。

6. 免疫系统担负机体重要的防御功能，一旦发育异常或功能障碍造成免疫缺陷，后果极为严重。遗传性基因异常所致的原发性免疫缺陷患者往往难以活到成年；而在由各种原因引起的继发性免疫缺陷中，艾滋病已引起全人类的高度重视。

7. 理论上当肿瘤细胞表面出现与正常组织不同的肿瘤抗原时，机体免疫系统将识别并攻击之，从而达到抑制肿瘤生长并最终消灭肿瘤的目的。基于此，抗肿瘤免疫的理论研究十分活跃，并有多种针对肿瘤的免疫治疗手段处于临床试用阶段。

8. 特异性免疫反应具有高度特异性而又极其准确灵敏，因此，经典的凝集、沉淀反应以及在此基础上发展来的标记技术，包括免疫荧光、放射免疫及免疫酶、免疫电镜等，均在生物医学领域得到广泛应用。其中酶免疫吸附测定（ELISA）及免疫印迹在快速诊断及微量蛋白质检测方面尤为突出。

9. 人为生产抗体的方法很多，除通过传统的免疫动物获得抗血清外，利用单克隆抗体技术能长期大量获得识别单一抗原的特异性抗体，其发明者获1984年诺贝尔生理学或医学奖；新型基因工程抗体以及免疫毒素、抗体酶等各种跨领域开发将是今后的发展方向。

10. 人工免疫曾在历史上对人类做出过伟大贡献，开发新型疫苗仍是对抗艾滋病、SARS等传染病的最重要手段之一。

二、重点、难点剖析

1. 感染的一般概念是本章的预备知识。

2. 非特异性免疫是本章重点之一，却并非难点。补体系统及其活化较为复杂，只需把握起始复合物、C3转化酶、C5转化酶、攻膜复合物4个要点便可脉络清晰（表14-1）。

表14-1 3条补体激活途径的比较

<table>
<tr><th>激活途径</th><th>激活物</th><th>C3转化酶</th><th>C5转化酶</th><th>攻膜复合物</th></tr>
<tr><td>经典途径
（classical pathway）</td><td>抗原-抗体复合物
（IgG、IgM）</td><td rowspan="2">$C\overline{4b2a}$</td><td rowspan="2">$C\overline{4b2a3b}$</td><td rowspan="3">$C\overline{5b6789n}$</td></tr>
<tr><td>凝集素途径
（lectin pathway）</td><td>病原体甘露糖残基
+MBL</td></tr>
<tr><td>旁路途径
（alternative pathway）</td><td>细菌表面糖脂复合物
等适当接触表面</td><td>$C\overline{3bBb}$</td><td>$C\overline{3bBb3b}$</td></tr>
</table>

3. 特异性免疫既是本章重点，也是本章难点。除掌握本部分基本内容外，更需注意各部分之间的联系（表14–2，表14–3）。

表14–2　免疫应答中的T、B淋巴细胞

	B细胞	T细胞
成熟部位	骨髓	胸腺
识别	通过膜表面BCR复合物特异性识别相对应的抗原决定簇 直接识别完整抗原	通过膜表面TCR复合物特异性识别经APC加工并递呈的抗原片段 同时识别加工后的抗原片段及MHC分子
活化	活化第一信号　Ag+BCR 活化第二信号　B细胞表面　CD40+TH表面CD40L	APC携Ag+MHC分子+TCRC T细胞表面CD28+APC表面B7
	与TH细胞直接接触 TH分泌的细胞因子 分化为浆细胞和记忆细胞	与APC直接接触 APC或TH分泌的细胞因子 分化为效应细胞和记忆细胞
效应	浆细胞产生抗体 抗体的中和作用、调理作用抗体激活补体、介导ADCC	CTL分泌穿孔素、颗粒酶或通过FasL直接杀伤靶细胞 TH通过分泌细胞因子调节其他免疫细胞的活性

TH细胞启动，促进B细胞和CTL的活化与分化，并进一步激活巨噬细胞，在特异性免疫中具有重要作用（图14–1）。

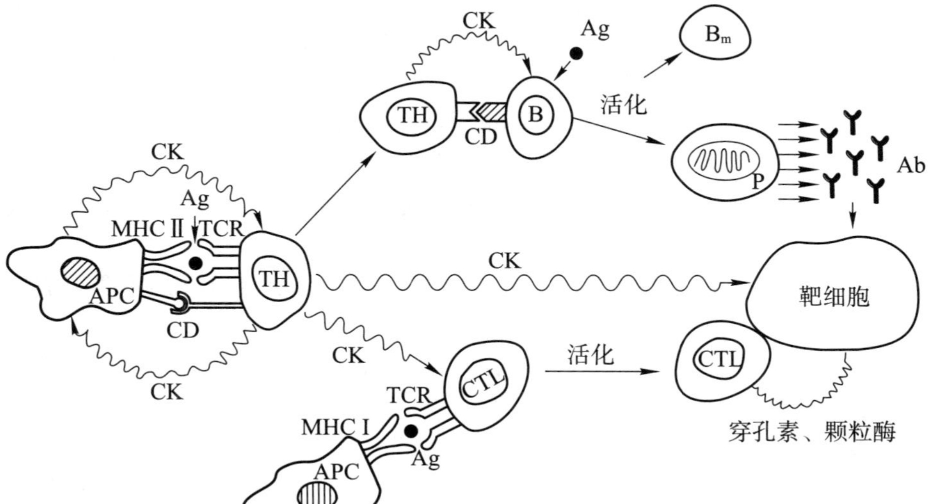

图14–1　TH细胞在特异性免疫应答的中心作用

（T细胞的活化以TH细胞为例。限于篇幅本教材未讲述抗体分子的免疫调节作用）

Ag：抗原；Ab：抗体；CK：细胞因子；CD：辅助分子；APC：抗原提呈细胞；TH：辅助T细胞；CTL：杀伤性T细胞；B：B细胞；Bm：B记忆细胞；P：浆细胞；TCR：T细胞抗原受体；MHC Ⅰ：MHC Ⅰ类分子；MHC Ⅱ：MHC Ⅱ类分子

表14-3 特异性免疫与非特异性免疫

	特异性免疫	非特异性免疫
特征	获得性：有。是生命过程中接受抗原性异物刺激后产生的。 特异性：有。通过T、B细胞的抗原受体特异识别所产生的抗性只针对该特定抗原。 记忆性：有。通过T、B记忆细胞介导，当再次遇到同样抗原时会产生更快更强的再次应答。 反应速度慢。通常需要4 ~ 7 d才能发挥效应	获得性：无。经遗传与生俱来的能力。 特异性：无。不加区别的一般性防御。 记忆性：无。 反应速度快。在病原入侵后的几分钟至几小时内迅速做出反应
参与细胞	抗原提呈细胞：包括树点状细胞，巨噬细胞及B细胞。加工抗原供淋巴细胞识别。 B细胞：分泌抗体介导体液免疫。 T细胞：通过CTL的特异杀伤及TH介导细胞免疫	吞噬细胞：通过吞噬降解杀伤病原微生物。包括巨噬细胞和嗜中性粒细胞。吞噬细胞可受细胞因子刺激活化、趋化，其吞噬杀伤功能受抗体、补体及TH细胞因子的调理作用而增强。 NK细胞：具有杀伤功能的一类淋巴细胞，抗原识别具有非特异性。其杀伤功能受细胞因子调节
主要分子	抗体（免疫球蛋白）：分为5类，有共同的四肽链基本结构，无需活化即可发挥效应： （1）与抗原特异结合，可直接中和可阻抑黏附发挥调理作用； （2）介导ADCC作用，其中IgE可引起Ⅰ型超敏反应； （3）激活补体； （4）免疫调节； （5）通过胎盘、乳汁保护胎儿、新生儿。 淋巴细胞活化产生多种细胞因子：可激活、趋化、调节各种免疫细胞，促进特异与非特异免疫	补体：由30余种大小、结构各异的蛋白质组成，依次活化后方可发挥效应： （1）溶解靶细胞； （2）对吞噬细胞的调理作用； （3）免疫调节作用，补体片段有趋化、促进炎症等功能。 溶菌酶，干扰素等（其中Ⅰ型干扰素主要由巨噬细胞产生，可归于非特异免疫，Ⅱ型干扰素主要由淋巴细胞产生）

B淋巴细胞和T淋巴细胞分别在骨髓和胸腺中发育成熟。其成熟过程中经过基因重排而获得受体多样性，并通过选择过程确保成熟淋巴细胞对自身成分的耐受。淋巴细胞的受体多样性及其区分自我与非我的能力对免疫系统至关重要。淋巴细胞的发育是免疫学发展史上最重要的基础理论之一。

4. 抗感染免疫是免疫学基础知识与实际的密切结合，是免疫学的重要组成部分。需要将所学内容融会贯通、灵活运用。

从以上内容不难看出，巨噬细胞既具有强大的吞噬消化功能，可非特异性吞噬溶解任何入侵的病原微生物；又是主要的抗原提呈细胞之一，通过将抗原加工呈递给TH细胞而启动免疫应答，在非特异免疫与特异性免疫中均扮演重要角色。B细胞分泌的抗体可激活补体。而补体系统可被抗体激活，也可被病原微生物的表面成分激活。除淋巴细胞外，多种免疫细胞如巨噬细胞、NK细胞、肥大细胞等均可分泌细胞因子；而细胞因子既可活化T、B细胞促进特异性免疫又可活化巨噬细胞、NK细胞等其他免疫细胞，促进非特异免疫应答。总之，当机体遭遇病原微生物入侵时，非特异免疫与特异性免疫相辅相成、协同作用，以达到清除病原感染、保护自身的目的。结合主教材中关于抗病毒感染的例子，综合地、动态地理解机体的抗感染免疫（表14-4）。

表14-4　机体的防御机制

	非特异免疫	特异性免疫
第一道防线 完整皮肤 黏膜及其分泌物 局部屏障 正常菌群	第二道防线 吞噬细胞吞噬 NK细胞的杀伤 补体（替代途径或凝集素途径激活） 溶菌酶，干扰素等分子 炎症	第三道防线 抗体 CTL细胞的杀伤 TH分泌细胞因子

5. 免疫病理及预防接种与人类健康密切相关，作为非医科学生也应作一般性了解，掌握4型超敏反应，自身免疫与自身免疫病、移植免疫、免疫缺陷及肿瘤免疫的基本概念与免疫学发生机制。

6. 免疫学技术有十分重要的实际意义，不同专业可根据本专业要求予以掌握，最好能开设有关实验，结合实例讲述。

（1）免疫学反应的进行条件　适当的温度、pH、电解质环境，抗原、抗体必须成比例。

（2）凝集反应与沉淀反应的不同应用范围及方法。

（3）标记技术的原理及常用标记技术。

用易于检测的物质作为标记物，使之与试剂抗原或抗体结合后再与相应的待测标本中的抗体或抗原进行免疫学反应。反应后通过检测标记物即可显示出免疫复合物（即待测样品）的存在，并可定量或定位，从而大大提高免疫反应的灵敏度。标记技术一般按照标记而命名，又可根据其测定目的分为两类：用于组织切片或细胞涂片中抗原抗体定位的属于免疫组化（immunohistochemistry），如荧光抗体法；用于液体标本中抗原或抗体定性定量检测的称为免疫测定（immunoassay），如酶联免疫吸附测定（ELISA）。标记技术具有免疫反应的高度特异性，而其灵敏度是由所使用的标记剂决定的。比较成熟的是荧光、酶与放射性同位素三大标记技术，如ELISA已有多种商品试剂盒及各种半自动、自动酶标检测仪问世。在此基础上又发展出很多新的方法，如化学发光免疫技术、金免疫技术等。本教材以生物素-亲和素系统为例加以说明（表14-5）。

表14-5　几种常用免疫学技术

免疫学技术	标记剂	应用范围	灵敏度/($g\cdot mL^{-1}$)	优点	缺点
沉淀反应 （液体或凝胶介质中）	——	可溶性抗原	10^{-5}		
凝集反应 直接法 间接法	——	颗粒性抗原	10^{-6}		
放射免疫测定	放射性同位素	免疫测定	10^{-12}	灵敏度极高，可用于微量测定	需特殊仪器与防护措施
酶联免疫吸附测定（ELISA）	酶	免疫测定	10^{-12}	灵敏度可与放免相比，但标记试剂稳定，无放射性危害	步骤复杂，试剂制备困难
免疫荧光技术	荧光素	免疫组化	10^{-9}	可定位	需荧光显微镜，结果受主观经验影响

（4）人工制备抗体可用于科研和临床诊断试剂，如多种传染病中微生物抗原的检测；又可用于预防和治疗，如精制破伤风抗毒素、抗狂犬病毒血清等，有非常广泛的应用和重要的实际意义（表14–6）。

表14–6　目前制备抗体的几种方法

方法	优点	缺点
血清抗体	技术设备要求低、价廉、简便易行	多克隆抗体混合物
单克隆抗体	可长期获得大量完全均一的抗体	技术繁殖费时费力，有丢失抗体基因可能，易产生交叉反应
基因工程抗体	可根据需要设计产生各种新型抗体，包括自然界不存在的人工分子	设计复杂，目前抗体亲和力普通偏低，技术有待进一步完善

三、术语或名词

1. 病原微生物（pathogenic microorganism） 寄生于生物（包括人）机体并引起疾病的微生物，又称病原体（pathogen）。

2. 条件致病菌（opportunistic pathogen） 在一般情况下不致病，但在某些条件改变的特殊情况下亦可致病的细菌，又称机会致病菌。

3. 免疫（immunity） 生物体能够辨认自我与非自我，对非我做出反应以保持自身稳定的功能，称为免疫。

4. 非特异免疫（non-specific immunity） 机体在种系过育过程中由遗传得来的一般生理防卫功能，可抵御任何外界异物对机体的侵入而不需要特殊的刺激或诱导。又称天然免疫（innate immunity）。

5. 补体 （complement system） 存在于机体正常血清中的一组多分子蛋白系统，通常处于不活化或微量活化状态，一旦活化后具有溶解靶细胞等重要的免疫生理学作用。

6. 经典途径（classical pathway） 由抗原抗体复合物结合于补体成份C1，从而依次活化补体成分的补体激活途径称经典途径。

7. 替代途径（alternative pathway） 由酵母多糖、LPS等多种微生物产物从C3和B因子开始激活补体成分的途径被称为替代途径，又称旁路途径。

8. 凝集素途径（lectin pathway） 由甘露糖结合凝集素（mannose-binding lectin）与病原体表面甘露糖苷结合起始的补体激活途径称凝集素途径。

9. 干扰素（interferon，IFN） 宿主细胞在病毒等刺激下产生的一组小分子糖蛋白，具有抗病毒及免疫调节作用。

10. 吞噬细胞（phagocyte） 具有吞噬病原微生物、衰老细胞等各种异物颗粒并将其消化降解能力的细胞称为吞噬细胞，包括巨噬细胞（macrophage）、嗜中性粒细胞[neutrophil，又称多形核白细胞（polymorphonuclear leukocyte，PMN）]。

11. 自然杀伤细胞（natural killer cell，NK） 一类能直接杀伤靶细胞的非T、B淋巴细胞。

12. 炎症（inflammation） 机体受到有害刺激时所产生的保护性反应，其作用为清除有害异物，修复受伤组织，保持自身稳定性。

13. 免疫应答 （immune response） 免疫细胞识别抗原分子后，活化、分化和效应的过程。

14. 特异性免疫（specific immunity） 机体出生后，接受抗原性异物刺激之后产生的特异性识别并消灭相关抗原的防御能力，又称获得性免疫（acquired immunity）。

15. 免疫系统 （immune system） 机体实行免疫防御功能的系统。由免疫器官、免疫细胞和免疫分子组成。

16. 中枢免疫器官 （central immune organ） 是免疫细胞发育和成熟的场所，包括骨髓、胸腺和鸟类的法氏囊。

17. 外周免疫器官（peripheral immune organ） 是免疫细胞居住和发生免疫应答的场所，包括淋巴结、脾脏和黏膜相关淋巴组织。

18. 免疫细胞（leukocyte） 参与免疫应答的细胞，主要包括淋巴细胞、粒细胞和肥大细胞、单核巨噬细胞、树突状细胞，广义地还包括上述各类细胞的前体细胞。

19. 淋巴细胞（lymphocyte） 广泛存在于免疫组织、淋巴液和血液中的一类免疫细胞，按照表面分子标志及功能分为T细胞、B细胞和NK细胞。

20. 免疫原（imunogen） 能诱导机体产生特异性免疫应答的物质。

21. 抗原 （antigen，Ag） 能与特异性免疫应答产物（抗体或致敏淋巴细胞）特异性结合的物质。

22. 免疫原性（immunogenicity） 能够激活适应性免疫应答的能力。

23. 免疫反应性（immunoreactivity） 能与特异性免疫应答产物（抗体或致敏淋巴细胞）特异结合的能力。

24. 半抗原（hapten） 只有反应原性而没有免疫原性的物质，又称不完全抗原（incomplete antigen）。

25. 抗原决定簇（antigen determinant） 抗原物质上能够刺激淋巴细胞产生应答并与其产物特异反应的位点，又称表位epitope。

26. 主要组织相容性复合体（major histocompatibility complex，MHC） 一组极其多态的基因，编码MHC Ⅰ类、MHC Ⅱ类抗原以及一些其他分子。MHC抗原是机体自身的标志性分子，参与T细胞的发育、T细胞对抗原的识别及免疫应答中各类免疫细胞间的相互作用，也限制NK细胞对自身正常组织细胞的杀伤，是免疫系统区分自己与非己的重要分子基础之一。

27. 白细胞分化抗原 （cluster of differentiation，CD） 是各类白细胞在发育分化过程中表达的表面分子，每种细胞有其独特的标志性CD分子。有的CD分子在发育不同阶段出现或消失，有的持续终生。CDs具有各自不同的多种功能。

28. 抗体（antibody，Ab） 在抗原物质刺激下所形成的一类能与抗原特异结合的血清活性成分，又称免疫球蛋白（immunoglobulin，Ig）。

29. B淋巴细胞（B lymphocyte） 在骨髓中发育成熟的淋巴细胞，当受抗原刺激时产生抗体。简称B细胞。

30. 体液免疫（humoral immunity） 由B淋巴细胞所分泌的抗体介导的免疫称体液免疫。

31. 胸腺依赖性抗原（thymus dependent antigen，TD Ag） 产生特异性抗体时需要T细胞辅助的抗原。绝大多数蛋白质抗原属于TD抗原。

32. 胸腺非依赖性抗原 （thymus independent antigen，TI Ag） 产生特异性抗体时不需要T细胞辅助的抗原。通常包含多个重复的抗原决定簇。

33. 调理作用 （opsonization） 某些分子，如抗体及补体片段，结合到病原微生物表面后，能够显著增强吞噬细胞对病原微生物吞噬的现象。

34. 抗体依赖性的细胞毒作用 （antibody dependent cellular cytotoxicity，ADCC） 巨噬细胞、NK细胞、嗜酸性粒细胞结合包被在靶细胞上的抗体分子后，杀伤靶细胞的现象。

35. B细胞抗原受体复合物（B-cell antigen receptor complex） 由B细胞膜表面IgM或IgD与Igα/β异源二聚体组成，其中Ig特异性识别抗原，Igα/β向胞内传递活化信号。

36. T淋巴细胞（T lymphocyte） 在胸腺发育成熟的淋巴细胞，经抗原刺激后介导细胞免疫。简称T细胞。

37. T细胞抗原受体复合物（T-cell antigen receptor complex） 由T细胞膜表面特异性抗原受体TCR与CD3分子组成，其中TCR特异性识别抗原，CD3向胞内传递激活信号。

38. 细胞免疫（cell mediated immunity） 泛指由杀伤性免疫细胞（如杀伤型T细胞、NK细胞、巨噬细胞）所介导的免疫效应。

39. 抗原提呈细胞 （Ag presenting cell，APC） 具有摄取、加工、提呈抗原能力的细胞称为抗原提呈细胞，主要包括树突状细胞、巨噬细胞和B细胞。

40. 超抗原 （super antigen，S_{Ag}） 不需经过加工提呈即可被T细胞识别的抗原。

41. MHC限制 （MHC restriction） T细胞只能够识别由MHC分子递呈的抗原片段，称为免疫应答的MHC限制。

42. 辅助型T细胞（helper T lymphocyte，TH） 表面标志为$CD4^+$的T淋巴细胞亚群，在抗原刺激下分泌多种细胞因子促进免疫应答，对B细胞产生抗体及细胞毒T细胞的杀伤起辅助作用。

43. 杀伤型T细胞 （cytotoxic T lymphocyte，CTL） 表面标志为$CD8^+$的T淋巴细胞亚群，具有杀伤靶细胞的功能。

44. 超敏反应（hypersensitivity） 免疫应答反应过强或反应异常造成机体损伤或功能障碍。

45. 自身免疫（autoimmunity） 当某些情况下机体免疫系统对自身成分产生免疫应答（如产生自身抗体）时，称为自身免疫。

46. 自身免疫疾病（autoimmune disease） 当自身免疫达到一定强度而造成病理性损害时称自身免疫病。

47. 宿主抗移植物反应（host versus graft reaction，HVGR） 在无关个体间进行器官移植时，受者将移植器官当做异物产生免疫应答而进行排斥，称宿主抗移植物反应，是当前器官移植的主要问题。

48. 移植物抗宿主反应（graft versus host reaction，GVHR） 当把含有免疫活性细胞的组织（骨髓、胸腺、胚肝等）植入有免疫缺陷的受体时，移植物对宿主产生免疫损伤，称移植物抗宿主反应，往往是严重而致命的。

49. 免疫缺陷（immunodeficiency） 机体免疫系统发育异常或功能障碍，造成免疫功能不全或缺失，称为免疫缺陷。依照其病原又分为原发性和继发性两大类。

50. 获得性免疫缺陷综合征（acquired immune deficiency syndrome，AIDS） 由人类免疫缺陷病毒（human immunodeficiency virus，HIV）感染引起的继发性免疫缺陷，造成机体免疫功能全面下降。

51. 肿瘤特异性抗原（tumor specific antigen） 指仅存在于某类肿瘤细胞而不存在于正常细胞或其他肿瘤细胞的抗原。

52. 肿瘤相关抗原 （tumor-associated antigen） 肿瘤细胞表面含量明显高于正常细胞的抗原，只有相对特异性。如胚胎性抗原、病毒相关抗原等。

53. 淋巴因子活化的杀伤细胞（Lymphokine activated killer cell，LAK） 一些原来不表现杀伤功能的淋巴细胞与白细胞介素2（IL2）共同培养时，可诱导出杀细胞活性，称为淋巴因子活化的杀伤细胞。

54. 抗血清（antiserum） 经人工接种抗原或疾病后含有大量特异性抗体的血清，又称免疫后血清。

55. 单克隆抗体（monoclonal antibody） 来源于同一个B细胞克隆的抗体，其遗传背景完全一致，因此抗体分子的类型、抗原特异性等生物学性状均相同。

56. 凝集反应（agglutination） 颗粒性抗原与相应抗体在适量电解质环境中相互作用，经过一定时间出现肉眼可见的凝集现象，称凝集反应。

57. 沉淀反应（precipitation reaction），可溶性抗原与相应抗体在电解质存在的适当条件下相遇，经过一定时间出现肉眼可见的沉淀现象，称沉淀反应。

58. 免疫荧光技术（immunofluorescence technic） 是一种将免疫反应的特异性与荧光标记分子的可见性结合起来的方法，因常用荧光物质标记抗体，又称荧光抗体法。

59. 放射性免疫测定（radioimmunoassay） 是一种以放射性同位素作为标记物，将同位素分析的灵敏性和抗原抗体反应的特异性这两大特点结合起来的测定技术。

60. 免疫酶技术（immunoenzymetechnic） 以酶为标记物，于抗原抗体反应后在相应酶底物作用下产生可见的不溶性有色产物而进行测定的方法。

61. 酶联免疫吸附测定（enzyme linked immunosorbent assay） ELISA将可溶性抗体或抗原吸附到聚苯乙烯等固相载体上进行免疫酶反应的定性定量方式。

62. 免疫印迹（immunoblot） 蛋白质样品经聚丙烯酰胺凝胶电泳分离后转移到硝酸纤维膜上，然后用标记抗体揭示特异抗原存在的分析测定方法。

63. 人工免疫（artificial immunization） 人为地给机体输入抗原以调动机体的免疫系统或直接输入免疫细胞及分子，使获得某种特殊抵抗力，用以预防或治疗某些疾病的方法称为人工免疫。

64. 人工主动免疫（artificial active immunization） 给机体输入抗原物质，使免疫系统因抗原刺激而发生类似感染时所发生的应答过程，从而产生特异免疫力，又称人工自动免疫或预防接种。

四、习题

填空题

1. 由抗原–抗体复合物结合于补体成分________，自________至________依次激活的途径称________。它的C3转化酶是________，C5转化酶是________。

2. 由酵母多糖、LPS等多种微生物及其产物从________和________因子开始的补体激活途径称________。它的C3转化酶是________，C5转化酶是________，攻膜复合体是________。
3. 由急性期蛋白与病原体结合从________和________开始的补体激活途径称________。它的C3转化酶是________，C5转化酶是________，攻膜复合体是________。
4. 中枢免疫器官包括________、________和________。
5. 外周免疫器官包括________、________和________。
6. 粒细胞包括________、________和________。
7. 具有免疫原性和反应原性的抗原称为________，具有________，而没有________的抗原称为半抗原。
8. 免疫球蛋白分为________、________、________、________、________5类。按照其存在方式又分为________和________两种。
9. ________抗原引起的体液免疫不产生记忆细胞，只有________，没有________。
10. T细胞在识别抗原的同时也识别自身________。

❖ 选择题（4个答案选1）

1. 浆细胞是（　　）。
（1）有吞噬功能的细胞　（2）由T细胞分化而来
（3）产生抗体的细胞　（4）抗原提呈细胞
2. 下述哪一种物质既有非特异免疫作用也参与特异免疫反应（　　）。
（1）IgG　（2）补体　（3）Ⅰ型干扰素　（4）溶菌酶
3. 许多抗原称为胸腺依赖性抗原是因为（　　）。
（1）是在胸腺中产生的
（2）相应抗体是在胸腺中产生的
（3）仅存在于T细胞上
（4）只有在T细胞辅助下才能产生针对此类抗原的抗体
4. 以下哪一个性质不是抗原必备的（　　）。
（1）必须有一个半抗原表位　（2）必须与被免疫动物种属不同
（3）必须分子量大、结构复杂　（4）必须可以被抗原提呈细胞降解
5. 抗体的抗原结合位点位于（　　）。
（1）重链的C区　（2）重链和轻链的C区
（3）重链的V区　（4）重链和轻链的V区
6. 抗体破坏病毒感染细胞的机制是（　　）。
（1）直接中和细胞内容病毒颗粒
（2）诱导非感染T细胞释放干扰素
（3）与细胞表面病毒诱导的抗原决定簇结合并活化补体
（4）调理吞噬杀死游离病毒
7. 克隆选择理论认为（　　）。
（1）淋巴细胞易有遗传决定的特异性受体
（2）淋巴细胞只有在与抗原接触后才获得特异性受体

（3）淋巴细胞具有多功能受体，与抗原接触后变为特异性受体
（4）所有淋巴细胞具有相同性质的受体
8. 直接特异杀伤靶细胞的是（　　）。
（1）吞噬细胞　（2）NK细胞　（3）CTL细胞　（4）LAK细胞
9. 关于细胞免疫下列哪点是错误的（　　）。
（1）需要抗原刺激　（2）T细胞介导
（3）不需要非T细胞参与　（4）释放细胞因子引起迟发型炎症
10. 关于记忆细胞的错误理解是（　　）。
（1）已接受抗原刺激　（2）仅限于B细胞
（3）可生存数月至数年　（4）再次遇到抗原时能迅速增殖、分化
11. 广泛表达于多种细胞和组织的抗原是（　　）。
（1）MHC Ⅰ类抗原　（2）ABO血型抗原
（3）两者都是　（4）两者都不是
12. 自然的非特异免疫的一个重要组分是（　　）。
（1）疫苗　（2）Ig
（3）白细胞的吞噬　（4）初乳
13. 能增加NK细胞活性的条件是（　　）。
（1）靶细胞与NK细胞的MHC一致　（2）NK细胞事先经过致敏
（3）存在有辅助细胞　（4）存在γ干扰素
14. MHC限制性表现在（　　）。
（1）NK细胞的杀伤作用　（2）ADCC作用
（3）B细胞识别TI抗原的过程　（4）CTL识别杀伤靶细胞
15. 能用于人工被动免疫的制品有（　　）。
①活疫苗　②抗毒素　③破伤风类毒素　④丙种球蛋白
（1）①②③④　（2）①②③　（3）①③　（4）②④

❖ 是非题

1. 共生菌群是机体非特异免疫的组成部分，但有时也会引起感染。
2. 补体是机体一般生理防卫功能，与淋巴细胞无关。
3. 炎症引起发烧、红肿、疼痛及功能障碍现象，是对机体有害的。
4. 单一抗原可以刺激合成多种类抗体分子。
5. 一个B细胞只能分泌一种免疫球蛋白。
6. 如果没有抗原提呈细胞，将引起细胞免疫缺陷。
7. 抗体产生有再次应答，细胞免疫没有再次应答。
8. 肿瘤疫苗与一般疫苗含意不同，不能用于健康人群。
9. 核酸疫苗可以肌肉注射，也可以像小儿麻痹糖丸（脊髓灰质炎病毒疫苗）一样口服。
10. 儿子通常能接受母亲的皮肤移植。
11. 某些抗原能激发B细胞产生抗体而不需T细胞参与。
12. TD抗原与纯化的TB细胞一起在体外培养可产生抗体。
13. 必须用纯化抗原免疫才能产生单克隆抗体。

14. 免疫毒素是一种细胞因子。
15. 用免疫球蛋白基因探针可以分离鉴定T细胞受体。

❖ 问答题

1. 对细胞内毒素和细菌外毒素的免疫应答有何不同?
2. 机体内有哪些具有杀伤功能的细胞?简要说明其特点。
3. 参与产生抗体的细胞有哪几种?简要说明各自的作用。
4. 吞噬细胞的功能可因哪些体液因子的作用而增强?
5. 补体激活后可能产生对机体有利的免疫也可能造成自身损伤,试举例说明。
6. 试举例说明天然免疫与特异性免疫间并无截然界限。
7. 简述一个细菌进入机体的遭遇。
8. 正常人外周血中$CD4^{+}$T细胞与$CD8^{+}$T细胞的比例约为1.5～2∶1,而艾滋病人的比例降低至小于1,这将产生什么问题?
9. 在免疫应答中T、B细胞如何协作?巨噬细胞的作用是什么?
10. 胎盘的重要功能之一是免疫抑制,这有什么重要意义?

五、习题解答

❖ 填空题

1. C　C1　C9　经典途径　$C\overline{4b2a}$　$C\overline{4b2a3b}$　2. C3b　B　替代途径(或旁路途径)　$C\overline{3bBb}$　$C\overline{3bBb3b}$　$C\overline{5b6789n}$　3. C4　C2　凝集素途径　$C\overline{4b2a}$　$C\overline{4b2a3b}$　$C\overline{5b6789n}$　4. 骨髓　胸腺　法氏囊　5. 淋巴结　脾脏　黏膜相关淋巴组织　6. 嗜中性粒细胞　嗜酸性粒细胞　嗜碱性粒细胞　7. 完全抗原　反应原性(或免疫反应性)　免疫原性　8. IgM　IgG　IgE　IgA　IgD　膜型　分泌型　9. TI　初次应答　再次应答　10. MHC分子

❖ 选择题

1.(3)	2.(2)	3.(4)	4.(1)	5.(4)	6.(3)	7.(1)
8.(3)	9.(3)	10.(2)	11.(3)	12.(3)	13.(4)	14.(4)
15.(4)						

❖ 是非题

1. √	2. ×	3. ×	4. √	5. ×	6. √	7. ×
8. √	9. ×	10. ×	11. √	12. √	13. ×	14. ×
15. ×						

❖ 问答题

1. 细菌外毒素是细菌分泌到胞外的分子,对其免疫应答以体液免疫为主,通过B细胞识别、活化并产生抗毒素抗体分子使之灭活。细菌内毒素为细菌胞壁成分,对其免疫应答以对细菌的细胞免疫为主,包括吞噬杀伤、补体溶菌以及T细胞介导的细胞免疫。

2. ①巨噬细胞与嗜中性粒细胞，非特异吞噬后引起呼吸暴发，消化降解。因抗体、补体的调理作用及CK的激活作用而增强。嗜酸性粒细胞也有弱吞噬作用。②NK细胞能区分自我与非我，无需事先致敏或辅助细胞即可杀伤靶细胞，其机制与CTL相同。可受细胞因子刺激而增强。③CTL有特异性抗原受体，对靶细胞杀伤有严格的抗原特异性。通过分泌穿孔素和颗粒酶，或通过表面Fas分子杀伤。其功能活化必须有TH细胞辅助。

3. 对TD抗原：①抗原提呈细胞，加工提呈抗原供TH细胞识别；②TH细胞，提供B细胞活化必需的膜表面分子及细胞因子；③B细胞，在TH辅助下活化，增殖，分化为浆细胞产生抗体。

   对TI抗原：B细胞被TI抗原刺激后可直接活化产生抗体，无需其他细胞辅助。

4. 抗体与补体的调理作用，补体片段与细胞因子的趋化及细胞因子的激活作用。

5. 补体活化后可溶解革兰氏阴性菌及具脂蛋白膜的病毒颗粒，清除病原微生物、病变衰老细胞和癌细胞。补体活化过程中产生的各种片段有趋化、调理吞噬、清除免疫复合物、促进炎症等多种功能，促进机体防御反应，对机体有利。但补体本身并无特异性识别，当抗原抗体结合形成的免疫复合物沉积于组织间隙或血管壁基底膜，可激活补体造成局部炎症，引起第Ⅲ型超敏反应。如链球菌感染后产生抗体，形成免疫复合物沉积于肾小球血管壁基底膜，激活补体而引起肾小球肾炎。

6. 非特异免疫的细胞因子与体液因子均可在特异免疫中起作用，如巨噬细胞的抗原提呈功能；多种细胞包括巨噬细胞、嗜中性粒细胞、NK细胞和肥大细胞均可分泌细胞因子；补体片段的促炎症及免疫调节作用。反之，特异性免疫的细胞因子与体液因子也可进一步调动非特异免疫，如抗体的激活补体、调理及ADCC作用；淋巴细胞分泌细胞因子趋化、激活并增强吞噬细胞与NK细胞的杀伤功能。而在机体遭遇病原体入侵时，非特异免疫与特异性免疫同时进行，互为补充，之间并无截然界限。可举主教材本章第4节第3部分“联合抗感染免疫”中的病毒感染为例。

7. 当一个细菌进入机体时，①首先受到生理屏障的阻挡，包括皮肤、黏膜及其分泌物；②补体激活的溶细胞作用与吞噬细胞及NK细胞的杀灭；③激活B细胞产生抗体，通过抗体激活补体、调理吞噬及ADCC作用，形成免疫复合物的清除作用等；④激活T细胞产生细胞免疫，包括CTL的直接杀伤及TH分泌细胞因子引起的以巨噬细胞为主，包括CTL、NK、嗜中性粒细胞等多种免疫细胞聚集、细胞与细胞因子共同造成的免疫炎症。最终将细菌清除。

8. $CD4^+$T细胞即TH细胞，在APC辅助下活化后，有辅助B细胞产生抗体及活化T效应细胞的功能。而$CD8^+$T细胞即杀伤性T细胞，必须在TH辅助下才能活化行使功能。因此$CD4^+$细胞减少将导致体液免疫和细胞免疫均降低，机体免疫功能全面下降。

9. 在免疫应答识别与活化阶段，B细胞作为APC提呈抗原给TH细胞，T、B细胞通过直接接触及分泌的因子互相活化，效应阶段B细胞介导的体液免疫与T细胞介导的细胞免疫共同作用。

   巨噬细胞既可作为APC启动免疫应答，又可作为效应细胞直接发挥作用。

10. 胎儿的MHC基因一半来自父体，一半来自母体，与母体只有1/2相同，因此对母体而言，可看作一个移植物。如果没有多重生理保护机制，包括胎盘的免疫抑制作用，胎儿将遭到母体排斥。此种生理功能的缺陷是造成习惯性流产的原因之一。

六、主要参考书目

1. Prescott L M，Harley J P，Klein D A. 微生物学 .5 版 . 中文版 . 沈萍，彭珍荣，译 . 北京：高等教育出版社，2003
2. Gerard J T.Microbiology an introduction.8 版 . 北京：人民卫生出版社，2004
3. Ivan MR，Peter J D.Roitt's 免疫学基础 .10 版 . 丁桂凤，译 . 北京：高等教育出版社，2005
4. Lydyard P M，Whelan A. 免疫学 . 影印版 . 北京：科学出版社，2000
5. Murphy K M，Travers P，Walport M.Janeway's Immunobiology.7th ed.London：Garland Science，2007
6. Kindt T J，Osborne B A.Goldsby R A.Kuby Immunology.6th ed.New York：W.H. Freeman，2006

（王静怡　王延轶）

第 15 章

微生物生物技术

一、要点提示

生物技术（biotechnology）是根据自然科学和工程学的原理，利用微生物、动物、植物的有机体或其产物将物料转化，为社会服务的技术。生物技术中凡利用微生物有机体及其产物的，则是属于微生物生物技术（microbial biotechnology）。工业化规模培养微生物生产商业性产品，称为微生物工业，或者以微生物为主体生产产品的工业，也称之为微生物工业。微生物工业有的采用传统微生物技术（如酿造技术），有的采用近代微生物技术（如液体深层发酵技术），有的正在大力发展或尝试现代微生物技术（如基因工程技术）。微生物生物技术也可称为微生物技术，它是生物技术的重要组成部分。

1. 微生物工业生产中所用的菌种有具体而严格的要求：菌种高产目标产品，下游技术能用于规模化生产，成本低廉，遗传特性稳定，对人、动物、植物和环境不造成危害，安全性好。菌种的来源首先是从土壤、水、动物、植物、微生物、矿物、空气等自然环境的样品中分离、筛选、培育和改良，这是主要来源；其次是从微生物保藏单位或实验室收集所需菌种的不同菌株，进行选育；第三是向专利法人、生产或研究单位索取、购买符合生产要求的菌种，有的还需改进。

2. 大规模发酵的显著特征是：规模大，消耗多，菌种符合生产菌种的要求，其生长代谢特性与大规模发酵和后处理相适应，需进行成本核算等。大型发酵罐，特别是用于好氧微生物液体发酵的大型发酵罐，它的结构、功能和应用的特点较突出地反映出大规模发酵的特征，是其最具代表性的体现。厌氧菌大型发酵罐和其他生物反应器各有所长，有的供氧特别充分，有的能耗低，有的节省设备材料，有的发酵周期缩短等，使发酵罐更加适应大规模发酵生产的特征，使工业发酵更加稳定高效地运转。基因工程和细胞工程构建的重组微生物、动物、植物离体细胞用来进行生产，其生物反应器的设计和制作有特殊的要求。发酵工业的发酵过程的优化和后处理，不同于实验室和试验工厂，也是规模化发酵生产的重要特征。发酵的逐级放大，几乎是发酵工业新产品或改良产品或工艺改造的必由之路，但现代生物技术的产品有的产量需求很小，这类产品从研究、开发到生产，虽然也要经过逐级放大，经历的过程和实验的项目甚至更多，时间更长，而小试、中试和大试的各个阶段所采用的设备、仪器的差异不是很大，有的在实验室内就能完成放大的全过程。

3. 工业发酵的方式多种多样，各具特色和优、缺点，可根据发酵所具备的不同条件和要求而择优选择。现代发酵工业大多数是好氧、液体、深层、分批、游离、单一纯种的发酵方式互相结合进行，其优越性是符合大多数现代发酵产业的要求，能形成高产、优质、低耗的生产工艺。连续发酵、固定化细胞发酵、固态发酵、混合培养物发酵等发酵方式，也同样具有各自的优势和不足，选择使用时应扬长避短。各种发酵方式的优势不是绝对的，也不是对所有微生物都适用，对某一种菌种来说，也可能变更其中一种或几种发酵方式，发酵效果会更好，结果更佳，效益更好。而且必须做到稳定的控制和顺利的后处理，才能发挥发酵方式的优势。因此，各种发酵方式都应积极研究、改进、开发和应用。

4. 微生物工业的产品繁多，所用菌种、生产工艺和其功能都有其特点，在食品、轻工、医药、环保、农林等方面应用广泛，已继动、植物产业之后，形成了第三大生物产业——微生物产业。微生物工业的产品，按出现的年代大概可以归纳为：传统产品、近代产品和现代产品。传统产品是以酿造业的酒、醋、酱、乳酪为代表，近代产品是以20世纪40—50年代开始的发酵法生产抗生素、氨基酸、有机酸为代表，现代产品是以20世纪80年代出现的基因工程产品，如胰岛素、α-干扰素、乙肝疫苗等为代表。当前国内、外微生物工业产品，既有传统产品，又有近代产品，还有现代产品，但大多数还是三者并存，品种繁多，并在许多行业形成了各自的微生物工业。这些微生物工业生产所用菌种、发酵方式及条件、产物的后处理和产品的包装、运输、保存、营销等有相同之处，也有不同之处。

5. 微生物在冶金、能源、信息、塑料、功能性材料和生物计算机等领域的应用发展迅速，取得了显著成效，有许多好的应用实例，有的已造就成大型工矿业，有的已产生了巨大的经济和社会效益。微生物应用的广泛性和不可替代性，取决于其多样性，它在某一方面的应用是其某种特性的利用，也就是某种微生物资源的开发利用，有着充分的理论根据。随着经济的发展、社会的进步、生活的改善和环保意识的增强，微生物应用领域的广度和深度将会进一步拓展，大有可为，特别是DNA芯片。微生物DNA芯片的研制和应用，将开辟生命科学研究和利用的新纪元，将为推动社会、经济的发展起到重大作用。

6. 许多海洋微生物常处于高压、高盐、高温或低温、低营养及无光照等极端环境，如：嗜盐菌、嗜碱菌、嗜热菌、嗜冷菌及嗜压菌等，积极探索其独特性质的机理，提取其特有的产物及衍生物，开发利用其具有各种特异功效的生物活性物质；加强研究海洋微生物基因组中的特殊基因组或基因，将海洋微生物作为人类功能基因组研究的模式生物，利用其特殊功能性的基因；充分研究、开发和利用海洋微生物种类、遗传、生态的多样性等，不仅是挖掘微生物资源宝库的重大举措，而且将拓宽微生物学的研究领域，创建新的微生物产业。由于航空、航天业的快速发展，人们对宇宙兴趣的增加，宇宙生物学越来越受到重视，尤其是宇航医学，包括宇航中的许多微生物学问题，亟待研究和解决；另一方面，采用太空的特殊环境选育优良菌种，是近年来微生物生物技术的新进展，并取得了可喜成果。

7. 微生物生物技术存在着风险，尤其是生物安全性的风险，必须对该技术的安全性进行严格的风险评价和管理，要求对微生物技术利用的全过程，包括研究、开发、生产、装卸、储存、运输和应用等，评价对于健康、环境、生态、进化的直接影响或潜在影响，并采取有效措施进行管理，确保安全。

二、重点、难点剖析

1. 微生物的工业发酵方式多种多样，但发酵过程是很类似的，其基本步骤如主教材图15-1所示，有的发酵过程更为繁多，有的则可省略某些步骤。生产菌种通常要求：（1）快速高产所需的优质产物；（2）所用培养基来源广、价廉、转化率高；（3）安全、无危害；（4）容易实现下游技术；（5）遗传特性稳定，便于基因操作。菌种的来源：从自然环境中分离、选育；收集所需菌种的不同菌株，进行初筛、复筛和选育；购买生产或专利菌种。从不同来源的样品或菌株中筛选优良菌种的主要过程，如主教材图15–2所示。

2. 大型发酵罐突出地反映出大规模发酵的特征。主教材图15–6是具代表性的一种搅拌式大型发酵罐模式图。发酵罐有观察孔、溶解氧监测器、温度监测仪、搅拌速度控制器、pH检测和控制器、酸及碱添加泵、泡沫破碎叶片以及营养物的添加管道等设备和仪器，以监测发酵时氧浓度、温度、搅拌速度、pH、泡沫状态、营养物的消耗情况、菌生长状况和产品形成情况等。还有各种各样的厌氧菌大型发酵罐和其他生物反应器（主教材图15–7），每一种类型都是为了使发酵罐更加适应大规模发酵生产的特征，保障工业发酵稳定高效地运转。

3. 发酵过程的主要控制项目和方法如表15–1所示。

表15–1 发酵过程的主要控制项目和方法

主要控制项目	主要控制方法
温度	冷源或热源的流量
pH	加入酸、碱或其他物质
无菌空气流量	调节气进口或出口阀门
搅拌的转速	变换驱动电机转速
溶解氧	调节通气量、搅拌速度、罐压
泡沫控制	加入消泡剂，调节通气量、罐压
补料	加入添补的物质
罐压	改变尾气阀门的开度
菌体浓度及状态	调节通气量、补料
产物	调节各项控制达预定的最佳发酵条件

后处理指的是大规模发酵后一直到产品形成的整个工艺过程。后处理的主要步骤、技术设备、产品的浓度和质量如表15–2所示。

表15–2 后处理的主要步骤、技术设备、产品的浓度和质量

主要步骤	主要的技术设备	产品浓度/（$g\cdot L^{-1}$）	产品纯度/%
收获发酵液	收集罐、储放罐	0.1 ~ 80	0.1 ~ 8
过滤	各种过滤装置、离心机	0.1 ~ 90	0.1 ~ 10
初步分离	沉淀、溶解、膜分离	5 ~ 200	1 ~ 20
产品提纯	层析、电泳	50 ~ 500	50 ~ 90
干燥、结晶	各种干燥设备、冷冻干燥		90 ~ 100

4. 通常按发酵中某一方面的情况，人为地将发酵分为以下几种方式。

- 工业发酵
  - 对氧需要或不需要
    - 好氧发酵
    - 厌氧发酵
  - 培养基是液态或固态
    - 液态发酵
    - 固态发酵
  - 发酵是在培养基表面或深层进行
    - 表面发酵
    - 深层发酵
  - 发酵是间歇或连续进行
    - 分批发酵
    - 连续发酵
  - 菌种是否被固定在载体上
    - 游离发酵
    - 固定化发酵
  - 菌种是单一还是混合的菌种
    - 单一纯种发酵
    - 混合发酵

固态发酵与液态发酵相比的优、缺点如表15–3所示。

表 15–3 固态发酵与液态发酵相比的优、缺点

优点	缺点
1.培养基含水量少，废水废渣少，环境污染小，容易处理	1.菌种限于耐低水活度（a_w）的微生物，菌种选择性小
2.能源消耗量低，供能设备简易	2.发酵速度慢，周期较长
3.培养基原料多为天然基质或废渣，广泛易得，价格低廉	3.天然原料成分复杂，有时变化，影响发酵产物的质和量
4.设备和技术较简易，投资较少	4.工艺参数难测准和控制
5.产物浓度较高，后处理较方便	5.产品少，工艺操作消耗劳力多，强度大

5. 各行业的微生物工业及其产品举例如表15–4所示。

表 15–4 微生物工业及其产品举例

名称	产品举例
食品微生物工业	面包、乳酪、味精、肌苷酸、赖氨酸、甜味素、维生素、食用菌
酿造微生物工业	酒、食用醋、酱油、柠檬酸
药用微生物工业	青霉素、链霉素、维生素E、精氨酸、基因工程菌产的活性肽 菌苗、疫苗、诊断试剂、葡聚糖、甾体激素
环保微生物工业	有益菌剂、分解酚菌剂、石油净化剂
能源微生物工业	乙醇、沼气、氢气、微生物电池

续表

名称	产品举例
农业微生物工业	赤霉素、井冈霉素、Bt杀虫剂、微生物肥料
林业微生物工业	菌根菌剂、放线菌酮、病毒杀虫剂、食用菌
饲料微生物工业	单细胞蛋白质、土霉素、蛋氨酸
兽医药微生物工业	土霉素、菌苗、疫苗、诊断试剂
冶金微生物工业	富集铜菌剂、富集铀菌剂
化工微生物工业	丙酮、丁醇、醋酸、衣康酸、PHB、丙烯酰胺
轻工微生物工业	甘油、乳酸、酶制剂
石油微生物工业	黄原胶、嗜石油酵母
军用微生物工业	菌苗、疫苗、细菌武器检测和预防产品

微生物生产食品和饮料的特点：①工艺多种多样，所用菌种涉及广泛，下游技术和设备繁多；②产品的安全性最重要，贯穿于整个生产过程，并一直到食用阶段，产品一定要符合法律规定的卫生标准和安全标准；③传统的工艺多，各国、各地区差异性大，就是同一产品，有的因生产地点、时间、批号的不同也有差别。

发酵生产的一些重要抗生素如表15-5所示。

表15-5 发酵生产的一些重要抗生素

抗生素名称	生产菌种	作用范围
青霉素	产黄青霉（*Penicillium chrysogenum*） 点青霉（*P.notatum*）	革兰氏阳性菌（G^+菌）和部分革兰氏阴性菌（G^-菌）
灰黄霉素	灰黄青霉（*P.griseofulvum*）	病原真菌
链霉素	灰色链霉菌（*Streptomyces griseus*）	G^-菌，G^+菌，结核分枝杆菌
卡那霉素	卡那霉素链霉菌（*S.kanamyceticus*）	G^+菌，G^-菌，结核分枝杆菌
多氧霉素	可可链霉菌（*S.cacaoi*）	病原真菌
利福霉素	地中海链霉菌（*S.mediterranei*） 诺卡氏菌（*Nocardia*） 利福霉素小单孢菌（*Micromonospora rifamycetican*）	结核分枝杆菌，G^+菌，病毒
头孢菌素C	头孢霉菌（*Cephalosporium* sp.）	G^+菌，G^-菌
土霉素	龟裂链霉菌（*S.rimosus*）	G^+菌、G^-菌，立克次氏体，部分病毒及原虫
制霉菌素	诺尔斯氏链霉菌（*S.noursei*） 金色放线菌（*Actinomyces aureus*）	白色念珠菌，酵母菌
井冈霉素	吸水链霉菌（*S.hygroscopicus*）	病原真菌
放线菌素D	产黑链霉菌（*S.melanochromogenes*）	肿瘤细胞
博来霉素	轮丝链霉菌（*S.verticillatus*）	肿瘤细胞
四抗菌素	金色链霉菌（*S.aureus*）	螨类
莫能菌素	肉桂地链霉菌（*S.cinnamonensis*）	叶蝉、豆象

微生物肥料的一些实例如表15–6所示。

表15–6 微生物肥料的一些实例

肥料类别	菌 种	主要作用	主要用途
固氮菌肥料	固氮菌属（*Azotobacter*） 固氮梭菌属（*Closteridium*） 鱼腥藻属（*Anabaesna*）等的菌种	固氮	谷物、棉花、蔬菜的氮肥，增加土壤中氮素含量
根瘤菌肥料	根瘤菌属（*Rhizobium*） 弗兰克氏菌属（*Frankia*）等的菌种	固氮	豆科和木本非豆科植物共生固氮，增加土壤中氮素含量
磷细菌肥料	解磷的巨大芽孢杆菌（*B.megaterium*） 氧化硫硫杆菌（*Thiobacillus thiooxidans*）	将土壤中不溶磷转化为可溶磷	各种农作物磷肥
钾细菌制剂	胶冻样芽孢杆菌（*B.mucilaginosus*）	分解长石和云母等硅酸盐类矿物，产生有效钾	各类农作物钾肥
“5406”抗生菌肥	细黄链霉菌（*S.microflavus*）	产生抗生素抗病驱虫，分泌刺激素，促进植物生长，转化矿物质	促进各种作物生长，抗病驱虫
菌根菌制剂	各种外生菌根真菌	植物根部形成菌根，增强植物吸收养分和水分	育苗造林，引种，防治病害，牧草繁育
植物促生根际肥（plant growth promoting rhizolacteria，PGPR）	各类有益于植物的根际微生物的混合菌种	分泌植物促生物质，抗病驱虫，增加土壤的养分	各种农作物的抗病害，增肥效，促生长

6. 微生物在冶金、能源等领域应用实例的原理、用途和状况如表15–7所示。

表15–7 微生物在冶金、能源等领域应用实例

领域	原 理	用途	状况
冶金	微生物氧化硫化矿，产生硫酸盐和硫酸，溶解出矿中金属，再用置换或萃取法获得所需金属	贫矿、尾矿或矿渣等的湿法冶金	工业化生产
石油	微生物产生的聚合物或表面活性剂等产物，注入油层作为增稠剂、增滑剂，改善油水的流度比	提高采油率	广泛应用
塑料	微生物产生的聚β–羟丁酸类化合物或L–乳酸等，用于合成能被完全生物降解的塑料	有利于环境的塑料	工业化生产

续表

领域	原　　理	用途	状况
材料	盐生盐杆菌产生的紫膜蛋白质，在光照射循环时结构变化，起到光开关的作用，可记录数字信息	作为功能材料用于电子器件	研制
信息	来源于微生物的DNA制成芯片，根据核酸杂交原理检测待测的DNA序列	病原微生物诊断，微生物学研究	推广应用
信息	固定化微生物的数量和活性恒定时，消耗溶解氧或产生电极活性物的量反映了被检测物质的量	制成微生物传感器用于各方面的监测	推广应用
能源	微生物利用糖、淀粉或纤维素等发酵，产生乙醇或甲烷、氢气，作为燃料	用作乙醇汽油，沼气，生物能源	生产，应用
能源	微生物同化底物常富含电子，或代谢物为电活性物质，如氢、甲酸等，再与电极构成微生物电池	废弃物产电能、人体内起搏器等	研制

三、术语或名词

1. 微生物生物技术（microbial biotechnology） 利用微生物或微生物的某些组分进行生产产品或应用的技术。

2. 微生物工业（microbial industry） 人们以工业化规模培养微生物生产商业性产品，或者以微生物为主体生产产品的工业。

3. 发酵（fermentation） 微生物细胞将有机物氧化释放的电子直接交给底物本身未完全氧化的某种中间产物，不需要外源最终电子受体，同时释放能量，并产生各种不同的代谢产物。微生物工业中，发酵术语指的是任何大规模生产过程，已成了习惯用语，不管微生物代谢有或没有外源最终电子受体。

4. 发酵罐（fermenter） 进行工业发酵的容器称为发酵罐，也可叫做生物反应器（bioreactor）。

5. 后处理（downstream processing） 发酵后的产物经各种处理，如：分离、纯化或再加工等，成为商业性的发酵产品。

6. 下游技术（downstream of biotechnology） 一般是泛指从菌种的大规模培养、监测一直到产品的分离、纯化、质量分析等一系列单元操作技术，其中的产品分离纯化等技术即后处理。

7. 好氧发酵（aerobic fermentation） 发酵时需要氧气。

8. 厌氧发酵（anaerobic fermentation） 发酵时不需要氧气。

9. 连续发酵（continuous fermentation） 连续不断地供给培养基，并排放出产物和废物，维持恒定的条件进行发酵。

10. 分批发酵（batch fermentation） 每一次培养基经发酵后，排空发酵罐、洗净、加培养基、灭菌，再接入菌种重新发酵。

11. 液态发酵（liquid state fermentation） 培养基呈液态的微生物发酵。

12. 固态发酵（solid state fermentation） 微生物在没有或几乎没有游离水的固态湿培养基上发酵。又称固体发酵。培养基通常是“手握成团，落地能散”，所以也可称为半固体发酵。

13. 固定化细胞发酵（fermentation of immobilized cell） 通过吸附、包埋、共价、交联和微囊等固定化方法，将微生物细胞用载体固定，用培养基与其进行发酵，生产产品，并可反复多次。未固定的细胞用于发酵，可以称为游离细胞发酵。

14. 混合培养物发酵（mixed culture fermentation） 多种微生物混合在一起，共用一种培养基进行发酵，也称为混合培养或混合发酵。用纯的单一菌种的发酵可称为纯种发酵。采用已鉴定的两种以上分离纯化的菌种，共用同种培养基发酵，可称为限定混合培养物发酵（defined mixed culture fermentation）。

15. 生物药物素（biopharmaceutin） 酶抑制剂、免疫调节剂、受体拮抗剂、抗氧化剂、类激素、生物表面活性剂和抗辐射药物等微生物药物的总称。

16. 生物制品（biologic products） 根据免疫学原理，大规模地采用微生物或其部分组成成分，进行工业生产疫苗、类毒素、免疫血清和诊断用的抗原、抗体等产品，这类产品习惯地称为生物制品。

17. 二肽甜味素（aspartame） L-苯丙氨酸和L-天冬氨酸合成的二肽，味如白糖，但甜度高出糖150倍，而不腻不苦，低热量，不需要胰岛素助消化，适宜于肥胖症、糖尿病和心血管病人等食用。

18. 微生物农药（microbial pesticide） 利用微生物本身或其代谢产物防治病、虫、杂草的制剂，主要包括抗生素、细菌杀虫剂、真菌杀虫剂、病毒杀虫剂、细菌与病毒混合杀虫剂和微生物除草剂等。

19. 单细胞蛋白（single cell protein，SCP） 为饲料或食品的富含有蛋白质的微生物细胞。细菌、丝状真菌、酵母、藻类中的许多种都可用来生产SCP，但主要还是用酵母生产饲料SCP。

20. 植物促生根际菌肥（plant growth promoting rhizobacteria，PGPR） 含有各类有益于植物的根际微生物，能促进植物生长，抗病驱虫，并增加土壤养分。

21. 生物湿法冶金（biohydrometallurgy） 利用微生物能氧化各种矿石的原理，进行微生物堆浸回收贫矿石、尾矿石、矿渣或地下难采矿石中的所需金属。

22. 黄原胶（xanthan gum，xanthan） 一种典型的水溶性胶体多糖，它是由甘露糖、葡萄糖和葡糖酸（比例为2∶2∶1）构成的杂多糖，采用野油菜黄单胞菌发酵生产。作为注水增稠剂，注入油层驱油，可改善油水的流度比，扩大扫油面积，使石油的最终采收率提高9%～29%。黄原胶也可作为钻井黏滑剂，很有利于石油开采。黄原胶还可作为乳化、成型、悬浮剂，广泛用于食品、医药、化工、轻工、中药等20多个行业的100多种产品中，它也是微生物生产胞外多糖的典型产品。

23. 微生物传感器（microbiosensors） 传感器的敏感元件是固定化微生物细胞，它的转换器件是各种电化学电极或场效应晶体管，其他机械、电路部分与另外的传感器大都相同。

24. 微生物燃料电池（microbial fuel cells） 燃料电池就是把燃烧等化学反应产生的化学能转变为电能的装置。如果电池中发生的反应因微生物生命活动所致，那么由此产生电能的装置，便是微生物燃料电池，又可称为微生物电池。

25. 微生物DNA芯片（microbial DNA chip） 来源于微生物的寡核苷酸制成的芯片。微生物的多样性取决于其基因的多样性，因而可以制成种类繁多的DNA芯片，储存空前规模的生命信息，可利用其快速、高效的获取大量的生命信息。

26. 聚酯（polyesters） 如聚β-羟丁酸，即甲基侧链聚羟基丁酯（PHB）和聚羟基烷酯（PHA）及乙基侧链聚羟基戊酯（PHV），可以用微生物大规模生产。利用这类聚酯的生物可降解性、生物相容性、厌电性和光学活性等特性，能制成各种新型的功能性材料，例如可完全生物降解的塑料，这类塑料可称为微生物塑料。

27. 细菌视紫红质（bacteriorhodopsin，bR） 盐生盐杆菌产生的紫膜蛋白质，用激光照射时，其结构变化过程中的不同状态，就能起到光开关的作用，可能作为电子器件材料。

28. L-多巴黑色素（L-dopa melamin） 一种具有抗氧化、抗辐射、清除自由基、选择性地体外抗病毒活性的生物多聚体化合物，在医药、化工、农业等方面具有广泛的应用前景。能利用微生物产生这种黑色素。

29. 卡塔赫纳生物安全议定书（Cartagena Protocolon Biosafety，BSP） 是一项关于转基因产品国际贸易和环境保护的国际协定，目前包括我国在内，已有120多个国家签署，并已于2003年9月11日正式生效。

四、习题

填空题

1. 微生物工业中，“发酵”指的是任何大规模过程，已成了习惯用语，不管微生物代谢________外源最终电子受体。
2. 进行工业发酵的容器称为________，也可叫做________。
3. 在微生物发酵过程中，有机物既是________受体，又是________的基质。
4. 工业发酵罐发酵过程中必须精心监视而加以控制，计算机用于发酵罐生产的________和________，并起着重要的作用。
5. 大型发酵罐除好氧类型的搅拌式发酵罐外，还有借气体上升力搅拌的________发酵罐、生产乙醇的大型________发酵罐、用于固态发酵的________反应器和________反应器。
6. 现代发酵工业常在大型发酵罐发酵期间补加________、________或________等，以受控制的速度补加入罐内，并已形成了________发酵技术。
7. 面包酵母对游离葡萄糖非常敏感，高浓度葡萄糖抑制酵母的呼吸，导致乙醇和有机酸生成，严重影响________；低浓度葡萄糖则可使酵母细胞产量明显增加，因而连续补加________就可控制发酵方向，产出大量面包酵母。
8. 填写下表。

发酵过程的主要控制项目和方法

主要控制项目	主要控制方法
温度	
pH	
无菌空气流量	

续表

主要控制项目	主要控制方法
搅拌的转速	
溶解氢	
泡沫控制	
补料	
罐压	

9. 通俗地将发酵的逐级放大分为________、________和________3个阶段。
10. 通常按工业发酵中对氧需要或不需要，人为地分为________发酵和________发酵。
11. 通常按工业发酵中培养基是液体或固体，人为地分为________发酵和________发酵。
12. 通常按工业发酵中发酵是在培养基表面或深层进行，人为地分为________发酵和________发酵。
13. 连续发酵的方式和生物反应器类型也是各式各样，主要是具有菌体再循环或不循环的________连续发酵和具有菌体再循环或不循环的________连续发酵。
14. 通常按工业发酵中菌种是否被载体固定，人为地分为________发酵和________发酵。
15. 通常按工业发酵中菌种是单一还是混合的菌种，人为地分为________发酵和________发酵。
16. 微生物工业的产品，按出现的年代大概可以归纳为:________产品、________产品和________产品。
17. 有的葡萄酒酿制，其发酵的微生物就是从其原料________而来，葡萄果皮上的微生物来自于葡萄园的________。
18. 食用菌一般是指可食用的有大型________的高等真菌，分类上主要属于________，其次为________。
19. 临床医学上使用的抗生素主要用________和________作为菌种生产。
20. 采用筛选抗生素相类似的程序，筛选非抗生素的生理活性物质，发展非常迅速，________、________、________、抗氧化剂和植物生长调节剂等，从微生物中纷纷筛选到，逐渐形成了一个新的研究领域——微生物药物学。
21. 生物制品种类繁多，一般可分为________、________和________制品3大类。
22. 氨基酸的微生物工业生产，其生产菌种主要是谷氨酸棒杆菌、北京棒杆菌、钝齿棒杆菌、黄色短杆菌等。可以根据菌种和原料的不同，分为________、________和________3种生产方法。
23. 用现代生物学技术对苏云金芽孢杆菌进行基因改造，使重组Bt菌株具有杀灭多种害虫的δ内毒素或β-外毒素基因，或具有某些________、________产生的基因，并高效表达，生产出受环境影响小、杀虫谱广、防昆虫抗性的强效Bt杀虫剂。
24. 微生物浸矿的方法大体可分为:________、________和________浸出。
25. 海洋中的杜氏藻已用来生产具有医药保健、食品等广泛用途的________，而生产后的杜氏藻细胞中还含有________、________、脂质和糖类，这些物质如果充分利用，则更会体现杜氏藻的价值。

❖ 选择题（4个答案选1）

1. 工业微生物所用菌种的根本来源是（　　）。
（1）向生产单位购买　（2）从科研单位索取
（3）自然环境　（4）购买专利菌种
2. 大多数国家的专利法规定，涉及生物培养物的发明专利，此生物培养物又为公众所不知道的，申请人除了提供专利说明书之外，还要向（　　）提供用于所申请的专利程序的生物培养物，给予保藏。
（1）科研单位的保藏机构　（2）菌种保藏实验室
（3）大学的保藏单位　（4）专利局指定的保藏机构
3. 工业生产中，微生物生长的最适培养基与其代谢产物合成的最适培养基，通常是（　　）。
（1）完全不同　（2）有差别的
（3）相同的　（4）同一种培养基
4. 连续发酵的主要优势是简化了（　　）、发酵罐的多次灭菌、清洗、出料，缩短了发酵周期，提高了设备利用率，降低了人力、物力的消耗，增加了生产效率。
（1）菌种的扩大培养　（2）菌种的选育
（3）菌种的分离　（4）菌种的收集
5. 固定化细胞发酵的优势之一是固定化细胞的（　　），这极大地提高了生产效率。
（1）连续发酵　（2）表面发酵　（3）固态发酵　（4）厌氧发酵
6. 现代微生物工业大多数都是采用（　　），这是因为其适用面广，能精确地调控，总的效率高，并易于机械化和自动化。
（1）固定化细胞发酵　（2）混合发酵
（3）固态发酵　（4）液态发酵
7. 面包厂、饼干厂和家庭中所用酵母主要是用酿酒酵母发面，1%～2%酵母加入小麦粉，加水搅和成面团，经发酵产生大量的酵母及其产物，营养物质倍增，而且同时产生的（　　）受热膨胀，从而制成松软、细腻、香甜可口的面包。
（1）氧气　（2）二氧化碳　（3）氢气　（4）沼气
8. 啤酒又可分为黄啤酒、黑啤酒等，至于品牌则多得无法统计，但其主要工艺和机理是相同的。工艺的主要过程中添加酒花，其主要的作用是（　　）。
（1）糖化　（2）灭菌　（3）赋于风味　（4）产乙醇
9. 大规模生产抗生素的（　　）工艺是现代发酵工艺的典型代表。
（1）吸附固定化　（2）混合培养物　（3）液体、深层、好氧　（4）固态
10. 治疗用的生物制品，多数是利用细菌、病毒和生物毒素免疫动物制备的抗血清或抗毒素，而发达国家动物血清或抗毒素大多已被淘汰，取而代之的是（　　）。
（1）纯化血清　（2）人特异丙种球蛋白
（3）疫苗　（4）抗原
11. 微生物生产氨基酸、有机酸、醇、维生素、核苷酸、激素等产品是与（　　）、天然资源提取这类化合物的竞争中成长起来的。
（1）化学合成　（2）酶催化合成　（3）逆向合成　（4）植物合成

12. 二肽甜味素是由L-苯丙氨酸和L-天冬氨酸合成的二肽，原用化学催化剂合成，价格昂贵，而后发明用嗜热脂肪芽孢杆菌所产的（　　）作催化剂，逆向合成该甜味素，工艺简便，产品价格大幅下降，因而也促进了微生物酶制剂工业的发展。
（1）淀粉酶　（2）脂肪酶　（3）果胶酶　（4）蛋白酶
13. 当今世界上使用最多和最广泛的生物杀虫剂是（　　），它对鳞翅目、双翅目、膜翅目、鞘翅目、直翅目中的200多种昆虫都有毒杀作用。
（1）病毒杀虫剂　（2）苏云金芽孢杆菌杀虫剂
（3）真菌杀虫剂　（4）金龟子芽孢杆菌杀虫剂
14. 菌根菌制剂的主要用途是（　　）。
（1）增加蔬菜的氮肥　（2）增加作物的磷肥
（3）促进蔬菜生长　（4）育苗造林
15. 生物湿法冶金工业用的菌种主要有氧化亚铁硫杆菌、氧化硫硫杆菌、铁氧化钩端螺菌和嗜酸热硫化叶菌等，这类（　　）能氧化各种硫化矿。
（1）异养微生物　（2）自氧微生物　（3）古生菌　（4）光合细菌
16. 石油和天然气深藏于地下，其中天然气又沿着地层缝隙向地表扩散。有的微生物在土壤中能以（　　）为唯一碳源和能源，其生长繁殖的数量与这类化合物的含量有相关性，因此可以利用这类微生物作为石油和天然气储藏在地下的指示菌，进行微生物石油勘探。
（1）二氧化碳　（2）苯酚　（3）气态烃　（4）碳酸钙
17. 微生物传感器的基本原理是：固定化微生物的（　　）保持恒定的条件时，它所消耗的溶解氧量或所产生的电极活性物质的量反映了被检测物质的量。借助于物理、化学检测器件检测消耗氧或电极活性物质的量，则能获得被检测物质的量。
（1）数量和活性　（2）种群数量　（3）细胞结构　（4）细胞形态
18. 在微生物电池的研制中，研究者以人的（　　）为燃料，做成体内埋伏型的驱动电源——微生物电池，成为不用定期更换的新型体内起搏器。
（1）血液　（2）细胞　（3）尿液　（4）体液
19. 以石油为原料制造的塑料，对人类社会、经济发展起着重要贡献的同时，又引起了“白色污染”这一全球性的严重问题。用乳酸菌以马铃薯等的淀粉为原料，生产大量（　　），再制成称为“交酯”的微生物塑料。这种塑料不仅可以完全生物降解，而且降解产物还能改良土壤结构及作为肥料。
（1） L-谷氨酸　（2）L-乳酸　（3）黑色素　（4）脂肪酸
20. 采用飞行器中产生的废水和有机垃圾培养（　　），它可从宇航员呼出气体中吸收CO_2，并产生O_2和可利用的细胞物质，有望能创建一个很好的再生循环生态系统。
（1）自养菌　（2）酵母　（3）食用菌　（4）小球藻

是非题

1. 在微生物发酵过程中，有机物既是电子最终受体，又是被氧化的基质。
2. 地衣芽孢杆菌用来发酵生产碱性蛋白酶，该菌种中不是所有菌株都能用来作为生产菌种。
3. 生物发明申请专利，如果涉及的培养物需要保藏，可送到任何保藏机构保藏。
4. 发酵罐搅拌叶轮的搅拌，不能产生气泡使其与发酵液混合，而且也不能使微生物细胞均匀地与发酵液内的营养物接触，保持悬浮状态。

5. 赖氨酸生产用谷氨酸棒杆菌，为了使该菌高产赖氨酸，在培养基中添加适量的赖氨酸，既不启动反馈抑制，又能大量产生赖氨酸。
6. 在青霉素的生产中，为了提高青霉素的产量，让培养基的主要营养物只够维持青霉菌在前40 h的生长，而在40 h后靠低速连续补加葡萄糖和氮源等，使菌处于“半饥饿”状态。
7. 发酵工业中，包括基因工程菌株的发酵生产，逐级放大几乎是必由之路，但小试、中试和大试各阶段所采用的设备、仪器的差异都很大，例如：小试可用实验室的玻璃三角瓶，而中试的发酵罐都要求吨位级以上。
8. 需要好氧反应的固定化细胞发酵，载体屏障造成的通气困难，往往严重影响发酵反应的速率，使发酵产量低下。
9. 我国农村的堆肥、青饲料发酵和酿酒，都是好氧、固定化细胞发酵。
10. 混合发酵的多种菌种，增加了发酵中许多基因的功能，可以代替某些基因重组工程菌来进行复杂的多种代谢反应，或促进生长代谢，提高生产效率。
11. 蒸馏酒的生产有的用混合菌种，有的接种纯菌种，有的用固态发酵，有的用液态发酵。
12. 味精用棒状杆菌生产，主要以糖类物质为原料，采用液体深层发酵方式，控制培养基中生物素浓度，影响微生物细胞膜组成，增强细胞的渗透性，提高谷氨酸向胞外渗透，产出大量的谷氨酸。
13. 把与氧传递和调节有关的透明颤菌血红蛋白基因，克隆到天蓝色链霉菌中。用该工程菌株发酵，在通气非常充足时，放线紫红素的产量提高4倍。
14. 发酵生产氨基酸的酶转化法是在微生物的培养中加入前体，绕过或回避终产物对合成途径中某一关键酶的反馈调节作用，提高氨基酸产量。
15. 微生物酶制剂主要使用领域是实验室的科学研究，其他领域目前使用很少。
16. 苏云金芽孢杆菌的杀虫机理主要是靠其芽孢和伴孢晶体。当昆虫吞食伴孢晶体后，在肠道中的碱性条件下，伴孢晶体被分解出毒素的前体，再在肠中特异性的碱性蛋白酶作用下，水解出毒性多肽，造成钠离子和钾离子的“调节泵”失去作用，细胞代谢停止，昆虫死亡。
17. 采用微生物对煤脱硫，有的菌对煤中无机硫的脱除率可达96%。用黑曲霉脱除陶瓷的主要原料高岭土中的铁，在电子、军事工业中有广泛的特殊用途。
18. 世界上第一次获得遗传工程重组菌株发明专利权的是同时能降解不同石油成分的“超级细菌”，它是不同菌含有的5种质粒转移在同一细菌细胞内，构建而成的遗传工程菌株，该菌株能迅速提高采油率。
19. DNA计算机的原理是：DNA分子中的大量密码相当于存储的数据，某些酶对DNA分子作用，瞬间就能完成其生化反应，从一种基因代码变成另一种基因代码。反应前的基因代码可以作为输入的数据，反应后的基因代码则作为运算结果。如果这种反应控制得当，就能制成DNA计算机。
20. 海洋微生物的众多类型，所处的各种独特生态环境，造就了适应特殊环境的各种基因组，包括不同功能的基因。所以说，研究海洋微生物具有特殊的重要意义。

❖ 问答题

1. 大规模工业微生物发酵生产与实验室微生物发酵实验有哪些异同?
2. 要获得生产用于洗涤剂的碱性蛋白酶的菌种，应怎么办？如从自然界筛选，应采取哪些主要步骤?
3. 某发酵厂生产产品的产量在不同的批次中表现出较大的差别，请分析其原因。
4. 日常生活中哪些是微生物工业的产品？请就某一种产品提出改进的建议。
5. 为什么说:“DNA芯片将开辟生命科学研究和利用的新纪元，将为推动社会、经济发展起到重大作用”？
6. 啤酒又可分为黄啤酒、黑啤酒等，至于品牌则多得无法统计，但其主要生产工艺和机理是相同的。叙述其工艺的主要过程，说明其机理。另外，生产啤酒的菌渣，你认为如何开发利用?
7. 微生物杀虫剂和微生物肥料是值得推广应用的，为什么？但又为什么一直很难推广应用?
8. 电子计算机在发酵工业中，乃至在微生物学中有哪些用途?
9. 试述基因工程技术在发酵工业中应用的一个实例。基因工程构建的重组菌株在发酵工业和其他领域的应用，有无风险？应特别注意些什么问题?
10. 传统、近代和现代微生物生物技术的代表性技术各是什么？分别以生产一种产品为例，叙述其主要生产流程。
11. 如果你分离到一株啤酒酵母，其生长速率是已知生产菌株的二倍，因此你将其用于生产乙醇的实验，但结果表明，该酵母菌株发酵葡萄糖的产物是乙醇和其他产物的混合物，并且乙醇的产量只有已知生产菌株的50%。请你根据本章所学的知识，并结合微生物的生理（主教材第5、6章）、微生物遗传（主教材第8章）及遗传工程（主教材第10章）的有关知识，简要写出你将如何改进你所分离获得的酵母菌株，使其优于现有的生产菌株。
12. 现代微生物生物技术与现代动物、植物生物技术相比，其优势是什么？不足是哪些?
13. 为什么说微生物生物技术是当今微生物学科的一门新的分支学科，更能体现学科发展的趋势和前沿？ 试述微生物生物技术的发展趋势。

五、习题解答

❖ 填空题

1. 有或没有　2. 发酵罐　生物反应器　3. 电子最终　被氧化　4. 监视　控制　5. 气升式　厌氧　转鼓式　塔式　6. 糖　氮　其他底物　补料分批　7. 酵母得率　低浓度葡萄糖　8. 见表15-1　9. 小试　中试　大试　10. 好氧　厌氧　11. 液态　固态　12. 表面深层　13. 单罐（级）　多罐（级）　14. 游离　固定　15. 单一纯种　混合　16. 传统　近代　现代　17. 葡萄果皮上　自然环境　18. 子实体　担子菌亚门　子囊菌亚门　19. 放线菌　丝状真菌　20. 酶抑制剂　免疫调节剂　受体拮抗剂　21. 预防　治疗　诊断　22. 直接发酵　加前体　酶转化　23. 保护　增效物质　24. 槽浸　堆浸　原位　25. β-胡萝卜素　蛋白质　甘油

选择题

1.（3） 2.（4） 3.（2） 4.（1） 5.（1） 6.（4） 7.（2）
8.（3） 9.（3） 10.（2） 11.（1） 12.（4） 13.（2） 14.（4）
15.（2） 16.（3） 17.（1） 18.（4） 19.（2） 20.（4）

是非题

1. √ 2. √ 3. × 4. × 5. × 6. √ 7. ×
8. √ 9. × 10. √ 11. √ 12. √ 13. × 14. ×
15. × 16. √ 17. √ 18. × 19. √ 20. √

问答题

1. 大规模工业微生物发酵不同于实验室的发酵，主要是：规模大，即所用的设备庞大，占用场地大，人力、物力投入大；消耗的原料、能源多；菌种符合生产菌种的要求，其生长代谢特性与大规模发酵相适应；后处理较困难、需进行成本核算等。可用大型发酵罐和实验室所用发酵仪器、小设备等相比较，例如用好氧微生物液体发酵的大型发酵罐与实验室发酵设施相比，从它的结构、功能和应用的特点、后处理、消耗、成本等说明差异；相同点可从菌种、产物产生的机理、发酵的基本条件、工艺主要过程和目的产品等方面叙述。
2. 碱性蛋白酶的生产菌种可从自然环境或收集菌株中筛选，购置专利菌种或向生产单位购置产量高的菌种等3种途径获得。如果从自然环境筛选，应采取的主要步骤，参考主教材中图15–2的主要过程阐述，重要的是所用的稀释涂布平板，应该用产碱性蛋白酶菌株选择平板。
3. 某发酵厂生产产品的产量在不同的批次中表现出较大的差别，原因可从发酵的菌种活性、培养基原料和配制、发酵条件的控制、后处理等整个生产过程分析，分析中对每一过程或方面，可能涉及产量不稳定的原因加以简要说明。
4. 我们日常生活中微生物工业的产品太多，例如酒、醋、酱、乳酪、食用菌、味精、二肽甜味素、青霉素、链霉素等。可选择其中某一种产品就其菌种、培养基原料和配制、发酵条件的控制、后处理等，整个生产过程或其中某一方面，提出改进的建议。尤其是对于传统的微生物工业产品，应就如何用现代生物技术对其生产进行改进提出建议。
5. “DNA芯片将开辟生命科学研究和利用的新纪元，将为推动社会、经济发展起到重大作用”，这是由于生物的多样性取决于其基因的多样性，因而可以制成种类繁多的DNA芯片，储存空前规模的生命信息，可利用其快速、高效的获取大量的生命信息，使其在生命科学领域，例如在生物的基因鉴定、基因表达、基因组研究、新基因的发现等方面得到广泛应用，成为生物学研究及应用中的具有划时代意义的新技术方法，发挥重大作用；同时，DNA芯片也将在工、农、医各行各业推广及应用，像20世纪微电子芯片进入千家万户那样，改变人类的经济、文化和生活，促进社会、经济的更大进步。
6. 啤酒生产工艺的主要过程和机理，如主教材的图15–12所示；生产啤酒的菌渣的开发利用，可从用来生产高效饲料、肥料、研制SCP、提取氨基酸、核酸等方面阐述。
7. 微生物杀虫剂和微生物肥料是值得推广应用的，其原因可从化学杀虫剂、化肥的劣势，例如：造成环境严重污染，生态遭到破坏，害虫抗药性增加，人、畜常中毒伤亡等方面；相比之下，微生物杀虫剂和微生物肥料在这些方面具有突出的优势；随着社会的进步和人民生活水平的提高，可持续发展已成为国际共识，这三方面进行分析阐述。为什么一直很难推广应用，其原因可从与化学杀虫剂、化肥的优势相比，微生物杀虫剂和微生物肥料的劣势，加之新观念、新产品在推广中所存在的困难和问题等方面，进行叙述。

8. 电子计算机在发酵工业中，乃至在微生物学中的用途很广，从菌种、污染菌株的分类、鉴定，发酵和后处理各项指标的控制及其自动化，各种现代分析检测仪器的应用到发酵数学模型的建立，信息、资料的分析和管理等许多方面，都要应用计算机，没有计算机的应用就没有发酵工业的现代化，也没有现代微生物学。
9. 基因工程技术在发酵工业中的应用实例：苏云金芽孢杆菌的毒素基因克隆到荧光假单胞菌中构建的工程菌、构建假单胞菌高产铁载体的有益工程菌、头孢菌素C工程菌、透明颤菌血红蛋白基因克隆到天蓝色链霉菌的工程菌等，选一例说明其应用优点。基因工程菌的应用是有风险的，关键是从构建工程菌的思路、设计方案、材料的选择、工程菌的实验、发酵的逐步扩大、后处理的实施、产品的包装和应用等，每个环节都要有风险意识，必须严格按法律规定和实验操作规定进行，将风险降到最低或完全消除。
10. 传统、近代和现代微生物生物技术的代表性技术分别是酿造技术、大规模液体发酵技术和基因重组技术。可分别以生产酒、青霉素、重组乙肝疫苗或其他产品为例，叙述其主要生产流程。
11. 将分离到的啤酒酵母菌株，按照主教材图15-2图示的筛选生产菌种主要过程进行复筛。从试管稀释开始进行筛选，在实验室阶段，选择乙醇的产量超过现有生产菌株的50%和生长速率比生产菌株高的菌株，结合微生物的生理（主教材第5、6章）、微生物遗传（主教材第8章）及遗传工程（主教材第10章）的有关知识，简要写出如何改进代谢调控、生长发酵条件、遗传育种和基因改造新分离的酵母菌株，使其高产乙醇且发酵周期短，综合评估优于现有的生产菌株，然后再进行小试、中试和大试的逐步放大实验，直至优于现有生产菌种。
12. 现代微生物生物技术与现代动物、植物生物技术相比，其优势是由微生物本身的特性决定的，它们个体小、结构简单，比较容易操作；容易变异、繁殖快，实验或生产周期短；分布广、极其丰富的多样性等优势使现代微生物生物技术应用面更为广泛，与动物、植物和人类的关系都密不可分，现代动物、植物生物技术常常要利用现代微生物生物技术。现代微生物生物技术与现代动物、植物生物技术相比，不足之处是生物安全性要特别防护，对动物、植物和人类及环境的影响或污染，在现代微生物生物技术实施的全过程中，都要格外注重。
13. 微生物生物技术特别是现代微生物生物技术已自成系统，为当今微生物学科的各分支学科所利用，为各分支学科发展的趋势，并在前沿研究起着重要而不可替代的作用，因此，微生物生物技术顺理成章地成为一门新的分支学科。微生物生物技术的发展趋势是：传统和近代微生物生物技术逐步向现代微生物生物技术发展，其中的传统、近代技术必将改进，分子生物学技术起着带头作用；微生物生物技术需要应用更多的学科理论和各种技术，更加体现了学科的交叉；微生物生物技术在工、农、医各个领域将进一步发展，在当今世界待解决的资源、能源、粮食、环保、健康、人口等难题方面发挥更大的作用。

六、主要参考书目

1. Prescott L M，Harley J P，Klein D A.微生物学.5版.中文版.沈萍，彭珍荣，译.北京：高等教育出版社，2003
2. 陈守文，喻子牛，译.微生物生物技术.北京：科学出版社，2002
3. 伦世仪，诸葛健，王骏.发酵工程学科的进展.北京：中国轻工业出版社，2002
4. Talaro K P.Foundations in Microbiology.6th ed.New York：McGraw-Hill Science，2006

（彭方　彭珍荣）